農業経営統計調査報告

平成２８年産

工芸農作物等の生産費

大臣官房統計部

平成３０年６月

農林水産省

目　　次

利用者のために
1　調査の概要 …… 2
2　調査上の主な約束事項 …… 7
3　調査結果の取りまとめと統計表の編成 …… 10
4　利用上の注意 …… 16
5　農業経営統計調査報告書一覧 …… 19
6　お問合せ先 …… 19
別表１　費目分類一覧表 …… 20
別表２　作業分類一覧表 …… 22

Ⅰ　調査結果の概要
1　原料用かんしょ生産費 …… 24
2　原料用ばれいしょ生産費 …… 25
3　てんさい生産費 …… 26
4　大豆生産費 …… 27
5　さとうきび生産費 …… 28
6　なたね生産費 …… 29
7　そば生産費 …… 30

Ⅱ　統計表
1　原料用かんしょ・原料用ばれいしょ・てんさい生産費
(1)　調査対象経営体の経営概況 …… 32
(2)　農機具所有台数と収益性 …… 34
(3)　10ａ当たり生産費 …… 36
(4)　主産物計算単位（原料用かんしょ・原料用ばれいしょ：100kg、
てんさい：１ｔ）当たり生産費 …… 38
(5)　投下労働時間 …… 40
(6)　10ａ当たり主要費目の評価額 …… 42
2　大豆生産費
(1)　全国・全国農業地域別
ア　調査対象経営体の経営概況 …… 44
イ　農機具所有台数と収益性 …… 46
ウ　10ａ当たり生産費 …… 48

エ	60kg当たり生産費	50
オ	投下労働時間	52
カ	10a当たり主要費目の評価額	54

(2) 全国・北海道・都府県
ア	調査対象経営体の経営概況	56
イ	農機具所有台数と収益性	58
ウ	10a当たり生産費	60
エ	60kg当たり生産費	62
オ	投下労働時間	64
カ	10a当たり主要費目の評価額	66

(3) 田畑別
ア	調査対象経営体の経営概況	68
イ	農機具所有台数と収益性	70
ウ	10a当たり生産費	72
エ	60kg当たり生産費	74
オ	投下労働時間	76
カ	10a当たり主要費目の評価額	78

3 さとうきび生産費
- (1) 調査対象経営体の経営概況 …… 80
- (2) 農機具所有台数と収益性 …… 82
- (3) 10a当たり生産費 …… 84
- (4) 1t当たり生産費 …… 86
- (5) 投下労働時間 …… 88
- (6) 10a当たり主要費目の評価額 …… 90

4 なたね生産費
(1) 全国・作付規模別
ア	調査対象経営体の経営概況	92
イ	農機具所有台数と収益性	93
ウ	10a当たり生産費	94
エ	60kg当たり生産費	95
オ	投下労働時間	96
カ	10a当たり主要費目の評価額	97

(2) 全国・北海道・都府県
ア	調査対象経営体の経営概況	98
イ	農機具所有台数と収益性	99
ウ	10a当たり生産費	100
エ	60kg当たり生産費	101

　　　　オ　投下労働時間 …………………………………… 102
　　　　カ　10a当たり主要費目の評価額 ………………… 103
　5　そば生産費
　(1)　全国・作付規模別
　　　　ア　調査対象経営体の経営概況 …………………… 104
　　　　イ　農機具所有台数と収益性 ……………………… 105
　　　　ウ　10a当たり生産費 ……………………………… 106
　　　　エ　45kg当たり生産費 ……………………………… 107
　　　　オ　投下労働時間 …………………………………… 108
　　　　カ　10a当たり主要費目の評価額 ………………… 109
　(2)　全国・北海道・都府県
　　　　ア　調査対象経営体の経営概況 …………………… 110
　　　　イ　農機具所有台数と収益性 ……………………… 111
　　　　ウ　10a当たり生産費 ……………………………… 112
　　　　エ　45kg当たり生産費 ……………………………… 113
　　　　オ　投下労働時間 …………………………………… 114
　　　　カ　10a当たり主要費目の評価額 ………………… 115

　【参考】なたね、そばの作付面積10a以上の経営体の生産費 …………………… 116

累年統計表
　1　原料用かんしょ ……………………………………………… 118
　2　原料用ばれいしょ …………………………………………… 124
　3　てんさい ……………………………………………………… 130
　4　大豆 …………………………………………………………… 136
　5　さとうきび …………………………………………………… 142
　6　なたね ………………………………………………………… 148
　7　そば …………………………………………………………… 149

(付表)　個別結果表（様式） ……………………………………… 152

利用者のために

1　調 査 の 概 要

(1)　調査の目的

原料用かんしょ、原料用ばれいしょ、てんさい、大豆、さとうきび、なたね及びそばの生産費の実態を明らかにし、農政（経営所得安定対策、生産対策、経営改善対策等）の資料を整備することを目的としている。

(2)　調査の沿革

昭和８年に帝国農会の指導の下、経営改善資料として全国道府県農会において、「主要農作物経済調査」として工芸農作物等を含めた生産費調査が開始された。

昭和12年には、かんしょ及びばれいしょがアルコールの原料として配給統制と価格公定されたのを契機に農林省農務局による生産費調査が開始されたが、昭和18年に後述の「主要農産物生産費調査」に統合された。

昭和14年には戦時経済の進行に伴い、物価上昇を抑制することを目的に「価格統制令」が公布され公定価格設定に生産費を基準とすることになり、翌15年から帝国農会において農林省委託の「主要農産物生産費調査」が開始され、昭和23年まで実施された。

なお、昭和23年に農林省統計調査局（現農林水産省大臣官房統計部）に移管されたが、調査は継続され集計を統計調査局で行い、昭和24年から統計調査局において調査機構の整備と各種の生産費の調査方式の併存から、これらを一元的に統合し「重要農産物生産費調査」として実施することとなった。昭和42年からこの名称を廃止し、「工芸農作物等の生産費調査」と呼称した。

その後、「農産物価格安定法」等の制定、政策上の要請の変化等により、調査項目、調査対象者数等に所要の変更を加え調査を実施してきた。更に、平成２年から３年にかけて農産物生産費調査の見直し検討を行い、その検討結果を踏まえ、平成３年には農業及び農業経営の著しい変化に対応できるよう調査項目の一部改正を行った。

平成６年には、農業経営の実態把握に重点を置き、農業経営収支と生産費の相互関係を明らかにするなど多面的な統計作成が可能な調査体系とすることを目的に、従来、別体系で実施していた農家経済調査と農畜産物繭生産費調査を統合し「農業経営統計調査」（指定統計第119号）として、農業経営統計調査規則（平成６年農林水産省令第42号）に基づき実施されることとなった。

いも・豆類、工芸農作物生産費については、平成７年から農業経営統計調査の下「いも・豆類、工芸農作物生産費統計」として取りまとめることとなり、同時に間接労働の取扱い等の改正を行い、また、平成10年から家族労働費について、それまでの男女別評価から男女同一評価（当該地域で男女を問わず実際に支払われた平均賃金による評価）に改正が行われた。

平成16年には、食料・農業・農村基本計画等の新たな施策の展開に応えるため農業経営統計調査を、営農類型別・地域別に経営実態を把握する営農類型別経営統計に編成する調査体系の再編・整備等の所要の見直しを行った。

これに伴って、いも・豆類、工芸農作物生産費統計についても、平成16年産から農家の農業経営全体の農業収支、自家農業投下労働時間の把握を取りやめ、自動車費を農機具費から分離・表章する等の一部改正を行った。

なお、価格安定対象作物以外の工芸農作物等（小豆、いんげん、らっかせい、こんにゃくいも及び茶）の生産費統計及び畳表の経営収支は、平成15年をもって調査を終了し、平成16年から「品目別経営統計」に移行し、調査・把握を行うこととなった。

平成19年産から平成19年度税制改正における減価償却計算の見直しを行い、平成21年産（なたねは平成22年産）には平成20年度税制改正における減価償却計算の見直しを行った。

平成22年から、農業者戸別所得補償制度の推進に必要な資料を整備するため、「なたね、そば等生産費調査」（一般統計調査）を新設し、なたね及びそばの生産費について調査・把握（平成21年産は遡及して調査・把握）を行った。その後、「なたね、そば等生産費調査」が「農業経営統計調査」に統合されたことに伴い、平成24年産から、なたね及びそば生産費は「農業経営統計調査」として「農業経営統計調査規則」に基づき実施されることとなった。

(3)　調査の根拠

農業経営統計調査は、統計法（平成19年法律第53号）第９条第１項に基づく総務大臣の承認を受けて実施した基幹統計調査である。

(4)　調査の機構

調査は、農林水産省大臣官房統計部及び地方組織を通じて実施した。

(5) 調査の体系

調査の体系は次のとおりである。

農業経営統計調査　　〔統計の内容〕

- 営農類型別経営統計
  - 個別経営 ……… ・水田作経営、畑作経営、露地野菜作経営、施設野菜作経営、果樹作経営、露地花き作経営、施設花き作経営、酪農経営、繁殖牛経営、肥育牛経営、養豚経営、採卵養鶏経営、ブロイラー養鶏経営の13営農類型についての農業事業全体と部門別の経営収支等
  - 組織経営
    - 組織法人経営 ……… ・個別経営に準じ、水田作経営など13営農類型及び水田作経営のうち集落営農の経営収支等
    - 任意組織経営 ……… ・水田作経営のうち集落営農の経営収支等
  - 経営形態別経営統計 ……… ・個別経営については、上述の営農類型別経営統計に「その他経営」を加えた経営形態別の経営収支等
    ・組織経営については、上述の組織法人経営の営農類型別経営統計をまとめた経営形態別の経営収支等
- **農産物生産費統計** ……… **・米、麦類、大豆、工芸農作物等の生産費**
- 畜産物生産費統計 ……… ・牛乳、肥育牛等の生産費

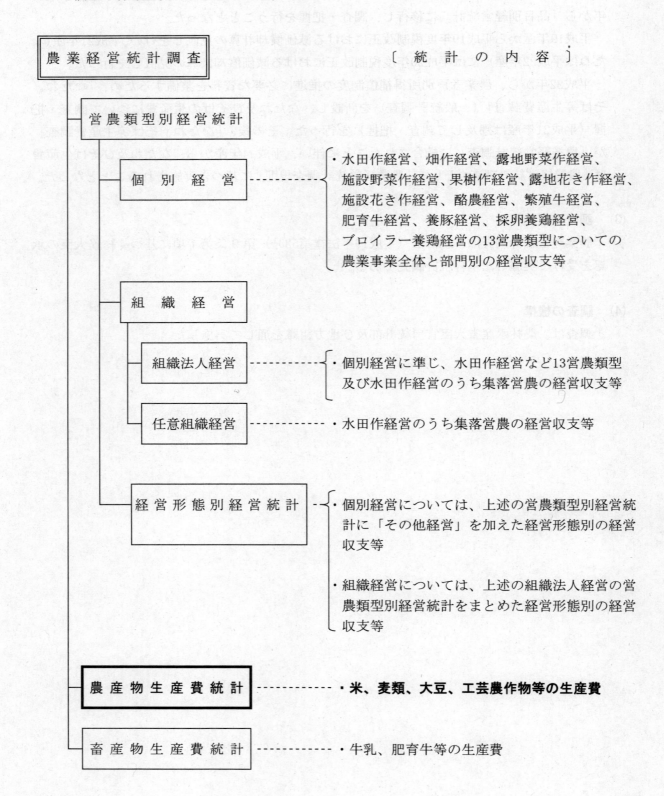

(6) 調査対象作目

調査対象作目は、次のとおりである。

調査の種類	調査対象作目
原料用かんしょ生産費統計	原料用とする目的で栽培しているかんしょ
原料用ばれいしょ生産費統計	原料用とする目的で栽培しているばれいしょ
てんさい生産費統計	てんさい
大豆生産費統計	種実を生産する目的で栽培をしている大豆
さとうきび生産費統計	さとうきび
なたね生産費統計	種実を生産する目的で栽培をしているなたね
そば生産費統計	種実を生産する目的で栽培をしているそば

(7) 調査の対象と調査対象経営体の選定方法

ア　調査の対象

2010年世界農林業センサス（以下「センサス」という。）に基づく農業経営体のうち、世帯による農業経営（個別経営）を行い、調査対象作目を10a以上（ただし、なたね及びそばについては5a以上）作付けし、販売した経営体とした。

イ　対象作物販売経営体リストの作成

センサスに基づく対象作物販売経営体（ただし、なたねについては、センサスを基に情報収集を行い、整備した結果による。以下同じ。）について、対象作物の都道府県別及び作付面積規模階層別に区分したリストを作成した。

ウ　標本の大きさの算出

標本の大きさ（調査対象経営体数）については、全国の対象作目計算単位当たり資本利子・地代全額算入生産費（以下「全算入生産費」という。）を指標とした目標精度（標準誤差率）に基づき、それぞれ必要な調査対象経営体数を算出した。

各生産費統計における目標精度及び調査対象経営体数は次のとおりである。

区分		計算単位	目標精度(%)	調査対象経営体数
原料用かんしょ生産費統計		100kg	3.0	70
原料用ばれいしょ生産費統計		〃	2.0	84
てんさい生産費統計		1t	2.0	78
大豆生産費統計	北海道	60kg	4.0	76
	都府県	〃	3.0	405
	計	〃	3.0	481
さとうきび生産費統計		1t	3.0	131
なたね生産費統計		60kg	5.0	82
そば生産費統計		45kg	5.0	121

エ　標本配分

ウで定めた対象作物作付規模別調査対象経営体数を、それぞれ規模別に最適配分し、更に各都道府県別の規模階層の大きさに応じて比例配分した。この結果、原料用かんしょ生産費統計の標本は全て鹿児島県、原料用ばれいしょ生産費統計及びてんさい生産費統計の標本は全て北海道、さとうきび生産費統計の標本は全て鹿児島県又は沖縄県へ配分した。

また、大豆生産費統計については都道府県別に配分した調査対象経営体数を、センサス結果の農業経営体数を基に規模別の田作・畑作別に配分した。

なお、田作経営体は、大豆作付面積に占める田作面積の割合が50%以上の経営体、畑作経営体は、大豆作付面積に占める畑作面積の割合が50%を上回る経営体とした。

オ　標本抽出

イで作成した対象作物販売経営体リストにおいて、対象作物作付面積の小さい経営体から順に並べた上でエで配分した当該規模階層の調査対象経営体数で等分し、等分したそれぞれの区分から１経営体ずつ無作為に抽出した。

(8)　調査期間

調査期間は、次のとおりである。

調査対象作目	調査期間
なたね	平成27年９月から平成28年８月までの１か年
原料用かんしょ 原料用ばれいしょ てんさい 大豆 そば	平成28年１月から同年12月までの１か年
さとうきび	平成28年４月から平成29年３月までの１か年 (ただし、夏植え分については１か年半)

(9)　調査項目

ア　調査作物の生産活動を維持・継続するために投入した費目別の費用、労働時間、品目別原単位量（調査作物を生産するのに要した肥料等生産資材の消費数量等の物量)、主産物及び副産物の収穫量と価額

イ　農業就業者数、経営耕地面積、作付実面積、投下資本額、農機具の所有台数等

(10)　調査方法

調査票（現金出納帳、作業日誌及び経営台帳）を調査対象経営体に配布し、これに日々の生産資材の購入、生産物の販売、労働時間、財産の状況等を調査対象経営体が記帳する自計調査の方法を基本とし、職員又は統計調査員による調査対象経営体に対する面接調査の併用によって行った（調査票様式については、農林水産省のホームページ【http://www.maff.go.jp/j/tokei/kouhyou/noukei/seisanhi_nousan/index.html】で御覧いただけます。)。

2　調査上の主な約束事項

(1)　農産物生産費の概念

農産物生産費統計において、「生産費」とは農産物の一定単位量の生産のために消費した経済費用の合計をいう。ここでいう費用の合計とは、具体的には、農産物の生産に要した材料（種苗、肥料、農業薬剤、光熱動力、その他の諸材料）、土地改良及び水利費、賃借料及び料金、物件税及び公課諸負担、労働費（雇用・家族（生産管理労働を含む。））、固定資産（建物、自動車、農機具、生産管理機器）の財貨及び用役の合計をいう。

各費目の具体的事例は、20ページの別表１を参照されたい。

(2)　主な約束事項

ア　生産費の種別（生産費統計においては、「生産費」を次の３種類に区分する。）

(ア)　「生産費（副産物価額差引）」

調査作物の生産に要した費用合計から副産物価額を控除したもの

(イ)　「支払利子・地代算入生産費」

「生産費（副産物価額差引）」に支払利子及び支払地代を加えたもの

(ウ)　「資本利子・地代全額算入生産費」

「支払利子・地代算入生産費」に自己資本利子及び自作地地代を擬制的に計算して算入したもの

イ　物財費

調査作物を生産するために消費した流動財費（種苗費、肥料費、農業薬剤費、光熱動力費、その他の諸材料費等）と固定財（建物、自動車、農機具、生産管理機器の償却資産）の減価償却費の合計である。

なお、流動財費は、購入したものについてはその支払い額、自給したものについてはその評価額により算出した。

(ア)　自給物の評価

自給物の評価には、市価主義と費用価主義（費用価計算）の２つの評価方法があるが、自給肥料のうち、たい肥、きゅう肥及び緑肥については材料費のみ費用価計算を行い、労働時間は間接労働時間とし、間接労働費に評価計上した。

自給肥料の費用価は、自給肥料の生産に要する費用を材料（農機具の燃料を含む。）の使用数量と単価によって計算したものである。

たい肥、きゅう肥及び緑肥以外の自給肥料、自給畜力（その他の諸材料に分類する。）、自給諸材料については、市価評価を行い計上した。

建物修繕、自動車修繕、農機具修繕、自動車補充及び農機具補充の自給については、その生産・修繕に用いた自給材料を生産費の該当費目に計上し、それに関わる労働時間は間接労働時間として労働費に評価計上した。

(イ)　償却資産の評価

建物、自動車、農機具及び生産管理機器のうち取得価額が10万円以上のものを償却資産として取り扱い、減価償却計算を行った。

償却計算の方法は「定額法」とするが、10万円以上20万円未満の資産については３年

間で均一に償却することとした。

なお、作目間の費用の配分（負担分）については、建物は使用延べ面積の割合、自動車、農機具及び生産管理機器は使用時間の割合によった。

また、償却資産の更新、廃棄等に伴う処分差損益は、調査作物の負担分を減価償却費に計上した（ただし、処分差益が減価償却費を上回った場合は、統計表上においては減価償却費を負数「△」として表章している。）。

平成19年度税制改正及び平成20年度税制改正における減価償却計算の見直しを踏まえた１か年の減価償却費の算出方法については、17ページの「４　利用上の注意　(7)税制改正における減価償却費計算の見直し」を参照されたい。

ウ　労働費

調査作物の生産のために投下された家族労働の評価額と雇用労働に対する支払額の合計である。

(ア)　家族労働評価

調査作物の生産のために投下された家族労働については、「毎月勤労統計調査」（厚生労働省）（以下「毎月勤労統計」という。）の「建設業」、「製造業」及び「運輸業，郵便業」に属する５～29人規模の事業所における賃金データ（都道府県単位）を基に算出した単価を乗じて計算したものである。

(イ)　労働時間

労働時間は、直接労働時間と間接労働時間に区分した。

直接労働時間とは、食事・休憩などの時間を除いた調査作物の生産に直接投下された労働時間（生産管理労働時間を含む。）であり、間接労働時間とは、自給肥料の生産、建物や農機具の自己修繕等に要した労働時間の調査作物の負担部分である。

なお、次に示すようなものは直接労働時間に含めた。

a　庭先における農機具の調整及び取付け時間、宅地からほ場までの往復時間

b　共同作業受け労働や「ゆい」、「手間替え受け」のような労働交換

c　調査期間外の労働（例えば、秋の田起こしなど。）で、当該作物の作付けを目的とする投下労働時間

d　ごく小規模な災害復旧作業時間

e　簡易な農道の改修作業時間

また、作業分類の具体的事例は、22ページの別表２を参照されたい。

エ　費用合計

調査作物を生産するために消費した物財費と労働費の合計である。

オ　副産物価額

副産物とは、主産物（生産費集計対象）の生産過程で主産物と必然的に結合して生産される生産物である。生産費においては、主産物生産に要した費用のみとするため、副産物を市価で評価（費用に相当すると考える。）し、費用合計から差し引くこととしている。

カ　資本額と資本利子
(ｱ)　資本額
　　a　流動資本
　　　「種苗費、肥料費、農業薬剤費、光熱動力費、その他の諸材料費、土地改良及び水利費、賃借料及び料金、物件税及び公課諸負担、建物費のうち修繕費、自動車費、農機具並びに生産管理費のうち修繕及び購入補充費」の合計に１／２（平均資本凍結期間６か月）を乗じたものを流動資本としている。
　　　平均資本凍結期間を６か月としているのは、農作物の生産に当たって投下される個々の資産は全て生産開始時点に投下されるものではなく、生産過程の中で必要に応じて投下されるものであり、流動資本については生産過程における資本投下がほぼ平均的であることから、資本投下から生産完了までの平均期間が全体では１／２年間であるとみなしていることによる。
　　b　労賃資本
　　　「家族労働費」と「雇用労働費」の合計に１／２（流動資本と同様の考えにより平均資本凍結期間を６か月とした。）を乗じたものを労賃資本としている。
　　c　固定資本
　　　「建物及び構築物、自動車、農機具、生産管理機器」の調査作物の負担部分現在価を固定資本としている。
　　　負担部分現在価は、調査開始時現在価に調査作物の負担割合を乗じて算出した。
　　　負担割合は、建物では調査期間中の総使用量（総使用面積×使用日数）から調査農産物の使用量（使用面積×使用日数）割合により、自動車及び農機具では調査期間中の総使用時間から調査農産物の使用時間割合により算出した。
(ｲ)　資本利子
　　a　自己資本利子
　　　総資本額から借入資本額を差し引いた自己資本額に年利率４％を乗じて計算した。
　　b　支払利子
　　　調査期間内に支払った調査作物の負担部分の支払利子額を計上した。
キ　地代
(ｱ)　自作地地代
　　自作地地代については近傍類地（調査対象作目の作付地と地力等が類似している作付地）の小作料による。
　　また、調査作物の作付地以外の土地で調査作物に利用される所有地（例えば、建物敷地など。）については、同様に類地賃借料によって計上した。
　　なお、転作田（大豆生産費統計の田作等）については、転作田の類地小作料により評価した。
(ｲ)　支払地代
　　支払地代は、実際の支払額による。調査作物の負担地代は、一筆ごとに調査期間中における作物別の粗収益又は調査作物の占有面積割合により負担率を算出し、これを支払地代総額に乗じて求めた。

3 調査結果の取りまとめと統計表の編成
(1) 調査結果の取りまとめ方法
　ア　生産費の計算期間と計算範囲

　　計算期間は、当該作物の生産を始めてから収穫、調製が終了するまでの期間とし、計算範囲はその間の総費用とした。

　　なお、流通段階の諸経費（販売費、包装費、搬出費等）は、計上していない。

　イ　集計対象（集計経営体）

　　調査結果の集計対象は、調査対象経営体のうち脱落経営体（調査の途中で何らかの事由によって調査を中止した経営体）、非販売経営体、過去5か年の10a当たり収量のうち、最高及び最低の年を除いた3年間の10a当たり平均収量（平年作）に対する調査年の収量の増減が70％以上であった経営体を除く経営体とした。

　　以上のことから、平成28年産の各調査の集計経営体数は、原料用かんしょ生産費では調査対象経営体70経営体のうち70経営体、原料用ばれいしょ生産費では同84経営体のうち80経営体、てんさい生産費では同78経営体のうち71経営体、大豆生産費では同481経営体のうち439経営体、さとうきび生産費では同131経営体のうち111経営体、なたね生産費では同82経営体のうち58経営体、そば生産費では同124経営体のうち97経営体が該当した。

　注：　選定の状況により、調査設計上の調査対象経営体数（5ページ参照）と実際に調査を行う調査対象経営体数が異なる場合がある。

　ウ　平均値の算出方法

　　平均値は、各集計経営体について取りまとめた個別の結果（様式は巻末の「個別結果表」に示すとおり。）を用いて、全国又は規模階層別等の集計対象とする区分（以下「集計対象区分」という。）ごとに次のように算出した。

　(ｱ)　1経営体当たり平均値の算出

　　次の数式により、1経営体当たりの平均値を算出した。

$$\bar{x} = \frac{\sum_{i=1}^{n} w_i x_i}{\sum_{i=1}^{n} w_i}$$

　　$\bar{x}$：　当該集計対象区分のxの平均値の推定値

　　x_i：　調査結果において当該集計対象区分に属するi番目の集計経営体のxについての調査結果

　　w_i：　調査結果において当該集計対象区分に属するi番目の集計経営体のウエイト

　　n：　調査結果において当該集計対象区分に属する集計経営体数

　　また、ウエイトは、都道府県別作付面積規模別に当該規模から抽出した調査対象経営体数を「経営所得安定対策加入申請者数」等による経営体数で除した値（標本抽出率）の逆数とし、調査対象経営体別に定めた（ただし、標本抽出がない都道府県・階層の経営体数を、標本抽出のある都道府県・階層の経営体数に加算して算出。）。

なお、各生産費のウエイトは、調査対象経営体別に次のとおり定めた。

a　原料用かんしょ生産費については、作付面積規模別に当該年産における当該規模の調査対象経営体数を、当該年産の「でん粉原料用かんしょの経営安定対策に係る対象でん粉原料用いも生産者要件申請者数（(独）農畜産業振興機構)」のうち、当該規模の個別経営体数で除した値（標本抽出率）の逆数とした。

b　原料用ばれいしょ生産費については、作付面積規模別に当該年産における当該規模の調査対象経営体数を、当該年産の「経営所得安定対策加入申請者数」のうち、当該規模のでん粉原料用ばれいしょ作付け（計画）のある個別経営体数で除した値（標本抽出率）の逆数とした。

c　てんさい生産費については、作付面積規模別に当該年産における当該規模の調査対象経営体数を、当該年産の「経営所得安定対策加入申請者数」のうち、当該規模のてんさい作付け（計画）のある個別経営体数で除した値（標本抽出率）の逆数とした。

d　大豆生産費については、都道府県別作付面積規模別に当該年産における当該規模の調査対象経営体数を、当該年産の「経営所得安定対策加入申請者数」のうち、当該規模の大豆作付け（計画）のある個別経営体数で除した値（標本抽出率）の逆数とした。

e　さとうきび生産費については、収穫面積規模別に当該年産における当該規模の調査対象経営体数を、当該年産の「さとうきびの経営安定対策に係る対象甘味資源作物生産者要件審査申請者数（(独）農畜産業振興機構)」のうち、当該規模の個別経営体数で除した値（標本抽出率）の逆数とした。

f　なたね生産費については、都道府県別作付面積規模別に当該年産における当該規模の調査対象経営体数を当該年産の「経営所得安定対策加入申請者数」のうち、なたね作付けのある個別経営体数で除した値（標本抽出率）の逆数とした。

g　そば生産費については、都道府県別作付面積規模別に当該年産における当該規模の調査対象経営体数を当該年産の「経営所得安定対策加入申請者数」のうち、そば作付けのある個別経営体数で除した値（標本抽出率）の逆数とした。

(ｲ)　計算単位当たり生産費の算出

$$\frac{\text{当該集計対象区分の１経営体当たり平均の生産費}}{\text{当該集計対象区分の１経営体当たり平均の主産物生産量又は作付面積}} \times \text{計算単位}$$

計算単位当たり生産費は、主産物生産量の計算単位及び作付面積の計算単位の２通りについて算出した。

(ｳ)　計算単位

作付面積の計算単位当たり生産費における計算単位は、10ａとした。

調査作物別の主産物の計算単位当たり生産費における計算単位は、次のとおりとした。

調査作物名	主産物計算単位
てんさい、さとうきび	1 t
原料用かんしょ、原料用ばれいしょ	100kg
大豆、なたね	60kg
そば	45kg

エ　収益性指標（所得及び家族労働報酬）の計算

収益性指標は本来、農業経営全体の経営計算から求めるべき性格のものであるが、ここでは調査作物と他作物との収益性を比較する指標として該当作物部門についてのみ取りまとめているので、利用に当たっては十分留意されたい。

大豆、てんさい、原料用ばれいしょ、なたね及びそば生産費統計における経営所得安定対策等の交付金を加えた収益性指標については、次の（オ）に示すとおり参考表章した。

なお、さとうきび及び原料用かんしょ生産費統計における「甘味資源作物交付金及びでん粉原料用いも交付金」は、該当する主産物価額に含めて表章しているので留意されたい。

また、なたねの主産物価額については、種実の販売価額が実在しない場合、搾油後のなたね油の価額を計上しているので留意されたい。

(ｱ)　所得

生産費総額から家族労働費、自己資本利子及び自作地地代を控除した額を粗収益から差し引いたものである。

所得＝粗収益－{生産費総額－（家族労働費＋自己資本利子＋自作地地代）}

ただし、生産費総額＝費用合計＋支払利子＋支払地代＋自己資本利子＋自作地地代

(ｲ)　１日当たり所得

所得を家族労働時間で除し、これに８（１日を８時間とみなす。）を乗じて算出したものである。

１日当たり所得＝所得÷家族労働時間×８（１日換算）

(ｳ)　家族労働報酬

生産費総額から家族労働費を控除した額を粗収益から差し引いたものである。

家族労働報酬＝粗収益－（生産費総額－家族労働費）

(ｴ)　１日当たり家族労働報酬

家族労働報酬を家族労働時間で除し、これに８（１日を８時間とみなす。）を乗じて算出したものである。

１日当たり家族労働報酬＝家族労働報酬÷家族労働時間×８（１日換算）

(ｵ)　収益性における経営所得安定対策等の交付金の取扱い等

大豆、てんさい、原料用ばれいしょ、なたね及びそば生産費統計において、畑作物の直接支払交付金（数量払及び営農継続支払）及び水田活用の直接支払交付金（戦略作物助成、二毛作助成及び産地交付金）は主産物価額に含まない。

ただし、経営所得安定対策等の交付金を主産物価額に加えた場合の収益性について、次のとおり参考表章した。

a 「経営所得安定対策等受取金」
　経営所得安定対策等の交付金のうち、畑作物の直接支払交付金（数量払及び営農継続支払）及び水田活用の直接支払交付金（戦略作物助成、二毛作助成及び産地交付金）の受取合計額を計上したものである。
b 「経営所得安定対策等の交付金を加えた場合」
　aで計上した「経営所得安定対策等受取金」を主産物価額に加えた場合の収益性を算出したものである。

(2) 統計の表章

ア 統計表の表章区分と表章内容

区分	表章単位	表章区分	表章内容
経営概要	1経営体当たり 作付面積10a当たり	1 販売経営体平均 2 作付規模別 3 栽培型別 4 全国農業地域別 （大豆のみ。ただし、なたね及びそばは全国・北海道・都府県別を表章。） 5 道県別（大豆、なたね及びそば以外）	労働力、土地、資本額
農機具所有台数及び収益性	1経営体当たり （10経営体当たり） 作付面積10a当たり	同上	農機具装備、主産物数量、収益性
生産費	作付面積10a当たり 主産物単位当たり	同上	費目別生産費
労働時間	同上	同上	作業別労働時間
評価額	作付面積10a当たり	同上	肥料費、農業薬剤費、自動車及び農機具負担償却費の内訳

注： 1 作付規模別の表章作物は、原料用ばれいしょ、てんさい、大豆、さとうきび、なたね及びそばである。
　　 2 栽培型別の表章作物は、大豆である。
　　 3 自動車及び農機具所有台数は、10経営体当たりを単位として表示した。

イ 統計表章で用いた区分は、次のとおりである。

(ｱ) 全国農業地域区分（大豆のみ）

全国農業地域名	所属都道府県名
北　海　道	北海道
東　　　北	青森、岩手、宮城、秋田、山形、福島
北　　　陸	新潟、富山、石川、福井
関 東・東 山	茨城、栃木、群馬、埼玉、千葉、東京、神奈川、山梨、長野
東　　　海	岐阜、静岡、愛知、三重
近　　　畿	滋賀、京都、大阪、兵庫、奈良、和歌山
中　　　国	鳥取、島根、岡山、広島、山口
四　　　国	徳島、香川、愛媛、高知
九　　　州	福岡、佐賀、長崎、熊本、大分、宮崎、鹿児島

注：沖縄は調査を行っていないので、全国農業地域としての表章は行っていない。
　　なたね及びそばについては全国・北海道・都府県別を表章している。

(イ) 道県による区分（大豆、なたね及びそば以外）
    調査地域の表章は、調査道県単位である。
(ウ) 作付規模別による区分
    a　原料用ばれいしょ生産費統計
        ①3.0ha未満　②3.0～5.0　③5.0～7.0　④7.0ha以上（7.0～10.0、10.0ha以上）
    b　てんさい生産費統計
        ①3.0ha未満　②3.0～5.0　③5.0～7.0　④7.0ha以上（7.0～10.0、10.0ha以上、15.0ha以上）
    c　大豆生産費統計
        ①0.5ha未満　②0.5～1.0　③1.0～2.0　④2.0～3.0　⑤3.0ha以上（5.0ha以上、7.0ha以上）
    d　さとうきび生産費統計
        ①0.5ha未満　②0.5～1.0　③1.0～2.0　④2.0～3.0　⑤3.0～5.0　⑥5.0ha以上（7.0ha以上）
    e　なたね生産費統計
        ①0.2ha未満　②0.2～0.5　③0.5～1.0　④1.0ha以上
    f　そば生産費統計
        ①0.2ha未満　②0.2～0.5　③0.5～1.0　④1.0ha以上（3.0ha以上）
(エ) 田作、畑作の区分（大豆生産費統計のみ）
    a　田作
        生産費調査対象経営体の大豆の作付面積のうち、田の作付面積割合が50％以上のもの。
    b　畑作
        生産費調査対象経営体の大豆の作付面積のうち、畑の作付面積割合が50％を上回るもの。
    c　大豆計
        田作及び畑作の合計（平均）である。

4　利用上の注意

(1)　農産物生産費調査の見直しに基づく調査項目の一部改正

農産物生産費調査は、農業・農山村・農業経営の著しい実態変化を的確にとらえたものとするため、平成２年～３年にかけて見直し検討を行い、その検討結果を踏まえ調査項目の一部改正を行った（工芸農作物等生産費調査については平成３年産から適用。）。

したがって、平成３年産以降の生産費及び収益性等に関する数値は、厳密な意味で平成２年産以前のそれとは接続しないので、利用に当たっては十分留意されたい。

なお、改正の内容は次のとおりである。

ア　家族労働の評価方法を、毎月勤労統計により算出した単価によって評価する方法に変更した。

イ　「生産管理労働時間」を家族労働時間に、「生産管理費」を物財費に新たに計上した。

ウ　土地改良に係る負担金の取扱いを変更することとし、維持費、償還金（整地、表土扱いに係るものを除く。）のうち調査作物の生産に必要な負担分を新たに計上した。

エ　減価償却費の計上方法を変更し、更新・廃棄等に伴う処分差損益（調査作物負担分）を新たに計上した。

オ　物件税及び公課諸負担のうち、調査作物の生産を維持・継続していく上で必要なものを新たに計上した。

カ　資本利子を支払利子と自己資本利子に、地代を支払地代と自作地地代に区分した。

キ　統計表章において、「第１次生産費」を「生産費（副産物価額差引）」に、「第２次生産費」を「資本利子・地代全額算入生産費」にそれぞれ置き換え、「生産費（副産物価額差引）」と「資本利子・地代全額算入生産費」の間に、新たに、実際に支払った利子・地代を加えた「支払利子・地代算入生産費」を新設した。

(2)　農業経営統計調査への移行に伴う調査項目の一部変更

平成６年７月、農業経営の実態把握に重点を置き、農業経営収支と生産費の相互関係を明らかにするなど多面的な統計作成が可能な調査体系とすることを目的に、従来、別体系で実施していた農家経済調査と農畜産物繭生産費調査を統合し、農業経営統計調査へと移行した。

このため、生産費においては農産物の生産に係る直接的な労働以外の労働（購入附帯労働及び建物・農機具等の修繕労働等）を間接労働として関係費目から分離し、「労働費」及び「労働時間」に含め計上することとした。

(3)　家族労働評価方法の一部改正

ア　平成10年産から従来の男女別評価を男女同一評価（当該地域で男女を問わず実際に支払われた平均賃金による評価）に改正した。

イ　平成17年１月から、毎月勤労統計の表章産業が変更されたことに伴い、家族労働評価に使用する賃金データを「建設業」、「製造業」及び「運輸，通信業」から、「建設業」、「製造業」及び「運輸業」に改正した。

ウ　平成22年１月から、毎月勤労統計の表章産業が変更されたことに伴い、家族労働評価に使用する賃金データを「建設業」、「製造業」及び「運輸業」から、「建設業」、「製造業」

及び「運輸業，郵便業」に改正した。

(4)　土地の表示単位

平成15年産から、これまで小数点１位まで表示していた「土地（１戸（経営体）当たり)」（単位：ａ）について整数表示とした。

(5)　自動車所有台数及び農機具所有台数の表示単位

昭和47年産から、これまで１戸当たりを単位として表示していた、「自動車所有台数」及び「農機具所有台数」について10戸（経営体）当たりとした。

(6)　農業経営統計調査の体系整備（平成16年）に伴う調査項目の一部変更

平成16年には、食料・農業・農村基本計画等の新たな施策の展開に応えるため、農業経営統計調査を、営農類型別・地域別に経営実態を把握する営農類型別経営統計に編成する調査体系の再編・整備等の所要の見直しを行った。

これに伴い、平成７年産から把握していた当該農家の農業経営全体の農業収支、自家農業投下労働時間等の把握を取りやめ、さらに自動車費を農機具費から分離・表章する等の一部改正を行った。

(7)　税制改正における減価償却費計算の見直し

ア　平成19年度税制改正における減価償却費計算の見直しに伴い、農業経営統計調査及びなたね、そば等生産費調査における１か年の減価償却額は償却資産の取得時期により次のとおり算出した。

(ｱ)　平成19年４月以降に取得した資産

１か年の減価償却額 ＝（取得価額－１円（備忘価額)）× 耐用年数に応じた償却率

(ｲ)　平成19年３月以前に取得した資産

ａ　平成20年１月時点で耐用年数が終了していない資産

１か年の減価償却額 ＝（取得価額－残存価額）× 耐用年数に応じた償却率

ｂ　上記ａにおいて耐用年数が終了した場合、耐用年数が終了した翌年調査期間から５年間

１か年の減価償却額 ＝（残存価額－１円（備忘価額)）÷ ５年

ｃ　平成19年12月時点で耐用年数が終了している資産の場合、20年１月以降に開始する調査期間から５年間

１か年の減価償却額 ＝（残存価額－１円（備忘価額)）÷ ５年

イ　平成20年度税制改正における減価償却費計算の見直し（資産区分の大括化、法定耐用年数の見直し）を踏まえて算出した。

(8)　平成19年産以降の大豆生産構造の変化

平成19年産の水田・畑作経営所得安定対策の導入に伴い、都府県の小規模農家の多くが集落営農組織へ移行した。これに伴い全国の個別農家数に占める都府県の個別農家数の割合が低下し、北海道の個別農家数の割合が増加した。

平成19年産以降の大豆生産費結果は、これら経営形態の移行に伴う生産構造の変化を反映している。

(9) 実績精度

調査対象作目別の全算入生産費の実績精度を標準誤差率（標準誤差の推定値÷推定値×100）により示すと、次表のとおりである。

ア 原料用かんしょ生産費（100kg当たり）

区分	単位	鹿児島
（参考）集計経営体数	経営体	70
標準誤差率	％	3.1

イ 原料用ばれいしょ生産費（100kg当たり）

区分	単位	北海道
（参考）集計経営体数	経営体	80
標準誤差率	％	2.1

ウ てんさい生産費（1t当たり）

区分	単位	北海道
（参考）集計経営体数	経営体	71
標準誤差率	％	2.8

エ 大豆生産費（60kg当たり）

区分	単位	全国	北海道	都府県
（参考）集計経営体数	経営体	439	71	368
標準誤差率	％	2.1	3.2	2.5

オ さとうきび生産費（1t当たり）

区分	単位	全国
（参考）集計経営体数	経営体	111
標準誤差率	％	3.8

カ なたね生産費（60kg当たり）

区分	単位	全国
（参考）集計経営体数	経営体	58
標準誤差率	％	7.2

キ そば生産費（45kg当たり）

区分	単位	全国
（参考）集計経営体数	経営体	97
標準誤差率	％	8.2

(10)　記号について

統計表中に用いた記号は次のとおりである。

「0」、「0.0」、「0.00」：単位に満たないもの（例：0.4円 → 0円）

「－」：事実のないもの

「…」：事実不詳又は調査を欠くもの

「x」：個人又は法人その他の団体に関する秘密を保護するため、統計数値を公表しないもの

「△」：負数又は減少したもの

(11)　秘匿措置について

統計調査結果について、調査対象経営体数が２以下の場合には調査結果の秘密保護の観点から、当該結果を「x」表示とする秘匿措置を施している。

(12)　ホームページ掲載案内

本統計のデータについては、農林水産省ホームページ中の統計情報に掲載している分野別分類「農家の所得や生産コスト、農業産出額など」、品目別分類「いも・雑穀・豆」、「工芸農作物（さとうきび、茶など）」の「農産物生産費統計」で御覧いただけます。

なお、統計データ等に訂正等があった場合には、同ホームページに正誤表とともに修正後の統計表等を掲載します。

【 http://www.maff.go.jp/j/tokei/kouhyou/noukei/seisanhi_nousan/index.html#r 】

5　農業経営統計調査報告書一覧

(1)　農業経営統計調査報告　営農類型別経営統計（個別経営、第１分冊、水田作・畑作経営編）

(2)　農業経営統計調査報告　営農類型別経営統計（個別経営、第２分冊、野菜作・果樹作・花き作経営編）

(3)　農業経営統計調査報告　営農類型別経営統計（個別経営、第３分冊、畜産経営編）

(4)　農業経営統計調査報告　営農類型別経営統計（組織経営編）（併載：経営形態別経営統計）

(5)　農業経営統計調査報告　経営形態別経営統計（個別経営）

(6)　農業経営統計調査報告　米及び麦類の生産費

(7)　農業経営統計調査報告　工芸農作物等の生産費

(8)　農業経営統計調査報告　畜産物生産費

6　お問合せ先

農林水産省 大臣官房統計部 経営・構造統計課 農産物生産費統計班

電話：（代表）03-3502-8111　内線3631

（直通）03-6744-2040

ＦＡＸ：　03-5511-8772

別表１　費目分類一覧表

費目		費目内容の例示
種苗費		購入（運賃、手数料、手間賃など購入附帯費を含む。以下、各資材についても同じ。）及び自給の種子、苗、種いもなどの消費額
肥料費		次のような購入肥料の消費額及び自給肥料の消費額 〔化学肥料〕硫安、尿素、過りん酸石灰、化成肥料等 〔有機質肥料〕たい肥、きゅう肥、緑肥、肥料を主目的とする稲わら等
農業薬剤費		次のような農業薬剤の消費額 〔殺菌剤〕 〔殺虫剤〕 〔殺虫殺菌剤〕 〔除草剤〕 〔その他の農業薬剤〕殺そ剤、植物成長調整剤、展着剤等
光熱動力費		次のような光熱動力関係の消費額 〔動力機械用燃料〕軽油、ガソリン、混合油等 〔動力機械用消耗材料〕モビール油、モーター油、グリス等 〔加温用燃料〕重油、灯油等 〔その他光熱動力〕木炭、石炭、まき等 〔電力料金〕、〔水道料金〕
その他の諸材料費		次のような諸材料の消費額 〔選種用材料〕 〔苗床材料〕稲わら、麦わら、竹くい、落葉、ペーパーポット等 〔被覆用材料〕ビニール、油紙、かんれいしゃ、むしろ等 〔栽培用材料〕縄、くい、釘、針金、竹（償却を必要としない支柱類を含む。） 〔その他諸材料〕主目的が肥料以外の稲わら、麦わら、青草、干草、落葉等
土地改良及び水利費		〔土地改良区費〕土地改良区費（土地造成分を除く。） 〔水利組合費〕井堰費、堰堤割、溜池割、水守料、貯水溜の改修費及び共同負担費、用水路及び排水路等の整備改修割、水害予防対策割費等の負担額等 〔揚排水ポンプ組合費〕 〔その他水利費〕現物で徴収されたものの評価額
賃借料及び料金		〔賃借料〕建物、農機具等の賃借料 〔共同負担費〕薬剤共同散布割金、共同施設負担金、共同育苗負担金等 〔料金〕運搬賃、賃耕料、収穫請負わせ賃、脱穀賃等
物件税及び公課諸負担	物件税	固定資産税（土地を除く。）、自動車税、軽自動車税、水利地益税、自動車重量税、自動車取得税、都市計画税（土地を除く。）
	公課諸負担	集落協議会費、農業協同組合費、農事実行組合費、農業共済組合賦課金、自動車損害賠償責任保険

費目		費目内容の例示
建物費	建物	住家、納屋、倉庫、作業場、農機具置場等の減価償却費及び修繕費 大工賃、左官賃、材料費等
	構築物	次のような構築物の減価償却費及び修繕費 〔土地改良設備〕用水路、暗きょ排水設備、コンクリートけい畔、客土等 〔その他の構築物〕たい肥盤、温床わく（園芸施設以外の物）、肥料溜、支柱類（償却を必要とする竹支柱、鉄パイプ支柱、鉄線支柱等）、斜降索道、農用井戸等
自動車費		次のような自動車類の減価償却費及び修繕費 〔自動車〕農用自動車、自動二輪車、貨物自動車等 なお、車検料、任意車両保険費用も含む。
農機具費	大農具	次のような大農具の減価償却費及び修繕費 〔揚排水機具〕ポンプ類等 〔耕うん整地用機具〕トラクター（乗用、歩行用）、ハロー類、プラウ類、カルチベーター類 〔施肥用機具〕肥料散布機、たい肥散布機、肥料混合機等 〔防除用機具〕噴霧機類、散布機類、スピードスプレヤー、土壌消毒機用等 〔収穫調製用機具〕刈取機類、脱穀機、堀取機、乾燥機類等 〔その他農具〕
	小農具	大農具以外の農具類の購入費及び修繕費 すき類、くわ類、人力除草機、スコップ類、フォーク類、はさみ類、鎌類、肥料おけ、は種機類、ざる類、み、背負子類
生産管理費		集会出席に要する交通費、技術習得に要する受講料及び参加料、事務用机、消耗品、パソコン、複写機、ファクシミリ、電話代などの生産管理労働に伴う諸材料費、減価償却費
労働費	家族	「毎月勤労統計調査」（厚生労働省）により算出した賃金により評価した家族労働費（ゆい、手間替え受け労働の評価額を含む。）
	雇用	年雇に支払った賃金（現金・現物及び賄い費を含む。）、 臨時費（日雇・季節雇）、共同作業受け（ゆい、手間替えのような労働交換は除く。）などに支払った賃金（現金・現物及び賄い費を含む。）
資本利子	支払利子	支払利子額
	自己資本利子	自己資本額に年利率４％を乗じた計算利子額
地代	支払地代	実際に支払った調査作物作付地の小作料（物納の場合は時価評価額）、調査作物に使用された作付地以外の土地（建物敷地、作業場、乾燥場等）の賃借料
	自作地地代	自作地見積地代（近傍類地の小作料又は賃借料により評価）

別表２　作業分類一覧表

作業分類		作業の内容
直接労働時間	育苗（苗床）	種子の選種、消毒、土壌消毒、苗床作り、苗床施肥、苗床種まき、間引き（苗床内）、防除、除草、移植、その他苗床の管理作業一切
	耕起整地	耕起、砕土、整地、畝立て
	基肥	肥料の配合、運搬、施肥
	は種	直まき栽培でのは種（種子予措、選種、種子の消毒を含む。）、覆土 肥料と種子を混合するものは、ここに含む。
	株分け	さとうきびの苗の消毒、調苗、株の切断を含む。
	定植	苗とり、植穴（溝）堀り、苗運搬、補植
	追肥	追肥の配合、運搬、施肥
	中耕除草	中耕、土寄せ、土入れ、除草、敷わら（除草を目的とした場合）、除草剤の散布、草刈り、下刈り
	管理	かん排水、けい畔草刈り、ばれいしょの花摘み、つるがえし、間引き
	防除	農薬散布（除草剤の散布は含めない。）、被害茎の抜き取り及び焼却、土壌消毒
	はく葉	さとうきびのはく葉
	刈取・脱穀	刈取り、脱穀、いものつる切り、堀取り、結束、てんさいのタッピング、収穫物の収納場所への運搬、荒選別
	乾燥	乾燥・調製
	生産管理	集会出席（打合せ等）、技術習得、簿記記帳等
間接労働時間		自給肥料の生産に要した労働、建物・農機具の修繕に要した労働、購入資材等調達のための労働等

I 調査結果の概要

1　原料用かんしょ生産費

(1)　平成28年産原料用かんしょの10ａ当たり全算入生産費は14万8,085円で、前年産に比べ7.2％増加した。

これは、10ａ当たり収量の増加に伴う収穫労働時間の増加により、労働費が増加したこと等による。

(2)　100kg当たり全算入生産費は5,282円で、前年産に比べ0.4％減少した。

これは、10ａ当たり収量が増加したことによる。

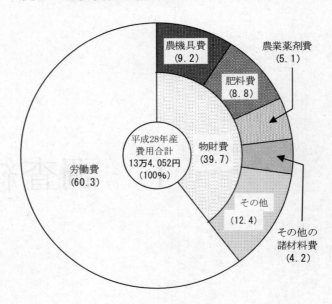

図１　主要費目の構成割合（10ａ当たり）

表１　原料用かんしょ生産費

区分	単位	平成27年産	28 実数	28 構成割合	対前年産増減率
10ａ当たり				%	%
物財費	円	50,015	53,198	39.7	6.4
うち農機具費	〃	10,653	12,346	9.2	15.9
肥料費	〃	10,957	11,816	8.8	7.8
農業薬剤費	〃	6,221	6,832	5.1	9.8
1)その他の諸材料費	〃	5,439	5,635	4.2	3.6
労働費	〃	74,802	80,854	60.3	8.1
費用合計	〃	124,817	134,052	100.0	7.4
生産費（副産物価額差引）	〃	124,817	134,052	－	7.4
支払利子・地代算入生産費	〃	129,869	140,204	－	8.0
資本利子・地代全額算入生産費	〃	138,091	148,085	－	7.2
100kg当たり全算入生産費	円	5,305	5,282	－	△ 0.4
10ａ当たり収量	kg	2,602	2,803	－	7.7
10ａ当たり労働時間	時間	59.23	60.89	－	2.8
1経営体当たり作付面積	a	91.6	93.0	－	1.5

注：1)その他の諸材料費は、マルチングのためのポリエチレン等の費用である。

2　原料用ばれいしょ生産費

(1)　平成28年産原料用ばれいしょの10ａ当たり全算入生産費は８万6,862円で、前年産に比べ1.7％増加した。

これは、天候不順による病害防除に伴う殺菌剤の増加により、農業薬剤費が増加したこと等による。

(2)　100kg当たり全算入生産費は2,392円で、前年産に比べ18.9％増加した。

これは、10ａ当たり収量が減少したことによる。

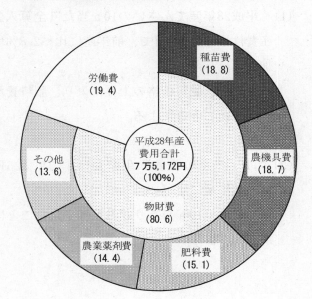

図２　主要費目の構成割合（10ａ当たり）

表２　原料用ばれいしょ生産費

区分	単位	平成27年産	28 実数	28 構成比	対前年産増減率
10ａ当たり				%	%
物財費	円	59,188	60,617	80.6	2.4
うち種苗費	〃	13,789	14,132	18.8	2.5
農機具費	〃	13,839	14,085	18.7	1.8
肥料費	〃	10,946	11,370	15.1	3.9
農業薬剤費	〃	10,135	10,801	14.4	6.6
労働費	〃	14,334	14,555	19.4	1.5
費用合計	〃	73,522	75,172	100.0	2.2
生産費（副産物価額差引）	〃	73,522	75,172	－	2.2
支払利子・地代算入生産費	〃	75,872	77,415	－	2.0
資本利子・地代全額算入生産費	〃	85,420	86,862	－	1.7
100kg当たり全算入生産費	円	2,012	2,392	－	18.9
10ａ当たり収量	kg	4,243	3,629	－	△ 14.5
10ａ当たり労働時間	時間	8.45	8.56	－	1.3
1経営体当たり作付面積	a	735.7	776.8	－	5.6

3　てんさい生産費

(1)　平成28年産てんさいの10ａ当たり全算入生産費は11万2,403円で、前年産に比べ2.8％増加した。

これは、肥料価格の上昇により、肥料費が増加したこと等による。

(2)　１ｔ当たり全算入生産費は１万9,525円で、前年産に比べ19.5％増加した。

これは、10ａ当たり収量が減少したことによる。

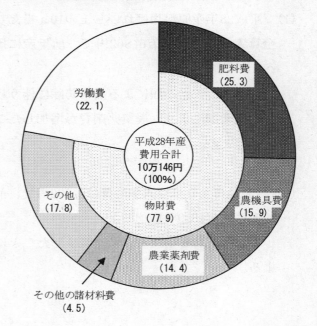

図３　主要費目の構成割合（10ａ当たり）

表３　てんさい生産費

区分	単位	平成27年産	28 実数	28 構成比	対前年産増減率
10ａ当たり				%	%
物財費	円	74,504	77,977	77.9	4.7
うち肥料費	〃	23,959	25,349	25.3	5.8
農機具費	〃	14,813	15,902	15.9	7.4
農業薬剤費	〃	13,692	14,443	14.4	5.5
1) その他の諸材料費	〃	4,873	4,525	4.5	△ 7.1
労働費	〃	22,869	22,169	22.1	△ 3.1
費用合計	〃	97,373	100,146	100.0	2.8
生産費（副産物価額差引）	〃	97,373	100,146	－	2.8
支払利子・地代算入生産費	〃	100,039	102,377	－	2.3
資本利子・地代全額算入生産費	〃	109,300	112,403	－	2.8
１ｔ当たり全算入生産費	円	16,345	19,525	－	19.5
10ａ当たり収量	kg	6,686	5,755	－	△ 13.9
10ａ当たり労働時間	時間	14.13	13.63	－	△ 3.5
１経営体当たり作付面積	a	797.2	803.5	－	0.8

注：1)その他の諸材料費は、ペーパーポット、融雪剤等の費用である。

4　大豆生産費

(1)　平成28年産大豆の10ａ当たり全算入生産費は６万2,768円で、前年産に比べ0.3％減少した。

これは、10ａ当たり収量の減少に伴う乾燥・調製委託数量の減少により、賃借料及び料金が減少したこと等による。

(2)　60kg当たり全算入生産費は２万548円で、前年産に比べ7.6％増加した。

これは、10ａ当たり収量が減少したことによる。

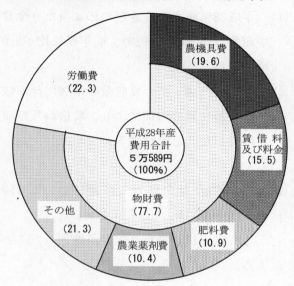

図４　主要費目の構成割合（10ａ当たり）

表４　大豆生産費

区分	単位	平成27年産	28 実数	28 構成比	対前年産増減率
10ａ当たり				%	%
物財費	円	39,538	39,302	77.7	△ 0.6
うち農機具費	〃	9,620	9,892	19.6	2.8
賃借料及び料金	〃	8,353	7,861	15.5	△ 5.9
肥料費	〃	5,397	5,501	10.9	1.9
農業薬剤費	〃	5,395	5,270	10.4	△ 2.3
労働費	〃	11,419	11,287	22.3	△ 1.2
費用合計	〃	50,957	50,589	100.0	△ 0.7
生産費（副産物価額差引）	〃	50,751	50,318	−	△ 0.9
支払利子・地代算入生産費	〃	56,104	55,437	−	△ 1.2
資本利子・地代全額算入生産費	〃	62,941	62,768	−	△ 0.3
60kg当たり全算入生産費	円	19,102	20,548	−	7.6
10ａ当たり収量	kg	197	183	−	△ 7.1
10ａ当たり労働時間	時間	7.41	7.14	−	△ 3.6
1経営体当たり作付面積	a	339.6	349.2	−	2.8

5　さとうきび生産費

(1)　平成28年産さとうきびの10ａ当たり全算入生産費は15万6,902円で、前年産に比べ2.0％増加した。

これは、10ａ当たり収量の増加に伴う収穫請け負わせ賃の増加により、賃借料及び料金が増加したこと等による。

(2)　１ｔ当たり全算入生産費は２万2,019円で、前年産に比べ16.6％減少した。

これは、10ａ当たり収量が増加したことによる。

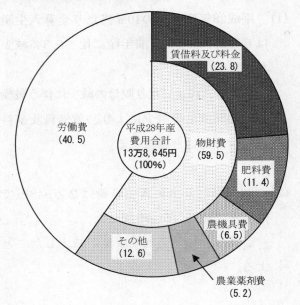

図５　主要費目の構成割合（10ａ当たり）

表５　さとうきび生産費

区分	単位	平成27年産	28 実数	28 構成比	対前年産増減率
10ａ当たり				%	%
物財費	円	75,502	82,480	59.5	9.2
うち賃借料及び料金	〃	26,117	32,952	23.8	26.2
肥料費	〃	16,416	15,792	11.4	△ 3.8
農機具費	〃	8,054	8,961	6.5	11.3
農業薬剤費	〃	7,499	7,246	5.2	△ 3.4
労働費	〃	61,248	56,165	40.5	△ 8.3
費用合計	〃	136,750	138,645	100.0	1.4
生産費（副産物価額差引）	〃	136,687	138,586	－	1.4
支払利子・地代算入生産費	〃	144,879	145,466	－	0.4
資本利子・地代全額算入生産費	〃	153,857	156,902	－	2.0
１ｔ当たり全算入生産費	円	26,394	22,019	－	△ 16.6
10ａ当たり収量	kg	5,829	7,126	－	22.3
10ａ当たり労働時間	時間	52.53	48.88	－	△ 6.9
１経営体当たり収穫面積	a	120.9	121.9	－	0.8

6　なたね生産費

(1)　平成28年産なたねの10ａ当たり全算入生産費は５万516円で、前年産に比べ2.8％減少した。

これは、10ａ当たり収量の減少に伴う乾燥・調製委託数量の減少により、賃借料及び料金が減少したこと等による。

(2)　60kg当たり全算入生産費は１万1,974円で、前年産に比べ6.6％増加した。

これは、10ａ当たり収量が減少したことによる。

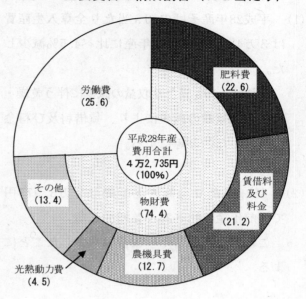

図６　主要費目の構成割合（10ａ当たり）

表６　なたね生産費

区分	単位	平成27年産	28 実数	28 構成比	対前年産増減率
10ａ当たり				%	%
物財費	円	33,762	31,787	74.4	△ 5.8
うち肥料費	〃	10,119	9,669	22.6	△ 4.4
賃借料及び料金	〃	9,856	9,078	21.2	△ 7.9
農機具費	〃	5,564	5,423	12.7	△ 2.5
光熱動力費	〃	2,251	1,909	4.5	△ 15.2
労働費	〃	10,185	10,948	25.6	7.5
費用合計	〃	43,947	42,735	100.0	△ 2.8
生産費（副産物価額差引）	〃	43,947	42,735	−	△ 2.8
支払利子・地代算入生産費	〃	47,215	44,880	−	△ 4.9
資本利子・地代全額算入生産費	〃	51,950	50,516	−	△ 2.8
60kg当たり全算入生産費	円	11,232	11,974	−	6.6
10ａ当たり収量	kg	277	253	−	△ 8.7
10ａ当たり労働時間	時間	7.18	7.71	−	7.4
１経営体当たり作付面積	a	154.7	169.2	−	9.4

7　そば生産費

(1)　平成28年産そばの10ａ当たり全算入生産費は３万4,568円で、前年産に比べ4.5%減少した。

これは、10ａ当たり収量の減少に伴う乾燥・調製委託数量の減少により、賃借料及び料金が減少したこと等による。

(2)　45kg当たり全算入生産費は２万3,973円で、前年産に比べ24.6%増加した。

これは、10ａ当たり収量が減少したことによる。

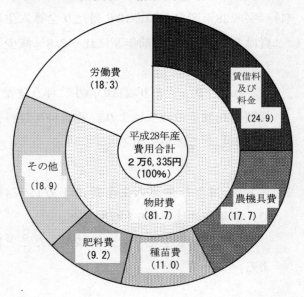

図７　主要費目の構成割合（10ａ当たり）

表７　そば生産費

区分	単位	平成27年産	28 実数	28 構成比	対前年産増減率
10ａ当たり				%	%
物財費	円	22,468	21,523	81.7	△　4.2
うち賃借料及び料金	〃	7,158	6,562	24.9	△　8.3
農機具費	〃	4,759	4,671	17.7	△　1.8
種苗費	〃	2,565	2,900	11.0	13.1
肥料費	〃	2,629	2,410	9.2	△　8.3
労働費	〃	5,228	4,812	18.3	△　8.0
費用合計	〃	27,696	26,335	100.0	△　4.9
生産費（副産物価額差引）	〃	27,696	26,335	−	△　4.9
支払利子・地代算入生産費	〃	30,055	28,519	−	△　5.1
資本利子・地代全額算入生産費	〃	36,186	34,568	−	△　4.5
45kg当たり全算入生産費	円	19,237	23,973	−	24.6
10ａ当たり収量	kg	85	65	−	△ 23.5
10ａ当たり労働時間	時間	3.58	3.22	−	△ 10.1
1経営体当たり作付面積	a	183.1	198.6	−	8.5

Ⅱ 統 計 表

原料用かんしょ・原料用ばれいしょ・てんさい

1 原料用かんしょ・原料用ばれいしょ・てんさい生産費

(1) 調査対象経営体の経営概況

区分	単位	原料用かんしょ (鹿児島)	原料用ばれいしょ 平均	原料用ばれいしょ 3.0ha未満	原料用ばれいしょ 3.0～5.0	原料用ばれいしょ 5.0～7.0	(北 平均
		(1)	(2)	(3)	(4)	(5)	(6)
集計経営体数 (1)	経営体	70	80	7	8	13	52
労働力（1経営体当たり）							
世帯員数 (2)	人	2.3	4.5	3.9	4.4	4.3	4.7
男 (3)	〃	1.2	2.4	2.3	2.2	2.2	2.5
女 (4)	〃	1.1	2.1	1.6	2.2	2.1	2.2
家族員数 (5)	〃	2.3	4.5	3.9	4.4	4.3	4.7
男 (6)	〃	1.2	2.4	2.3	2.2	2.2	2.5
女 (7)	〃	1.1	2.1	1.6	2.2	2.1	2.2
農業就業者 (8)	〃	1.7	2.8	3.1	2.2	2.6	2.9
男 (9)	〃	1.0	1.7	2.0	1.1	1.5	1.8
女 (10)	〃	0.7	1.1	1.1	1.1	1.1	1.1
農業専従者 (11)	〃	1.4	2.0	1.8	1.4	1.9	2.3
男 (12)	〃	0.8	1.4	1.4	0.9	1.3	1.6
女 (13)	〃	0.6	0.6	0.4	0.5	0.6	0.7
土地（1経営体当たり）							
経営耕地面積 (14)	a	338	3,721	3,326	2,470	3,119	4,312
田 (15)	〃	77	10	-	17	-	13
畑 (16)	〃	261	3,710	3,326	2,453	3,119	4,297
普通畑 (17)	〃	247	3,710	3,326	2,453	3,119	4,297
樹園地 (18)	〃	14	-	-	-	-	-
牧草地 (19)	〃	0	1	-	-	-	2
耕地以外の土地 (20)	〃	71	506	231	576	331	613
調査作物使用地面積（1経営体当たり）							
作付地 (21)	〃	93.0	776.8	238.8	386.6	600.0	1,071.0
自作地 (22)	〃	38.5	605.2	238.0	315.8	489.5	810.2
小作地 (23)	〃	54.5	171.6	0.8	70.8	110.5	260.8
作付地以外 (24)	〃	2.7	5.9	3.9	3.1	4.6	7.6
所有地 (25)	〃	2.5	5.6	3.9	3.1	4.6	7.0
借入地 (26)	〃	0.2	0.3	-	-	-	0.6
作付地の実勢地代 (10a当たり) (27)	円	9,099	9,039	7,738	7,315	9,699	9,163
自作地 (28)	〃	8,871	9,158	7,725	8,450	9,940	9,202
小作地 (29)	〃	9,262	8,620	11,725	2,252	8,632	9,044
投下資本額 (10a当たり) (30)	〃	101,775	71,580	73,952	84,985	78,678	69,076
借入資本額 (31)	〃	8,600	17,509	7,415	21,206	21,031	17,212
自己資本額 (32)	〃	93,175	54,071	66,537	63,779	57,647	51,864
固定資本額 (33)	〃	39,896	38,324	36,091	51,110	44,363	36,328
建物・構築物 (34)	〃	9,395	8,346	6,886	10,182	9,422	8,094
土地改良設備 (35)	〃	-	1,359	1,109	6,573	1,017	964
自動車 (36)	〃	4,661	1,146	1,263	1,212	1,271	1,113
農機具 (37)	〃	25,840	27,473	26,833	33,143	32,653	26,157
流動資本額 (38)	〃	21,452	25,978	26,924	24,617	26,790	25,909
労賃資本額 (39)	〃	40,427	7,278	10,937	9,258	7,525	6,839

原料用かんしょ・原料用ばれいしょ・てんさい

海道）		てんさい（北海道）								
7.0ha以上		平　均	3.0ha未満	3.0～5.0	5.0～7.0	7.0ha以上				
7.0～10.0	10.0ha以上					平　均	7.0～10.0	10.0ha以上	15.0ha以上	
(7)	(8)	(9)	(10)	(11)	(12)	(13)	(14)	(15)	(16)	
26	26	71	1	10	11	49	21	28	12	(1)
4.1	5.4	4.5	x	4.1	3.9	4.8	4.4	5.2	4.6	(2)
2.3	2.7	2.3	x	2.0	2.0	2.6	2.6	2.5	2.3	(3)
1.8	2.7	2.2	x	2.1	1.9	2.2	1.8	2.7	2.3	(4)
4.1	5.4	4.5	x	4.1	3.9	4.8	4.4	5.2	4.6	(5)
2.3	2.7	2.3	x	2.0	2.0	2.6	2.6	2.5	2.3	(6)
1.8	2.7	2.2	x	2.1	1.9	2.2	1.8	2.7	2.3	(7)
2.8	2.9	2.7	x	2.5	2.8	2.9	2.9	3.0	3.1	(8)
1.7	1.8	1.6	x	1.6	1.6	1.7	1.8	1.7	1.8	(9)
1.1	1.1	1.1	x	0.9	1.2	1.2	1.1	1.3	1.3	(10)
2.0	2.6	2.0	x	1.9	1.8	2.2	2.2	2.1	2.2	(11)
1.4	1.8	1.4	x	1.4	1.3	1.6	1.6	1.5	1.7	(12)
0.6	0.8	0.6	x	0.5	0.5	0.6	0.6	0.6	0.5	(13)
3,883	4,883	3,367	x	2,324	3,095	3,995	3,420	4,683	5,684	(14)
6	22	91	x	223	244	7	4	10	41	(15)
3,873	4,861	3,268	x	2,101	2,851	3,974	3,390	4,673	5,643	(16)
3,873	4,861	3,268	x	2,101	2,851	3,974	3,390	4,673	5,643	(17)
－	－	－	x	－	－	－	－	－	－	(18)
4	－	8	x	－	－	14	26	－	－	(19)
727	461	439	x	539	528	411	316	524	615	(20)
812.5	1,413.1	803.5	x	387.4	594.0	1,072.5	873.1	1,310.9	1,755.4	(21)
672.2	992.8	619.2	x	358.3	468.5	797.5	640.0	985.8	1,180.1	(22)
140.3	420.3	184.3	x	29.1	125.5	275.0	233.1	325.1	575.3	(23)
5.9	10.0	7.7	x	3.3	6.1	10.3	6.1	15.5	20.3	(24)
5.9	8.6	7.5	x	3.3	6.1	10.0	6.1	14.7	16.8	(25)
－	1.4	0.2	x	－	－	0.3	－	0.8	3.5	(26)
9,466	**8,932**	**8,513**	**x**	**6,189**	**8,693**	**8,638**	**8,935**	**8,401**	**8,279**	**(27)**
9,461	8,969	8,836	x	6,929	8,774	8,950	9,452	8,561	8,559	(28)
9,492	8,846	7,453	x	1,437	8,392	7,732	7,515	7,918	7,705	(29)
68,411	**69,583**	**93,682**	**x**	**93,526**	**100,680**	**90,910**	**85,098**	**95,535**	**91,499**	**(30)**
15,645	18,405	20,615	x	40,955	18,899	18,389	17,181	19,349	20,219	(31)
52,766	51,178	73,067	x	52,571	81,781	72,521	67,917	76,186	71,280	(32)
35,998	36,580	49,030	x	49,759	52,498	46,582	39,724	52,039	48,190	(33)
7,023	8,910	13,984	x	13,067	15,497	12,428	11,713	12,997	9,796	(34)
1,225	765	803	x	330	1,092	599	669	543	1,268	(35)
793	1,357	1,192	x	3,008	1,157	964	928	992	868	(36)
26,957	25,548	33,051	x	33,354	34,752	32,591	26,414	37,507	36,258	(37)
25,335	26,346	33,567	x	33,240	33,525	33,860	33,762	33,939	33,326	(38)
7,078	6,657	11,085	x	10,527	14,657	10,468	11,612	9,557	9,983	(39)

原料用かんしょ・原料用ばれいしょ・てんさい

1 原料用かんしょ・原料用ばれいしょ・てんさい生産費（続き）

(2) 農機具所有台数と収益性

区分		単位	原料用かんしょ (鹿児島)	原料用ばれいしょ				(北
				平均	3.0ha未満	3.0～5.0	5.0～7.0	平均
			(1)	(2)	(3)	(4)	(5)	(6)
自動車所有台数（10経営体当たり）								
四輪自動車	(1)	台	25.3	55.2	63.1	53.8	53.8	53.8
農機具所有台数（10経営体当たり）								
トラクター耕うん機								
20馬力未満	(2)	〃	5.0	2.2	4.4	－	－	2.9
20～50馬力未満	(3)	〃	12.3	4.7	4.9	6.2	3.8	4.6
50馬力以上	(4)	〃	1.9	45.9	52.8	34.9	44.2	47.1
歩行型	(5)	〃	8.0	0.7	0.0	0.0	1.5	0.8
栽培管理用機具								
たい肥散布機	(6)	〃	0.5	5.1	9.3	1.2	4.5	5.1
総合は種機	(7)	〃	0.2	27.1	34.1	22.5	26.9	26.4
移植機	(8)	〃	1.5	11.4	11.4	9.9	12.3	11.5
中耕除草機	(9)	〃	0.4	23.8	15.6	18.9	24.6	27.0
肥料散布機	(10)	〃	4.9	14.8	12.9	11.1	13.7	16.5
防除用機具								
動力噴霧機	(11)	〃	9.0	15.9	17.2	14.9	18.8	15.0
動力散粉機	(12)	〃	0.9	－	－	－	－	－
収穫調製用機具								
調査作物収穫機	(13)	〃	4.1	17.0	24.2	14.3	19.6	14.9
脱穀機	(14)	〃	1.5	3.6	4.2	4.9	2.8	3.3
動力乾燥機	(15)	〃	4.4	4.7	7.3	－	2.3	5.8
トレーラー	(16)	〃	1.6	0.8	－	－	2.3	0.8
調査作物主産物数量								
10a当たり	(17)	kg	2,803	3,629	4,127	2,967	3,685	3,648
1経営体当たり	(18)	〃	26,064	281,862	98,560	114,718	221,142	390,684
収益性								
粗収益								
10a当たり	(19)	円	104,380	55,852	61,915	46,448	55,929	56,313
主産物	(20)	〃	104,380	55,852	61,915	46,448	55,929	56,313
副産物	(21)	〃	－	－	－	－	－	－
主産物単位数量当たり	(22)	〃	3,723	1,539	1,500	1,565	1,518	1,543
主産物	(23)	〃	3,723	1,539	1,500	1,565	1,518	1,543
副産物	(24)	〃	－	－	－	－	－	－
所得								
10a当たり	(25)	〃	33,286	△ 7,387	△ 2,888	△ 13,357	△ 9,979	△ 6,705
1日当たり	(26)	〃	5,293	－	－	－	－	－
家族労働報酬								
10a当たり	(27)	〃	25,405	△ 16,834	△ 14,247	△ 22,917	△ 20,507	△ 15,850
1日当たり	(28)	〃	4,040	－	－	－	－	－
(参考1) 経営所得安定対策等								
受取金（10a当たり）	(29)	〃	－	36,655	42,744	30,802	37,179	36,724
(参考2) 経営所得安定対策等の交付金を加えた場合								
粗収益								
10a当たり	(30)	〃	－	92,507	104,659	77,250	93,108	93,037
主産物単位数量当たり	(31)	〃	－	2,549	2,536	2,603	2,527	2,549
所得								
10a当たり	(32)	〃	－	29,268	39,856	17,445	27,200	30,019
1日当たり	(33)	〃	－	28,416	25,126	12,898	26,029	31,108
家族労働報酬								
10a当たり	(34)	〃	－	19,821	28,497	7,885	16,672	20,874
1日当たり	(35)	〃	－	19,244	17,965	5,830	15,954	21,631

注：収益性の取扱いについては、「3 調査結果の取りまとめと統計表の編成」の(1)エ（12ページ）を参照されたい（以下111ページまで同じ。）。

原料用かんしょ・原料用ばれいしょ・てんさい

海　道　）		てんさい（北　海　道　）								
7.0ha以上		平均	3.0ha未満	3.0～5.0	5.0～7.0	7.0ha以上				
7.0～10.0	10.0ha以上					平均	7.0～10.0	10.0ha以上	15.0ha以上	
(7)	(8)	(9)	(10)	(11)	(12)	(13)	(14)	(15)	(16)	
55.0	52.4	59.8	x	51.0	55.5	64.1	69.0	58.3	63.3	(1)
2.7	3.2	2.9	x	5.0	1.8	2.9	1.0	5.2	5.8	(2)
6.2	2.4	6.9	x	5.0	10.9	5.8	9.0	2.0	2.5	(3)
49.2	44.5	43.8	x	37.5	39.1	47.9	46.4	49.7	51.1	(4)
0.3	1.4	4.5	x	5.0	4.5	3.4	5.7	0.7	0.8	(5)
4.0	6.7	4.9	x	3.8	9.1	3.9	4.4	3.4	5.1	(6)
28.4	23.6	25.6	x	20.5	27.3	28.5	29.4	27.4	28.9	(7)
12.4	10.2	10.7	x	11.8	10.9	10.4	9.2	11.9	10.8	(8)
29.0	24.3	29.3	x	21.5	31.8	32.0	34.4	29.1	29.2	(9)
16.9	16.1	18.2	x	20.8	17.9	17.3	16.6	18.2	13.9	(10)
14.7	15.3	15.0	x	12.5	17.3	15.6	16.6	14.4	15.0	(11)
-	-	-	x	-	-	-	-	-	-	(12)
14.9	14.9	11.8	x	9.1	10.9	11.0	11.4	10.5	11.0	(13)
3.2	3.5	4.9	x	1.5	9.1	5.2	6.7	3.5	7.1	(14)
8.8	1.9	3.9	x	6.0	2.7	4.0	3.3	4.7	5.8	(15)
1.3	-	3.4	x	3.0	3.6	3.9	6.3	1.0	-	(16)
3,593	3,689	5,755	x	4,818	5,360	5,972	6,235	5,763	5,461	(17)
291,970	521,326	462,447	x	186,649	318,405	640,555	544,396	755,485	958,569	(18)
56,018	56,539	63,402	x	54,226	59,265	65,656	69,041	62,961	59,005	(19)
56,018	56,539	63,402	x	54,226	59,265	65,656	69,041	62,961	59,005	(20)
-	-	-	x	-	-	-	-	-	-	(21)
1,559	1,532	11,016	x	11,255	11,056	10,994	11,073	10,925	10,805	(22)
1,559	1,532	11,016	x	11,255	11,056	10,994	11,073	10,925	10,805	(23)
-	-	-	x	-	-	-	-	-	-	(24)
△ 5,497	△ 7,620	△ 18,522	x	△ 25,462	△ 25,736	△ 16,114	△ 10,708	△ 20,417	△ 22,893	(25)
-	-	-	x	-	-	-	-	-	-	(26)
△ 15,525	△ 16,093	△ 28,548	x	△ 34,394	△ 36,087	△ 25,968	△ 20,453	△ 30,358	△ 31,846	(27)
-	-	-	x	-	-	-	-	-	-	(28)
36,413	36,962	46,770	x	43,165	44,776	47,937	50,325	46,036	44,121	(29)
92,431	93,501	110,172	x	97,391	104,041	113,593	119,366	108,997	103,126	(30)
2,573	2,534	19,143	x	20,214	19,409	19,021	19,145	18,913	18,885	(31)
30,916	29,342	28,248	x	17,703	19,040	31,823	39,617	25,619	21,228	(32)
30,877	31,382	18,723	x	11,695	9,592	22,293	24,194	20,333	16,189	(33)
20,888	20,869	18,222	x	8,771	8,689	21,969	29,872	15,678	12,275	(34)
20,862	22,320	12,078	x	5,794	4,377	15,390	18,242	12,443	9,361	(35)

原料用かんしょ・原料用ばれいしょ・てんさい

1 原料用かんしょ・原料用ばれいしょ・てんさい生産費（続き）

(3) 10ａ当たり生産費

区分		原料用かんしょ（鹿児島）	原料用ばれいしょ（北 平均	3.0ha未満	3.0～5.0	5.0～7.0	平均
		(1)	(2)	(3)	(4)	(5)	(6)
物財費	(1)	**53,198**	**60,617**	**64,479**	**58,588**	**63,085**	**60,166**
種苗費	(2)	2,742	14,132	16,555	15,253	15,211	13,709
購入	(3)	1,207	13,824	16,496	15,253	15,211	13,308
自給	(4)	1,535	308	59	-	-	401
肥料費	(5)	11,816	11,370	12,026	8,368	13,329	11,278
購入	(6)	11,617	11,327	12,026	8,358	13,316	11,224
自給	(7)	199	43	-	10	13	54
農業薬剤費（購入）	(8)	6,832	10,801	12,987	8,613	9,674	11,049
光熱動力費	(9)	3,807	2,609	2,860	3,288	2,566	2,542
購入	(10)	3,807	2,609	2,860	3,288	2,566	2,542
自給	(11)	-	-	-	-	-	-
その他の諸材料費	(12)	5,635	196	206	84	115	220
購入	(13)	5,635	196	206	84	115	220
自給	(14)	-	-	-	-	-	-
土地改良及び水利費	(15)	143	174	73	232	179	174
賃借料及び料金	(16)	808	1,218	610	134	918	1,400
物件税及び公課諸負担	(17)	1,889	2,169	1,989	2,443	2,291	2,137
建物費	(18)	2,298	1,454	1,593	1,269	2,057	1,363
償却費	(19)	1,332	1,061	889	1,163	1,672	962
修繕費及び購入補充費	(20)	966	393	704	106	385	401
購入	(21)	966	393	704	106	385	401
自給	(22)	-	-	-	-	-	-
自動車費	(23)	4,687	1,929	3,142	2,159	1,525	1,901
償却費	(24)	1,624	463	1,209	382	291	453
修繕費及び購入補充費	(25)	3,063	1,466	1,933	1,777	1,234	1,448
購入	(26)	3,063	1,466	1,933	1,777	1,234	1,448
自給	(27)	-	-	-	-	-	-
農機具費	(28)	12,346	14,085	11,910	16,117	14,722	13,931
償却費	(29)	7,333	7,125	8,509	7,808	7,530	6,915
修繕費及び購入補充費	(30)	5,013	6,960	3,401	8,309	7,192	7,016
購入	(31)	5,013	6,960	3,401	8,309	7,192	7,016
自給	(32)	-	-	-	-	-	-
生産管理費	(33)	195	480	528	628	498	462
償却費	(34)	9	13	24	-	12	14
購入・支払	(35)	186	467	504	628	486	448
労働費	(36)	**80,854**	**14,555**	**21,874**	**18,517**	**15,049**	**13,678**
直接労働費	(37)	80,062	13,788	20,031	17,766	14,555	12,930
家族	(38)	68,367	13,414	19,903	17,194	13,931	12,599
雇用	(39)	11,695	374	128	572	624	331
間接労働費	(40)	792	767	1,843	751	494	748
家族	(41)	743	762	1,843	751	494	742
雇用	(42)	49	5	-	-	-	6
費用合計	(43)	**134,052**	**75,172**	**86,353**	**77,105**	**78,134**	**73,844**
購入（支払）	(44)	52,910	51,983	53,917	49,797	54,191	51,704
自給	(45)	70,844	14,527	21,805	17,955	14,438	13,796
償却	(46)	10,298	8,662	10,631	9,353	9,505	8,344
副産物価額	(47)	-	-	-	-	-	-
生産費（副産物価額差引）	(48)	**134,052**	**75,172**	**86,353**	**77,105**	**78,134**	**73,844**
支払利子	(49)	400	329	158	232	609	302
支払地代	(50)	5,752	1,914	38	413	1,590	2,213
支払利子・地代算入生産費	(51)	**140,204**	**77,415**	**86,549**	**77,750**	**80,333**	**76,359**
自己資本利子	(52)	3,727	2,163	2,661	2,551	2,306	2,075
自作地地代	(53)	4,154	7,284	8,698	7,009	8,222	7,070
資本利子・地代全額算入生産費（全算入生産費）	(54)	**148,085**	**86,862**	**97,908**	**87,310**	**90,861**	**85,504**

原料用かんしょ・原料用ばれいしょ・てんさい

単位：円

海道）		てんさい（北海道）								
7.0ha以上		平均	3.0ha未満	3.0〜5.0	5.0〜7.0	7.0ha以上				
7.0〜10.0	10.0ha以上					平均	7.0〜10.0	10.0ha以上	15.0ha以上	
(7)	(8)	(9)	(10)	(11)	(12)	(13)	(14)	(15)	(16)	
59,134	60,948	77,977	x	77,370	80,404	77,802	76,011	79,226	76,871	(1)
14,285	13,270	2,777	x	3,306	2,715	2,689	2,696	2,684	3,108	(2)
13,894	12,861	2,777	x	3,306	2,715	2,689	2,696	2,684	3,108	(3)
391	409	-	x	-	-	-	-	-	-	(4)
11,562	11,061	25,349	x	26,517	27,617	25,131	25,133	25,131	24,847	(5)
11,438	11,061	24,439	x	25,699	26,865	24,159	24,387	23,982	24,070	(6)
124	-	910	x	818	752	972	746	1,149	777	(7)
10,945	11,130	14,443	x	13,823	14,956	14,522	14,621	14,442	13,409	(8)
2,609	2,490	3,115	x	3,663	2,877	3,076	3,281	2,913	2,848	(9)
2,609	2,490	3,115	x	3,663	2,877	3,076	3,281	2,913	2,848	(10)
-	-	-	x	-	-	-	-	-	-	(11)
181	249	4,525	x	4,523	4,107	4,687	4,898	4,520	5,271	(12)
181	249	4,379	x	4,447	3,954	4,531	4,744	4,362	5,135	(13)
-	-	146	x	76	153	156	154	158	136	(14)
177	170	167	x	465	73	139	84	181	81	(15)
786	1,868	4,026	x	1,320	2,703	4,658	4,453	4,821	3,473	(16)
2,134	2,138	2,065	x	2,181	2,095	2,017	2,169	1,893	1,888	(17)
1,231	1,463	2,928	x	3,187	3,717	2,611	2,561	2,651	2,671	(18)
927	988	1,669	x	1,316	1,974	1,486	1,527	1,453	1,223	(19)
304	475	1,259	x	1,871	1,743	1,125	1,034	1,198	1,448	(20)
304	475	1,259	x	1,871	1,743	1,125	1,034	1,198	1,448	(21)
-	-	-	x	-	-	-	-	-	-	(22)
1,796	1,981	2,190	x	2,300	1,916	2,181	2,471	1,950	1,914	(23)
373	514	610	x	915	534	555	453	636	478	(24)
1,423	1,467	1,580	x	1,385	1,382	1,626	2,018	1,314	1,436	(25)
1,423	1,467	1,580	x	1,385	1,382	1,626	2,018	1,314	1,436	(26)
-	-	-	x	-	-	-	-	-	-	(27)
12,946	14,682	15,902	x	15,566	17,234	15,610	13,181	17,546	16,953	(28)
7,145	6,741	8,553	x	8,659	10,847	8,024	6,509	9,232	8,511	(29)
5,801	7,941	7,349	x	6,907	6,387	7,586	6,672	8,314	8,442	(30)
5,801	7,941	7,349	x	6,907	6,387	7,586	6,672	8,314	8,442	(31)
-	-	-	x	-	-	-	-	-	-	(32)
482	446	490	x	519	394	481	463	494	408	(33)
19	9	10	x	-	-	14	-	24	9	(34)
463	437	480	x	519	394	467	463	470	399	(35)
14,158	13,315	22,169	x	21,054	29,314	20,934	23,225	19,112	19,966	(36)
13,273	12,671	21,050	x	20,229	28,179	19,774	22,026	17,983	18,737	(37)
12,854	12,408	19,345	x	18,991	25,846	18,220	20,743	16,212	16,876	(38)
419	263	1,705	x	1,238	2,333	1,554	1,283	1,771	1,861	(39)
885	644	1,119	x	825	1,135	1,160	1,199	1,129	1,229	(40)
885	633	1,108	x	825	1,068	1,157	1,199	1,124	1,212	(41)
-	11	11	x	-	67	3	-	5	17	(42)
73,292	74,263	100,146	x	98,424	109,718	98,736	99,236	98,338	96,837	(43)
50,574	52,561	67,795	x	66,824	68,544	68,152	67,905	68,350	67,615	(44)
14,254	13,450	21,509	x	20,710	27,819	20,505	22,842	18,643	19,001	(45)
8,464	8,252	10,842	x	10,890	13,355	10,079	8,489	11,345	10,221	(46)
-	-	-	x	-	-	-	-	-	-	(47)
73,292	74,263	100,146	x	98,424	109,718	98,736	99,236	98,338	96,837	(48)
323	286	466	x	864	425	422	448	401	586	(49)
1,639	2,651	1,765	x	216	1,772	1,989	2,007	1,975	2,563	(50)
75,254	77,200	102,377	x	99,504	111,915	101,147	101,691	100,714	99,986	(51)
2,111	2,047	2,923	x	2,103	3,271	2,901	2,717	3,047	2,851	(52)
7,917	6,426	7,103	x	6,829	7,080	6,953	7,028	6,894	6,102	(53)
85,282	85,673	112,403	x	108,436	122,266	111,001	111,436	110,655	108,939	(54)

原料用かんしょ・原料用ばれいしょ・てんさい

1 原料用かんしょ・原料用ばれいしょ・てんさい生産費（続き）

(4) 主産物計算単位（原料用かんしょ・原料用ばれいしょ：100kg、てんさい：１ｔ）

区分		原料用かんしょ (鹿児島)	原料用ばれいしょ				（北
			平均	3.0ha未満	3.0～5.0	5.0～7.0	平均
		(1)	(2)	(3)	(4)	(5)	(6)
物財費	(1)	1,899	1,669	1,565	1,972	1,707	1,646
種苗費	(2)	98	389	401	514	413	376
購入	(3)	43	381	400	514	413	365
自給	(4)	55	8	1	－	－	11
肥料費	(5)	423	315	292	282	362	309
購入	(6)	415	314	292	282	362	308
自給	(7)	8	1	－	0	0	1
農業薬剤費（購入）	(8)	244	298	315	290	262	303
光熱動力費	(9)	135	71	69	111	68	69
購入	(10)	135	71	69	111	68	69
自給	(11)	－	－	－	－	－	－
その他の諸材料費	(12)	201	6	5	3	3	6
購入	(13)	201	6	5	3	3	6
自給	(14)	－	－	－	－	－	－
土地改良及び水利費	(15)	5	5	2	7	5	5
賃借料及び料金	(16)	30	33	15	4	24	39
物件税及び公課諸負担	(17)	67	59	49	82	62	58
建物費	(18)	81	40	39	42	55	37
償却費	(19)	47	29	22	38	45	26
修繕費及び購入補充費	(20)	34	11	17	4	10	11
購入	(21)	34	11	17	4	10	11
自給	(22)	－	－	－	－	－	－
自動車費	(23)	167	53	76	73	41	52
償却費	(24)	58	13	29	13	8	12
修繕費及び購入補充費	(25)	109	40	47	60	33	40
購入	(26)	109	40	47	60	33	40
自給	(27)	－	－	－	－	－	－
農機具費	(28)	441	387	289	543	399	380
償却費	(29)	262	195	207	263	204	188
修繕費及び購入補充費	(30)	179	192	82	280	195	192
購入	(31)	179	192	82	280	195	192
自給	(32)	－	－	－	－	－	－
生産管理費	(33)	7	13	13	21	13	12
償却費	(34)	0	0	1	－	0	0
購入・支払	(35)	7	13	12	21	13	12
労働費	(36)	2,883	401	529	624	407	374
直接労働費	(37)	2,854	380	484	599	394	354
家族	(38)	2,438	370	481	580	377	345
雇用	(39)	416	10	3	19	17	9
間接労働費	(40)	29	21	45	25	13	20
家族	(41)	27	21	45	25	13	20
雇用	(42)	2	0	－	－	－	0
費用合計	(43)	4,782	2,070	2,094	2,596	2,114	2,020
購入（支払）	(44)	1,887	1,433	1,308	1,677	1,467	1,417
自給	(45)	2,528	400	527	605	390	377
償却	(46)	367	237	259	314	257	226
副産物価額	(47)	－	－	－	－	－	－
生産費（副産物価額差引）	(48)	4,782	2,070	2,094	2,596	2,114	2,020
支払利子	(49)	14	9	4	8	17	8
支払地代	(50)	205	52	1	14	43	60
支払利子・地代算入生産費	(51)	5,001	2,131	2,099	2,618	2,174	2,088
自己資本利子	(52)	133	60	64	86	63	57
自作地地代	(53)	148	201	211	237	223	194
資本利子・地代全額算入生産費（全算入生産費）	(54)	5,282	2,392	2,374	2,941	2,460	2,339

原料用かんしょ・原料用ばれいしょ・てんさい

当たり生産費

単位：円

海道）		てんさい（北海道）								
7.0ha以上		平均	3.0ha未満	3.0～5.0	5.0～7.0	7.0ha以上				
7.0～10.0	10.0ha以上					平均	7.0～10.0	10.0ha以上	15.0ha以上	
(7)	(8)	(9)	(10)	(11)	(12)	(13)	(14)	(15)	(16)	
1,646	1,651	13,543	x	16,059	15,001	13,027	12,189	13,745	14,074	(1)
398	360	482	x	686	507	450	432	466	569	(2)
387	349	482	x	686	507	450	432	466	569	(3)
11	11	-	x	-	-	-	-	-	-	(4)
322	299	4,404	x	5,504	5,150	4,208	4,029	4,360	4,549	(5)
319	299	4,246	x	5,334	5,010	4,046	3,910	4,161	4,407	(6)
3	-	158	x	170	140	162	119	199	142	(7)
306	302	2,509	x	2,869	2,791	2,431	2,345	2,506	2,455	(8)
73	69	541	x	761	536	516	526	504	521	(9)
73	69	541	x	761	536	516	526	504	521	(10)
-	-	-	x	-	-	-	-	-	-	(11)
5	6	785	x	939	768	785	787	783	965	(12)
5	6	760	x	923	739	759	762	756	940	(13)
-	-	25	x	16	29	26	25	27	25	(14)
5	4	28	x	96	14	22	13	32	14	(15)
21	51	701	x	275	504	780	714	835	636	(16)
59	57	358	x	453	390	338	348	329	346	(17)
34	39	508	x	661	693	438	412	461	489	(18)
26	26	289	x	273	368	250	246	253	224	(19)
8	13	219	x	388	325	188	166	208	265	(20)
8	13	219	x	388	325	188	166	208	265	(21)
-	-	-	x	-	-	-	-	-	-	(22)
50	54	380	x	477	358	365	397	338	351	(23)
10	14	106	x	190	100	93	73	110	88	(24)
40	40	274	x	287	258	272	324	228	263	(25)
40	40	274	x	287	258	272	324	228	263	(26)
-	-	-	x	-	-	-	-	-	-	(27)
359	398	2,762	x	3,230	3,216	2,614	2,112	3,045	3,104	(28)
198	183	1,485	x	1,796	2,025	1,344	1,042	1,602	1,558	(29)
161	215	1,277	x	1,434	1,191	1,270	1,070	1,443	1,546	(30)
161	215	1,277	x	1,434	1,191	1,270	1,070	1,443	1,546	(31)
-	-	-	x	-	-	-	-	-	-	(32)
14	12	85	x	108	74	80	74	86	75	(33)
1	0	2	x	-	-	2	-	4	2	(34)
13	12	83	x	108	74	78	74	82	73	(35)
395	360	3,852	x	4,369	5,468	3,507	3,724	3,316	3,656	(36)
370	343	3,657	x	4,198	5,257	3,313	3,532	3,120	3,431	(37)
358	336	3,361	x	3,941	4,821	3,052	3,327	2,813	3,090	(38)
12	7	296	x	257	436	261	205	307	341	(39)
25	17	195	x	171	211	194	192	196	225	(40)
25	17	193	x	171	199	194	192	195	222	(41)
-	0	2	x	-	12	0	-	1	3	(42)
2,041	2,011	17,395	x	20,428	20,469	16,534	15,913	17,061	17,730	(43)
1,409	1,424	11,776	x	13,871	12,787	11,411	10,889	11,858	12,379	(44)
397	364	3,737	x	4,298	5,189	3,434	3,663	3,234	3,479	(45)
235	223	1,882	x	2,259	2,493	1,689	1,361	1,969	1,872	(46)
-	-	-	x	-	-	-	-	-	-	(47)
2,041	2,011	17,395	x	20,428	20,469	16,534	15,913	17,061	17,730	(48)
9	8	81	x	179	79	71	72	70	107	(49)
46	72	307	x	45	331	333	322	343	469	(50)
2,096	2,091	17,783	x	20,652	20,879	16,938	16,307	17,474	18,306	(51)
59	55	508	x	436	610	486	436	529	522	(52)
220	174	1,234	x	1,417	1,321	1,164	1,127	1,196	1,118	(53)
2,375	2,320	19,525	x	22,505	22,810	18,588	17,870	19,199	19,946	(54)

原料用かんしょ・原料用ばれいしょ・てんさい

1 原料用かんしょ・原料用ばれいしょ・てんさい生産費（続き）

(5) 投下労働時間

区分		原料用かんしょ（鹿児島）	原料用ばれいしょ（北				
			平均	3.0ha未満	3.0～5.0	5.0～7.0	平均
		(1)	(2)	(3)	(4)	(5)	(6)
投下労働時間（10 a 当たり）	(1)	**60.89**	**8.56**	**12.84**	**11.18**	**8.89**	**8.02**
家族	(2)	50.31	8.24	12.69	10.82	8.36	7.72
雇用	(3)	10.58	0.32	0.15	0.36	0.53	0.30
直接労働時間	(4)	60.31	8.12	11.77	10.74	8.61	7.59
家族	(5)	49.76	7.80	11.62	10.38	8.08	7.29
男	(6)	32.03	5.60	7.82	6.42	5.81	5.35
女	(7)	17.73	2.20	3.80	3.96	2.27	1.94
雇用	(8)	10.55	0.32	0.15	0.36	0.53	0.30
男	(9)	5.24	0.10	－	0.00	0.17	0.10
女	(10)	5.31	0.22	0.15	0.36	0.36	0.20
間接労働時間	(11)	0.58	0.44	1.07	0.44	0.28	0.43
男	(12)	0.53	0.41	1.02	0.39	0.27	0.40
女	(13)	0.05	0.03	0.05	0.05	0.01	0.03
投下労働時間（単位数量当たり）	(14)	**2.17**	**0.23**	**0.28**	**0.38**	**0.23**	**0.20**
家族	(15)	1.79	0.22	0.28	0.37	0.22	0.20
雇用	(16)	0.38	0.01	0.00	0.01	0.01	0.00
直接労働時間	(17)	2.15	0.22	0.26	0.37	0.22	0.19
家族	(18)	1.77	0.21	0.26	0.36	0.21	0.19
雇用	(19)	0.38	0.01	0.00	0.01	0.01	0.00
間接労働時間	(20)	0.02	0.01	0.02	0.01	0.01	0.01
作業別直接労働時間（10 a 当たり）							
合計							
育苗	(21)	4.61	－	－	－	－	－
耕起整地	(22)	4.46	0.69	0.88	0.89	0.63	0.68
基肥	(23)	1.76	0.31	0.46	0.41	0.28	0.30
は種	(24)	－	1.97	3.52	2.74	2.08	1.78
定植	(25)	15.94	－	－	－	－	－
追肥	(26)	0.19	0.11	0.06	0.06	0.10	0.12
中耕除草	(27)	5.61	0.54	0.64	0.52	0.56	0.55
管理	(28)	2.09	0.29	0.48	0.46	0.23	0.27
防除	(29)	2.40	0.94	1.13	0.95	1.02	0.90
収穫	(30)	23.10	3.00	4.00	4.36	3.45	2.75
乾燥	(31)	－	－	－	－	－	－
生産管理	(32)	0.15	0.27	0.60	0.35	0.26	0.24
うち家族							
育苗	(33)	4.18	－	－	－	－	－
耕起整地	(34)	4.28	0.68	0.88	0.87	0.61	0.67
基肥	(35)	1.67	0.31	0.46	0.39	0.28	0.30
は種	(36)	－	1.74	3.37	2.46	1.70	1.58
定植	(37)	13.49	－	－	－	－	－
追肥	(38)	0.17	0.11	0.06	0.06	0.10	0.12
中耕除草	(39)	5.17	0.53	0.64	0.52	0.53	0.53
管理	(40)	2.00	0.29	0.48	0.46	0.23	0.27
防除	(41)	2.12	0.92	1.13	0.95	1.02	0.88
収穫	(42)	16.53	2.95	4.00	4.32	3.35	2.70
乾燥	(43)	－	－	－	－	－	－
生産管理	(44)	0.15	0.27	0.60	0.35	0.26	0.24

原料用かんしょ・原料用ばれいしょ・てんさい

単位：時間

海　道　)		て　ん　さ　い　(　北　海　道　)								
7.0ha以上・		平　均	3.0ha未満	3.0〜5.0	5.0〜7.0	7.0ha以上				
7.0〜10.0	10.0ha以上					平　均	7.0〜10.0	10.0ha以上	15.0ha以上	
(7)	(8)	(9)	(10)	(11)	(12)	(13)	(14)	(15)	(16)	
8.34	7.78	13.63	x	13.33	18.42	12.75	14.51	11.39	11.98	(1)
8.01	7.48	12.07	x	12.11	15.88	11.42	13.10	10.08	10.49	(2)
0.33	0.30	1.56	x	1.22	2.54	1.33	1.41	1.31	1.49	(3)
7.83	7.41	12.97	x	12.84	17.65	12.08	13.81	10.74	11.25	(4)
7.50	7.12	11.42	x	11.62	15.18	10.75	12.40	9.43	9.78	(5)
5.55	5.19	7.88	x	8.64	9.96	7.45	8.75	6.41	7.18	(6)
1.95	1.93	3.54	x	2.98	5.22	3.30	3.65	3.02	2.60	(7)
0.33	0.29	1.55	x	1.22	2.47	1.33	1.41	1.31	1.47	(8)
0.15	0.07	0.52	x	0.24	0.56	0.57	0.54	0.60	0.93	(9)
0.18	0.22	1.03	x	0.98	1.91	0.76	0.87	0.71	0.54	(10)
0.51	0.37	0.66	x	0.49	0.77	0.67	0.70	0.65	0.73	(11)
0.46	0.36	0.60	x	0.48	0.64	0.62	0.67	0.58	0.65	(12)
0.05	0.01	0.06	x	0.01	0.13	0.05	0.03	0.07	0.08	(13)
0.20	0.21	2.34	x	2.79	3.41	2.14	2.30	1.95	2.19	(14)
0.20	0.20	2.09	x	2.53	2.96	1.91	2.09	1.72	1.91	(15)
0.00	0.01	0.25	x	0.26	0.45	0.23	0.21	0.23	0.28	(16)
0.19	0.20	2.23	x	2.69	3.26	2.03	2.19	1.84	2.06	(17)
0.19	0.19	1.98	x	2.43	2.82	1.80	1.98	1.61	1.78	(18)
0.00	0.01	0.25	x	0.26	0.44	0.23	0.21	0.23	0.28	(19)
0.01	0.01	0.11	x	0.10	0.15	0.11	0.11	0.11	0.13	(20)
-	-	3.02	x	2.82	3.44	3.04	3.58	2.62	2.73	(21)
0.73	0.63	0.88	x	0.90	1.16	0.83	0.88	0.79	0.70	(22)
0.33	0.27	0.48	x	0.40	0.50	0.47	0.55	0.40	0.55	(23)
1.84	1.74	0.07	x	0.19	0.06	0.04	0.01	0.06	0.12	(24)
-	-	2.44	x	1.99	3.14	2.42	2.98	1.98	1.95	(25)
0.15	0.09	0.06	x	0.03	0.06	0.07	0.06	0.07	0.07	(26)
0.62	0.50	2.28	x	2.28	4.59	1.77	1.86	1.70	1.77	(27)
0.23	0.31	0.42	x	0.37	0.42	0.41	0.49	0.35	0.28	(28)
0.95	0.88	0.61	x	0.71	0.74	0.57	0.65	0.52	0.60	(29)
2.68	2.80	2.38	x	2.68	3.24	2.16	2.39	2.00	2.31	(30)
-	-	-	x	-	-	-	-	-	-	(31)
0.30	0.19	0.33	x	0.47	0.30	0.30	0.36	0.25	0.17	(32)
-	-	2.63	x	2.54	3.23	2.60	3.09	2.21	2.10	(33)
0.72	0.62	0.85	x	0.88	1.14	0.79	0.86	0.74	0.67	(34)
0.32	0.27	0.46	x	0.36	0.48	0.46	0.55	0.38	0.53	(35)
1.67	1.51	0.07	x	0.18	0.06	0.04	0.01	0.06	0.12	(36)
-	-	1.96	x	1.74	2.67	1.91	2.45	1.47	1.50	(37)
0.15	0.09	0.06	x	0.03	0.06	0.06	0.06	0.06	0.07	(38)
0.59	0.50	1.81	x	1.82	3.15	1.55	1.57	1.53	1.59	(39)
0.22	0.31	0.40	x	0.37	0.40	0.40	0.48	0.33	0.28	(40)
0.90	0.88	0.61	x	0.71	0.74	0.57	0.65	0.52	0.60	(41)
2.63	2.75	2.24	x	2.52	2.95	2.07	2.32	1.88	2.15	(42)
-	-	-	x	-	-	-	-	-	-	(43)
0.30	0.19	0.33	x	0.47	0.30	0.30	0.36	0.25	0.17	(44)

原料用かんしょ・原料用ばれいしょ・てんさい

1 原料用かんしょ・原料用ばれいしょ・てんさい生産費（続き）

(6) 10a当たり主要費目の評価額

区分	原料用かんしょ	原料用ばれいしょ（北				
	（鹿児島）	平均	3.0ha未満	3.0～5.0	5.0～7.0	平均
	(1)	(2)	(3)	(4)	(5)	(6)
肥料費						
窒素質						
硫安 (1)	15	359	131	189	450	373
尿素 (2)	16	566	377	376	172	658
石灰窒素 (3)	153	-	-	-	-	-
リン酸質						
過リン酸石灰 (4)	12	-	-	-	-	-
よう成リン肥 (5)	274	26	-	-	-	34
重焼リン肥 (6)	309	2	-	-	-	3
カリ質						
塩化カリ (7)	163	-	-	-	-	-
硫酸カリ (8)	254	43	-	-	-	57
けいカル (9)	117	-	-	-	-	-
炭酸カルシウム（石灰を含む。） (10)	756	29	-	-	-	38
けい酸石灰 (11)	-	-	-	-	-	-
複合肥料						
高成分化成 (12)	1,409	4,119	5,448	3,221	7,505	3,565
低成分化成 (13)	94	95	-	-	744	2
配合肥料 (14)	6,576	5,072	5,066	3,789	3,197	5,494
固形肥料 (15)	-	-	-	-	-	-
土壌改良資材 (16)	176	37	22	-	-	47
たい肥・きゅう肥 (17)	1,053	339	606	365	437	305
その他 (18)	240	640	376	418	811	648
自給						
たい肥 (19)	14	-	-	-	-	-
きゅう肥 (20)	128	-	-	-	-	-
稲・麦わら (21)	-	-	-	-	-	-
農業薬剤費						
殺虫剤 (22)	5,013	2,322	2,425	1,216	2,065	2,457
殺菌剤 (23)	132	6,638	9,475	5,465	5,884	6,694
殺虫殺菌剤 (24)	113	-	-	-	-	-
除草剤 (25)	1,535	1,474	922	1,251	1,418	1,537
その他 (26)	39	367	165	681	307	361
自動車負担償却費						
四輪自動車 (27)	1,624	463	1,209	382	291	453
その他 (28)	-	-	-	-	-	-
農機具負担償却費						
トラクター-耕うん機						
20馬力未満 (29)	543	-	-	-	-	-
20～50馬力未満 (30)	1,868	4	-	59	-	-
50馬力以上 (31)	422	2,543	3,327	978	3,078	2,548
歩行型 (32)	94	-	-	-	-	-
栽培管理用機具						
たい肥散布機 (33)	-	32	-	-	-	42
総合は種機 (34)	-	372	220	25	587	377
移植機 (35)	103	-	-	-	-	-
中耕除草機 (36)	-	126	28	10	330	108
肥料散布機 (37)	583	124	164	126	90	127
防除用機具						
動力噴霧機 (38)	441	784	153	1,748	726	746
動力散粉機 (39)	0	-	-	-	-	-
収穫調製用機具						
調査作物収穫機 (40)	1,619	1,383	1,539	3,656	1,855	1,094
脱穀機 (41)	-	-	-	-	-	-
動力乾燥機 (42)	-	-	-	-	-	-
トレーラー (43)	-	0	3	-	-	-
その他 (44)	1,660	1,757	3,075	1,206	864	1,873

注：原単位評価額における減価償却費の負数については、「2 調査上の主な約束事項」の(2)イ（7ページ）を参照されたい。

原料用かんしょ・原料用ばれいしょ・てんさい

単位：円

海　道　)		て　　ん　　さ　　い　　(				北　海　道　)				
7.0ha以上		平　均	3.0ha未満	3.0〜5.0	5.0〜7.0	7.0ha以上				
7.0〜10.0	10.0ha以上					平　均	7.0〜10.0	10.0ha以上	15.0ha以上	
(7)	(8)	(9)	(10)	(11)	(12)	(13)	(14)	(15)	(16)	
522	260	316	x	226	82	377	340	406	438	(1)
488	788	120	x	-	26	154	47	240	154	(2)
-	-	11	x	87	27	-	-	-	-	(3)
-	-	111	x	-	752	10	1	17	1	(4)
-	61	52	x	-	18	65	80	54	1	(5)
-	5	-	x	-	-	-	-	-	-	(6)
-	-	12	x	-	-	16	-	30	-	(7)
129	2	-	x	-	-	-	-	-	-	(8)
-	-	1	x	-	6	-	-	-	-	(9)
33	42	1,345	x	2,321	1,689	1,092	1,038	1,135	1,557	(10)
-	-	-	x	-	-	-	-	-	-	(11)
3,735	3,435	7,760	x	11,906	8,470	7,166	10,666	4,381	10,085	(12)
-	4	361	x	119	357	399	437	369	393	(13)
5,290	5,649	9,142	x	7,704	10,713	9,239	6,523	11,401	6,396	(14)
-	-	-	x	-	-	-	-	-	-	(15)
109	-	80	x	-	88	89	202	-	-	(16)
269	332	2,917	x	583	2,495	3,341	2,503	4,008	4,240	(17)
863	483	2,211	x	2,753	2,142	2,211	2,550	1,941	805	(18)
-	-	8	x	-	-	11	24	-	-	(19)
-	-	51	x	-	-	68	152	-	-	(20)
-	-	-	x	-	-	-	-	-	-	(21)
2,642	2,317	2,466	x	2,265	2,354	2,527	2,589	2,479	1,940	(22)
6,524	6,824	4,510	x	4,118	4,808	4,547	4,696	4,428	4,408	(23)
-	-	-	x	-	-	-	-	-	-	(24)
1,427	1,620	6,780	x	6,756	7,089	6,748	6,632	6,839	6,289	(25)
352	369	687	x	684	705	700	704	696	772	(26)
373	514	610	x	915	534	555	453	636	478	(27)
-	-	-	x	-	-	-	-	-	-	(28)
-	-	20	x	64	-	19	-	34	-	(29)
-	-	11	x	-	-	15	34	-	-	(30)
2,942	2,249	2,969	x	2,602	4,228	2,692	2,435	2,896	1,634	(31)
-	-	8	x	-	-	11	25	-	-	(32)
3	72	46	x	-	-	60	62	59	67	(33)
585	219	72	x	189	91	56	163	△ 30	△ 104	(34)
-	-	405	x	1,144	440	320	505	173	1,111	(35)
102	113	176	x	368	422	112	55	158	199	(36)
121	132	208	x	169	127	198	180	213	112	(37)
759	736	479	x	859	191	498	321	639	900	(38)
-	-	-	x	-	-	-	-	-	-	(39)
843	1,284	1,363	x	869	2,545	1,238	944	1,472	1,234	(40)
-	-	-	x	-	-	-	-	-	-	(41)
-	-	-	x	-	-	-	-	-	-	(42)
-	-	-	x	-	-	-	-	-	-	(43)
1,790	1,936	2,796	x	2,395	2,803	2,805	1,785	3,618	3,358	(44)

大豆・全国農業地域別

2 大豆生産費
(1) 全国・全国農業地域別
ア 調査対象経営体の経営概況

区　分	単位	全　国	北海道	都府県	東　北	北　陸
		(1)	(2)	(3)	(4)	(5)
集計経営体数　(1)	経営体	439	71	368	80	75
労働力（1経営体当たり）						
世帯員数　(2)	人	4.3	4.8	4.1	4.4	4.1
男　　　(3)	〃	2.2	2.5	2.1	2.2	2.2
女　　　(4)	〃	2.1	2.3	2.0	2.2	1.9
家族員数　(5)	〃	4.3	4.8	4.1	4.4	4.1
男　　　(6)	〃	2.2	2.5	2.1	2.2	2.2
女　　　(7)	〃	2.1	2.3	2.0	2.2	1.9
農業就業者　(8)	〃	2.2	2.6	1.8	1.9	1.5
男　　　(9)	〃	1.4	1.6	1.2	1.3	1.1
女　　　(10)	〃	0.8	1.0	0.6	0.6	0.4
農業専従者　(11)	〃	1.4	1.9	1.1	1.0	0.8
男　　　(12)	〃	1.0	1.3	0.8	0.7	0.6
女　　　(13)	〃	0.4	0.6	0.3	0.3	0.2
土地（1経営体当たり）						
経営耕地面積　(14)	a	1,890	3,047	1,163	1,132	1,101
田　　　(15)	〃	1,168	1,268	1,104	1,097	1,074
畑　　　(16)	〃	721	1,776	58	33	27
普通畑　(17)	〃	719	1,776	55	26	27
樹園地　(18)	〃	2	-	3	7	0
牧草地　(19)	〃	1	3	1	2	-
耕地以外の土地　(20)	〃	176	345	70	108	45
大豆使用地面積（1経営体当たり）						
作付地　(21)	〃	349.2	413.8	308.6	211.1	240.3
自作地　(22)	〃	154.4	291.5	68.4	96.9	52.9
小作地　(23)	〃	194.8	122.3	240.2	114.2	187.4
作付地以外　(24)	〃	2.8	2.7	2.8	1.5	2.2
所有地　(25)	〃	2.8	2.7	2.8	1.5	2.2
借入地　(26)	〃	0.0	-	0.0	-	0.0
作付地の実勢地代（10a当たり）(27)	円	12,294	10,650	13,676	14,906	14,640
自作地　(28)	〃	12,689	11,398	16,114	18,173	16,074
小作地　(29)	〃	11,976	8,827	12,970	12,177	14,234
投下資本額（10a当たり）(30)	〃	55,309	61,762	49,883	55,040	53,540
借入資本額　(31)	〃	11,328	16,476	6,999	2,745	3,536
自己資本額　(32)	〃	43,981	45,286	42,884	52,295	50,004
固定資本額　(33)	〃	33,963	36,955	31,447	32,011	28,881
建物・構築物　(34)	〃	8,961	7,525	10,168	7,899	9,228
土地改良設備　(35)	〃	359	742	38	1	38
自動車　(36)	〃	1,180	1,190	1,172	1,107	730
農機具　(37)	〃	23,463	27,498	20,069	23,004	18,885
流動資本額　(38)	〃	15,702	18,915	13,001	16,289	18,405
労賃資本額　(39)	〃	5,644	5,892	5,435	6,740	6,254

大豆・全国農業地域別

関東・東山	東　海	近　畿	中　国	四　国	九　州	
(6)	(7)	(8)	(9)	(10)	(11)	
64	30	27	19	7	66	(1)
3.6	4.6	4.1	4.2	2.6	3.8	(2)
1.9	2.7	2.0	2.1	1.4	1.8	(3)
1.7	1.9	2.1	2.1	1.2	2.0	(4)
3.6	4.6	4.1	4.2	2.6	3.8	(5)
1.9	2.7	2.0	2.1	1.4	1.8	(6)
1.7	1.9	2.1	2.1	1.2	2.0	(7)
1.7	2.4	2.1	1.6	1.1	1.8	(8)
1.1	1.7	1.2	1.0	0.9	1.2	(9)
0.6	0.7	0.9	0.6	0.2	0.6	(10)
1.4	2.1	1.6	0.8	1.0	1.0	(11)
0.9	1.6	1.1	0.6	0.9	0.7	(12)
0.5	0.5	0.5	0.2	0.1	0.3	(13)
1,149	2,763	1,150	695	301	807	(14)
980	2,701	1,142	690	257	780	(15)
169	62	8	5	44	27	(16)
167	58	8	5	25	27	(17)
2	4	0	-	19	0	(18)
-	-	-	-	-	-	(19)
78	92	36	30	89	24	(20)
297.0	1,074.4	375.7	223.6	101.4	268.5	(21)
66.0	27.5	36.3	49.6	25.9	67.4	(22)
231.0	1,046.9	339.4	174.0	75.5	201.1	(23)
3.1	8.1	3.3	1.0	5.5	3.4	(24)
3.1	8.1	3.3	1.0	3.1	3.3	(25)
-	0.0	-	0.0	2.4	0.1	(26)
14,556	11,384	11,035	7,826	13,317	15,234	(27)
12,794	10,460	10,198	8,706	12,004	17,378	(28)
15,073	11,408	11,127	7,568	13,772	14,515	(29)
40,511	51,654	53,672	29,235	51,430	48,653	(30)
2,352	16,595	9,615	1,869	-	6,707	(31)
38,159	35,059	44,057	27,366	51,430	41,946	(32)
26,134	36,115	36,880	12,431	30,205	31,253	(33)
7,946	13,483	14,097	8,107	12,525	9,958	(34)
-	-	-	48	18	207	(35)
612	1,771	1,651	851	443	1,226	(36)
17,576	20,861	21,132	3,425	17,219	19,862	(37)
9,366	10,696	12,131	11,584	14,675	12,580	(38)
5,011	4,843	4,661	5,220	6,550	4,820	(39)

大豆・全国農業地域別

2 大豆生産費（続き）
(1) 全国・全国農業地域別（続き）
イ 農機具所有台数と収益性

区分	単位	全国	北海道	都府県	東北	北陸
		(1)	(2)	(3)	(4)	(5)
自動車所有台数（10経営体当たり）						
四輪自動車 (1)	台	38.7	56.7	27.3	27.8	21.0
農機具所有台数（10経営体当たり）						
トラクター-耕うん機						
20馬力未満 (2)	〃	1.3	1.4	1.3	0.6	1.0
20～50馬力未満 (3)	〃	12.0	10.2	13.2	11.6	11.1
50馬力以上 (4)	〃	17.8	35.0	7.0	5.0	4.3
歩行型 (5)	〃	2.2	2.7	1.8	1.2	0.9
栽培管理用機具						
たい肥散布機 (6)	〃	1.5	3.1	0.5	0.3	0.4
総合は種機 (7)	〃	11.1	16.2	7.8	4.7	4.9
移植機 (8)	〃	2.0	4.6	0.4	0.0	0.1
中耕除草機 (9)	〃	9.4	18.6	3.6	1.8	2.6
肥料散布機 (10)	〃	7.8	12.6	4.7	2.1	4.3
防除用機具						
動力噴霧機 (11)	〃	9.3	14.3	6.1	4.2	5.6
動力散粉機 (12)	〃	2.0	0.7	2.7	1.9	4.1
収穫調製用機具						
自脱型コンバイン						
3条以下 (13)	〃	1.7	0.4	2.5	2.8	2.1
4条以上 (14)	〃	6.0	4.9	6.6	5.5	5.2
普通型コンバイン (15)	〃	2.7	4.2	1.8	0.9	2.2
調査作物収穫機 (16)	〃	2.5	5.4	0.7	0.8	0.5
脱穀機 (17)	〃	1.4	2.6	0.7	1.2	－
動力乾燥機 (18)	〃	14.1	17.0	12.2	8.9	11.8
トレーラー (19)	〃	2.1	3.1	1.4	1.5	0.5
調査作物主産物数量						
10a当たり (20)	kg	183	224	148	167	180
1経営体当たり (21)	〃	6,399	9,322	4,566	3,525	4,314
収益性						
粗収益						
10a当たり (22)	円	24,965	30,604	20,220	19,825	23,940
主産物 (23)	〃	24,694	30,230	20,037	19,714	23,388
副産物 (24)	〃	271	374	183	111	552
60kg当たり (25)	〃	8,173	8,152	8,199	7,126	8,005
主産物 (26)	〃	8,084	8,052	8,125	7,086	7,820
副産物 (27)	〃	89	100	74	40	185
所得						
10a当たり (28)	〃	△ 20,682	△ 20,564	△ 20,776	△ 28,945	△ 31,877
1日当たり (29)	〃	－	－	－	－	－
家族労働報酬						
10a当たり (30)	〃	△ 28,013	△ 30,753	△ 25,705	△ 39,629	△ 37,524
1日当たり (31)	〃	－	－	－	－	－
（参考1）経営所得安定対策等 受取金（10a当たり）(32)	〃	61,633	65,641	58,260	77,710	71,979
（参考2）経営所得安定対策等の交付金を加えた場合						
粗収益						
10a当たり (33)	〃	86,598	96,245	78,480	97,535	95,919
60kg当たり (34)	〃	28,349	25,634	31,825	35,056	32,067
所得						
10a当たり (35)	〃	40,951	45,077	37,484	48,765	40,102
1日当たり (36)	〃	53,011	57,059	49,484	48,887	46,834
家族労働報酬						
10a当たり (37)	〃	33,620	34,888	32,555	38,081	34,455
1日当たり (38)	〃	43,521	44,162	42,977	38,176	40,239

関東・東山	東海	近畿	中国	四国	九州	
(6)	(7)	(8)	(9)	(10)	(11)	
25.8	45.6	33.0	18.5	21.7	26.1	(1)
1.9	0.3	3.4	0.6	–	1.5	(2)
10.9	13.6	14.4	10.7	10.8	18.4	(3)
8.8	27.5	7.7	1.5	0.7	4.2	(4)
2.8	0.5	1.3	0.2	1.3	3.6	(5)
0.7	0.4	0.2	–	–	0.8	(6)
6.7	14.9	6.8	4.2	1.5	15.6	(7)
0.0	2.0	0.5	–	–	1.2	(8)
2.2	4.1	2.3	1.3	–	10.2	(9)
4.1	7.4	3.2	2.7	–	10.3	(10)
5.9	3.0	2.6	4.5	11.5	10.6	(11)
1.0	3.6	2.8	2.6	2.1	4.6	(12)
2.6	0.6	2.7	2.6	2.1	2.8	(13)
7.1	13.7	9.5	2.9	–	6.1	(14)
2.6	5.0	2.1	0.3	–	0.6	(15)
0.9	1.2	0.3	–	0.3	0.6	(16)
1.5	–	0.7	0.4	–	–	(17)
14.7	33.1	16.7	4.0	3.6	7.6	(18)
1.3	1.8	3.0	–	–	1.4	(19)
126	124	185	119	64	138	(20)
3,779	13,100	6,922	2,685	657	3,734	(21)
15,537	17,471	30,267	16,139	9,473	22,342	(22)
15,509	17,374	30,175	16,123	9,473	21,981	(23)
28	97	92	16	–	361	(24)
7,327	8,105	9,856	8,061	8,775	9,641	(25)
7,314	8,358	9,826	8,054	8,775	9,485	(26)
13	47	30	7	–	156	(27)
△ 16,147	△ 19,370	△ 6,710	△ 15,335	△ 35,101	△ 16,677	(28)
–	–	–	–	–	–	(29)
△ 19,629	△ 21,031	△ 9,222	△ 17,853	△ 40,732	△ 21,268	(30)
–	–	–	–	–	–	(31)
41,314	44,263	53,683	58,762	46,239	64,657	(32)
56,851	61,734	83,950	74,901	55,712	86,999	(33)
26,809	29,598	27,336	37,418	51,602	37,543	(34)
25,167	24,393	46,973	43,427	11,138	47,980	(35)
32,791	51,996	66,043	60,003	10,761	62,925	(36)
21,685	23,232	44,461	40,909	5,507	43,389	(37)
28,254	48,526	62,511	56,524	5,321	56,904	(38)

大豆・全国農業地域別

2 大豆生産費（続き）

(1) 全国・全国農業地域別（続き）

ウ 10a当たり生産費

区分	全国	北海道	都府県	東北	北陸
	(1)	(2)	(3)	(4)	(5)
物財費 (1)	39,302	47,147	32,696	39,715	43,438
種苗費 (2)	3,378	4,205	2,682	2,682	3,296
購入 (3)	3,041	4,121	2,132	2,435	2,896
自給 (4)	337	84	550	247	400
肥料費 (5)	5,501	7,852	3,522	5,249	5,997
購入 (6)	5,452	7,771	3,500	5,240	5,853
自給 (7)	49	81	22	9	144
農業薬剤費（購入）(8)	5,270	6,083	4,584	4,471	6,822
光熱動力費 (9)	1,755	2,133	1,436	1,639	1,608
購入 (10)	1,755	2,133	1,436	1,639	1,608
自給 (11)	0	-	0	-	-
その他の諸材料費 (12)	139	295	7	22	1
購入 (13)	139	295	7	22	1
自給 (14)	-	-	-	-	-
土地改良及び水利費 (15)	1,595	1,868	1,366	2,881	3,312
賃借料及び料金 (16)	7,861	7,998	7,748	11,599	11,548
物件税及び公課諸負担 (17)	1,140	1,619	734	958	893
建物費 (18)	1,236	1,501	1,012	933	1,082
償却費 (19)	881	918	849	692	976
修繕費及び購入補充費 (20)	355	583	163	241	106
購入 (21)	355	583	163	241	106
自給 (22)	-	-	-	-	-
自動車費 (23)	1,206	1,449	1,002	1,133	815
償却費 (24)	470	481	461	482	389
修繕費及び購入補充費 (25)	736	968	541	651	426
購入 (26)	736	968	541	651	426
自給 (27)	-	-	-	-	-
農機具費 (28)	9,892	11,772	8,310	7,955	7,874
償却費 (29)	6,536	7,909	5,380	5,946	5,251
修繕費及び購入補充費 (30)	3,356	3,863	2,930	2,009	2,623
購入 (31)	3,356	3,863	2,930	2,009	2,623
自給 (32)	-	-	-	-	-
生産管理費 (33)	329	372	293	193	190
償却費 (34)	10	15	6	15	12
購入・支払 (35)	319	357	287	178	178
労働費 (36)	11,287	11,783	10,872	13,481	12,507
直接労働費 (37)	10,752	10,997	10,547	13,064	12,076
家族 (38)	9,548	10,010	9,162	11,110	10,333
雇用 (39)	1,204	987	1,385	1,954	1,743
間接労働費 (40)	535	786	325	417	431
家族 (41)	513	772	295	393	398
雇用 (42)	22	14	30	24	33
費用合計 (43)	50,589	58,930	43,568	53,196	55,945
購入（支払）(44)	32,245	38,660	26,843	34,302	38,042
自給 (45)	10,447	10,947	10,029	11,759	11,275
償却 (46)	7,897	9,323	6,696	7,135	6,628
副産物価額 (47)	271	374	183	111	552
生産費 (48)	50,318	58,556	43,385	53,085	55,393
（副産物価額差引）					
支払利子 (49)	220	393	75	130	19
支払地代 (50)	4,899	2,627	6,810	6,947	10,584
支払利子・地代算入生産費 (51)	55,437	61,576	50,270	60,162	65,996
自己資本利子 (52)	1,759	1,811	1,715	2,092	2,000
自作地地代 (53)	5,572	8,378	3,214	8,592	3,647
資本利子・地代全額算入生産費 (54)	62,768	71,765	55,199	70,846	71,643
（全算入生産費）					

大豆・全国農業地域別

単位：円

関東・東山	東　海	近　畿	中　国	四　国	九　州	
(6)	(7)	(8)	(9)	(10)	(11)	
24,702	28,537	31,496	25,628	34,821	31,649	(1)
2,468	2,054	3,570	4,495	3,775	2,679	(2)
1,553	1,841	1,540	3,655	3,562	2,423	(3)
915	213	2,030	840	213	256	(4)
4,137	1,422	2,842	1,764	4,027	1,954	(5)
4,137	1,413	2,842	1,764	4,027	1,954	(6)
-	9	-	-	-	-	(7)
3,789	4,815	3,813	3,488	5,564	4,092	(8)
1,394	1,474	1,183	874	2,209	1,202	(9)
1,394	1,474	1,183	874	2,209	1,201	(10)
-	-	-	-	-	1	(11)
9	1	6	7	-	-	(12)
9	1	6	7	-	-	(13)
-	-	-	-	-	-	(14)
474	503	997	108	1,073	409	(15)
3,597	3,141	8,712	10,352	9,443	10,406	(16)
546	610	665	568	928	766	(17)
892	1,113	1,132	861	900	1,020	(18)
725	963	1,081	819	801	828	(19)
167	150	51	42	99	192	(20)
167	150	51	42	99	192	(21)
-	-	-	-	-	-	(22)
736	1,355	903	1,042	670	864	(23)
221	709	562	338	111	397	(24)
515	646	341	704	559	467	(25)
515	646	341	704	559	467	(26)
-	-	-	-	-	-	(27)
6,564	11,301	7,388	1,973	6,132	8,120	(28)
5,019	5,473	5,590	1,305	4,559	5,262	(29)
1,545	5,828	1,798	668	1,573	2,858	(30)
1,545	5,828	1,798	668	1,573	2,858	(31)
-	-	-	-	-	-	(32)
96	748	285	96	100	137	(33)
2	5	1	-	-	1	(34)
94	743	284	96	100	136	(35)
10,023	9,684	9,322	10,439	13,097	9,640	(36)
9,805	9,352	9,012	10,211	12,898	9,386	(37)
9,393	6,964	8,541	8,200	11,317	8,815	(38)
412	2,388	471	2,011	1,581	571	(39)
218	332	310	228	199	254	(40)
215	250	310	228	199	242	(41)
3	82	-	-	-	12	(42)
34,725	38,221	40,818	36,067	47,918	41,289	(43)
18,235	23,635	22,703	24,337	30,718	25,487	(44)
10,523	7,436	10,881	9,268	11,729	9,314	(45)
5,967	7,150	7,234	2,462	5,471	6,488	(46)
28	97	92	16	-	361	(47)
34,697	38,124	40,726	36,051	47,918	40,928	(48)
4	112	75	23	-	84	(49)
6,563	5,722	4,935	3,812	8,172	6,703	(50)
41,264	43,958	45,736	39,886	56,090	47,715	(51)
1,526	1,402	1,762	1,095	2,057	1,678	(52)
1,956	259	750	1,423	3,574	2,913	(53)
44,746	45,619	48,248	42,404	61,721	52,306	(54)

大豆・全国農業地域別

2　大豆生産費（続き）

(1)　全国・全国農業地域別（続き）

エ　60kg当たり生産費

区分		全国 (1)	北海道 (2)	都府県 (3)	東北 (4)	北陸 (5)
物財費	(1)	**12,865**	**12,556**	**13,258**	**14,274**	**14,519**
種苗費	(2)	1,105	1,120	1,088	964	1,102
購入	(3)	995	1,098	865	875	968
自給	(4)	110	22	223	89	134
肥料費	(5)	1,803	2,092	1,428	1,886	2,005
購入	(6)	1,787	2,071	1,419	1,883	1,957
自給	(7)	16	21	9	3	48
農業薬剤費（購入）	(8)	1,725	1,619	1,859	1,607	2,281
光熱動力費	(9)	574	567	583	589	538
購入	(10)	574	567	583	589	538
自給	(11)	0	−	0	−	−
その他の諸材料費	(12)	45	79	3	8	0
購入	(13)	45	79	3	8	0
自給	(14)	−	−	−	−	−
土地改良及び水利費	(15)	522	498	554	1,036	1,107
賃借料及び料金	(16)	2,575	2,131	3,142	4,169	3,860
物件税及び公課諸負担	(17)	373	430	297	343	298
建物費	(18)	404	399	410	335	361
償却費	(19)	288	244	344	248	326
修繕費及び購入補充費	(20)	116	155	66	87	35
購入	(21)	116	155	66	87	35
自給	(22)	−	−	−	−	−
自動車費	(23)	395	386	406	407	272
償却費	(24)	154	128	187	173	130
修繕費及び購入補充費	(25)	241	258	219	234	142
購入	(26)	241	258	219	234	142
自給	(27)	−	−	−	−	−
農機具費	(28)	3,236	3,136	3,368	2,860	2,631
償却費	(29)	2,137	2,107	2,180	2,138	1,754
修繕費及び購入補充費	(30)	1,099	1,029	1,188	722	877
購入	(31)	1,099	1,029	1,188	722	877
自給	(32)	−	−	−	−	−
生産管理費	(33)	108	99	120	70	64
償却費	(34)	3	4	3	6	4
購入・支払	(35)	105	95	117	64	60
労働費	(36)	**3,696**	**3,140**	**4,405**	**4,845**	**4,181**
直接労働費	(37)	3,521	2,930	4,273	4,695	4,037
家族	(38)	3,126	2,667	3,712	3,993	3,454
雇用	(39)	395	263	561	702	583
間接労働費	(40)	175	210	132	150	144
家族	(41)	168	206	120	141	133
雇用	(42)	7	4	12	9	11
費用合計	(43)	**16,561**	**15,696**	**17,663**	**19,119**	**18,700**
購入（支払）	(44)	10,559	10,297	10,885	12,328	12,717
自給	(45)	3,420	2,916	4,064	4,226	3,769
償却	(46)	2,582	2,483	2,714	2,565	2,214
副産物価額	(47)	89	100	74	40	185
生産費（副産物価額差引）	(48)	**16,472**	**15,596**	**17,589**	**19,079**	**18,515**
支払利子	(49)	72	105	30	47	6
支払地代	(50)	1,603	700	2,761	2,497	3,538
支払利子・地代算入生産費	(51)	**18,147**	**16,401**	**20,380**	**21,623**	**22,059**
自己資本利子	(52)	576	482	696	752	669
自作地地代	(53)	1,825	2,231	1,303	3,088	1,219
資本利子・地代全額算入生産費（全算入生産費）	(54)	**20,548**	**19,114**	**22,379**	**25,463**	**23,947**

大豆・全国農業地域別

単位：円

関東・東山	東　海	近　畿	中　国	四　国	九　州	
(6)	(7)	(8)	(9)	(10)	(11)	
11,639	13,732	10,257	12,809	32,248	13,659	(1)
1,163	989	1,163	2,246	3,496	1,157	(2)
732	886	502	1,826	3,299	1,046	(3)
431	103	661	420	197	111	(4)
1,949	684	925	884	3,731	844	(5)
1,949	680	925	884	3,731	844	(6)
-	4	-	-	-	-	(7)
1,786	2,316	1,242	1,744	5,152	1,766	(8)
657	710	387	435	2,044	518	(9)
657	710	387	435	2,044	518	(10)
-	-	-	-	-	0	(11)
4	0	2	4	-	-	(12)
4	0	2	4	-	-	(13)
-	-	-	-	-	-	(14)
223	243	325	54	993	177	(15)
1,695	1,511	2,837	5,172	8,747	4,490	(16)
257	294	217	285	860	329	(17)
421	535	368	430	834	440	(18)
342	463	352	409	742	357	(19)
79	72	16	21	92	83	(20)
79	72	16	21	92	83	(21)
						(22)
347	652	294	521	620	373	(23)
104	341	183	169	103	171	(24)
243	311	111	352	517	202	(25)
243	311	111	352	517	202	(26)
						(27)
3,092	5,438	2,405	986	5,679	3,505	(28)
2,364	2,634	1,819	652	4,222	2,272	(29)
728	2,804	586	334	1,457	1,233	(30)
728	2,804	586	334	1,457	1,233	(31)
-	-	-	-	-	-	(32)
45	360	92	48	92	60	(33)
1	2	0	-	-	1	(34)
44	358	92	48	92	59	(35)
4,728	4,659	3,034	5,216	12,133	4,160	(36)
4,625	4,499	2,933	5,102	11,949	4,051	(37)
4,430	3,351	2,780	4,098	10,485	3,804	(38)
195	1,148	153	1,004	1,464	247	(39)
103	160	101	114	184	109	(40)
102	120	101	114	184	104	(41)
1	40	-	-	-	5	(42)
16,367	18,391	13,291	18,025	44,381	17,819	(43)
8,593	11,373	7,395	12,163	28,448	10,999	(44)
4,963	3,578	3,542	4,632	10,866	4,019	(45)
2,811	3,440	2,354	1,230	5,067	2,801	(46)
13	47	30	7	-	156	(47)
16,354	18,344	13,261	18,018	44,381	17,663	(48)
2	54	24	11	-	36	(49)
3,095	2,753	1,607	1,904	7,570	2,893	(50)
19,451	21,151	14,892	19,933	51,951	20,592	(51)
720	675	574	547	1,905	724	(52)
922	125	244	710	3,309	1,258	(53)
21,093	21,951	15,710	21,190	57,165	22,574	(54)

大豆・全国農業地域別

2 大豆生産費（続き）
(1) 全国・全国農業地域別（続き）
オ 投下労働時間

区　　分	全　国	北海道	都府県	東　北	北　陸
	(1)	(2)	(3)	(4)	(5)
投下労働時間（10a当たり） (1)	7.14	7.16	7.17	9.99	8.34
家　　　　族 (2)	6.18	6.32	6.06	7.98	6.85
雇　　　　用 (3)	0.96	0.84	1.11	2.01	1.49
直接労働時間 (4)	6.82	6.69	6.96	9.69	8.06
家　　族 (5)	5.87	5.86	5.87	7.71	6.59
男 (6)	4.75	4.59	4.89	6.38	5.70
女 (7)	1.12	1.27	0.98	1.33	0.89
雇　　用 (8)	0.95	0.83	1.09	1.98	1.47
男 (9)	0.65	0.39	0.88	1.42	1.20
女 (10)	0.30	0.44	0.21	0.56	0.27
間接労働時間 (11)	0.32	0.47	0.21	0.30	0.28
男 (12)	0.30	0.44	0.20	0.28	0.27
女 (13)	0.02	0.03	0.01	0.02	0.01
投下労働時間（60kg当たり） (14)	2.33	1.90	2.89	3.61	2.77
家　　　　族 (15)	2.02	1.68	2.45	2.90	2.28
雇　　　　用 (16)	0.31	0.22	0.44	0.71	0.49
直接労働時間 (17)	2.22	1.78	2.81	3.50	2.68
家　　族 (18)	1.91	1.56	2.38	2.80	2.20
雇　　用 (19)	0.31	0.22	0.43	0.70	0.48
間接労働時間 (20)	0.11	0.12	0.08	0.11	0.09
作業別直接労働時間（10a当たり）					
合　　　計					
育　　苗 (21)	0.00	-	0.00	0.00	-
耕起整地 (22)	0.85	0.83	0.87	1.26	1.09
基　　肥 (23)	0.28	0.28	0.30	0.41	0.43
は　　種 (24)	0.61	0.53	0.67	0.67	0.66
定　　植 (25)	0.00	-	0.01	0.01	-
追　　肥 (26)	0.04	0.05	0.04	0.13	0.03
中耕除草 (27)	2.48	2.84	2.15	3.96	2.84
管　　理 (28)	0.79	0.42	1.09	1.74	1.09
防　　除 (29)	0.38	0.44	0.35	0.31	0.36
刈取脱穀 (30)	0.89	0.87	0.91	0.74	0.87
乾　　燥 (31)	0.32	0.22	0.41	0.28	0.43
生産管理 (32)	0.18	0.21	0.16	0.18	0.26
うち家族					
育　　苗 (33)	0.00	-	0.00	0.00	-
耕起整地 (34)	0.77	0.77	0.77	1.13	0.91
基　　肥 (35)	0.26	0.27	0.26	0.34	0.34
は　　種 (36)	0.55	0.50	0.59	0.60	0.53
定　　植 (37)	0.00	-	0.01	0.01	-
追　　肥 (38)	0.04	0.05	0.03	0.10	0.03
中耕除草 (39)	1.95	2.25	1.68	2.65	2.33
管　　理 (40)	0.70	0.38	0.96	1.58	0.90
防　　除 (41)	0.36	0.43	0.31	0.25	0.31
収　　穫 (42)	0.79	0.81	0.76	0.60	0.70
乾　　燥 (43)	0.27	0.19	0.34	0.27	0.28
生産管理 (44)	0.18	0.21	0.16	0.18	0.26

単位：時間

関東・東山	東海	近畿	中国	四国	九州	
(6)	(7)	(8)	(9)	(10)	(11)	
6.49	**5.20**	**6.07**	**7.44**	**10.11**	**6.55**	**(1)**
6.14	3.83	5.69	5.79	8.28	6.10	(2)
0.35	1.37	0.38	1.65	1.83	0.45	(3)
6.35	5.03	5.87	7.29	9.97	6.37	(4)
6.00	3.70	5.49	5.64	8.14	5.93	(5)
4.88	3.11	4.92	5.14	7.12	4.66	(6)
1.12	0.59	0.57	0.50	1.02	1.27	(7)
0.35	1.33	0.38	1.65	1.83	0.44	(8)
0.24	1.26	0.28	1.45	0.53	0.41	(9)
0.11	0.07	0.10	0.20	1.30	0.03	(10)
0.14	0.17	0.20	0.15	0.14	0.18	(11)
0.13	0.17	0.19	0.14	0.14	0.17	(12)
0.01	0.00	0.01	0.01	-	0.01	(13)
3.05	**2.49**	**1.97**	**3.69**	**9.40**	**2.80**	**(14)**
2.89	1.84	1.85	2.88	7.69	2.62	(15)
0.16	0.65	0.12	0.81	1.71	0.18	(16)
2.98	2.41	1.91	3.61	9.27	2.73	(17)
2.82	1.78	1.79	2.80	7.56	2.55	(18)
0.16	0.63	0.12	0.81	1.71	0.18	(19)
0.07	0.08	0.06	0.08	0.13	0.07	(20)
0.00	-	0.00	-	0.01	-	(21)
0.72	0.64	0.73	1.14	1.34	0.76	(22)
0.34	0.11	0.21	0.22	0.75	0.26	(23)
0.59	0.70	0.64	0.71	0.62	0.77	(24)
0.02	-	0.00	0.02	-	-	(25)
0.02	0.01	0.01	0.00	0.00	0.01	(26)
1.56	0.32	1.44	2.30	2.49	2.24	(27)
0.71	0.75	1.17	1.26	1.26	1.10	(28)
0.45	0.24	0.05	0.19	0.83	0.58	(29)
1.23	1.14	0.68	0.80	1.94	0.51	(30)
0.60	0.46	0.85	0.54	0.48	0.01	(31)
0.11	0.16	0.09	0.11	0.25	0.13	(32)
0.00	-	0.00	-	0.01	-	(33)
0.70	0.48	0.70	0.88	1.16	0.71	(34)
0.33	0.07	0.21	0.20	0.60	0.25	(35)
0.58	0.64	0.60	0.62	0.48	0.74	(36)
0.02	-	0.00	0.02	-	-	(37)
0.02	0.01	0.01	0.00	0.00	0.01	(38)
1.39	0.62	1.41	1.46	2.28	2.05	(39)
0.68	0.62	1.14	0.86	0.98	1.05	(40)
0.44	0.19	0.05	0.18	0.79	0.54	(41)
1.20	0.33	0.64	0.77	1.18	0.44	(42)
0.53	0.38	0.64	0.54	0.41	0.01	(43)
0.11	0.16	0.09	0.11	0.25	0.13	(44)

大豆・全国農業地域別

2 大豆生産費（続き）
(1) 全国・全国農業地域別（続き）
カ 10a当たり主要費目の評価額

区分	全国	北海道	都府県	東北	北陸
	(1)	(2)	(3)	(4)	(5)
肥料費					
窒素質					
硫安 (1)	39	78	6	12	5
尿素 (2)	43	17	64	154	226
石灰窒素 (3)	36	13	55	35	-
リン酸質					
過リン酸石灰 (4)	59	116	10	8	-
よう成リン肥 (5)	118	219	33	88	54
重焼リン肥 (6)	72	145	11	33	-
カリ質					
塩化カリ (7)	76	11	131	290	-
硫酸カリ (8)	10	13	7	-	-
けいカル (9)	1	-	2	3	-
炭酸カルシウム（石灰を含む。）(10)	495	455	529	283	1,278
けい酸石灰 (11)	52	76	32	9	28
複合肥料					
高成分化成 (12)	1,370	1,321	1,411	3,265	793
低成分化成 (13)	79	90	69	64	-
配合肥料 (14)	1,752	3,350	409	169	2,039
固形肥料 (15)	-	-	-	-	-
土壌改良資材 (16)	231	144	305	55	716
たい肥・きゅう肥 (17)	274	336	221	301	403
その他 (18)	745	1,387	205	471	311
自給					
たい肥 (19)	-	-	-	-	-
きゅう肥 (20)	1	-	2	9	-
稲・麦わら (21)	-	-	-	-	-
農業薬剤費					
殺虫剤 (22)	1,143	1,645	720	595	703
殺菌剤 (23)	636	955	368	444	436
殺虫殺菌剤 (24)	845	1,109	623	792	1,864
除草剤 (25)	2,473	2,215	2,689	2,474	3,762
その他 (26)	173	159	184	166	57
自動車負担償却費					
四輪自動車 (27)	470	481	461	482	386
その他 (28)	0	-	0	-	3
農機具負担償却費					
トラクター耕うん機					
20馬力未満 (29)	16	1	28	27	119
20～50馬力未満 (30)	534	113	888	1,333	923
50馬力以上 (31)	1,812	2,474	1,255	1,141	871
歩行型 (32)	7	14	1	-	-
栽培管理用機具					
たい肥散布機 (33)	1	0	3	-	1
総合は種機 (34)	237	282	198	310	175
移植機 (35)	-	-	-	-	-
中耕除草機 (36)	209	306	127	156	143
肥料散布機 (37)	41	35	46	22	87
防除用機具					
動力噴霧機 (38)	210	367	78	159	204
動力散粉機 (39)	1	-	2	1	7
収穫調製用機具					
自脱型コンバイン					
3条以下 (40)	80	165	8	-	-
4条以上 (41)	13	25	3	-	-
普通型コンバイン (42)	1,285	1,501	1,103	1,209	622
調査作物収穫機 (43)	441	853	95	58	48
脱穀機 (44)	2	2	3	-	18
動力乾燥機 (45)	86	119	58	4	243
トレーラー (46)	33	33	33	36	45
その他 (47)	1,528	1,619	1,451	1,490	1,745

大豆・全国農業地域別

単位：円

関東・東山	東　海	近　畿	中　国	四　国	九　州	
(6)	(7)	(8)	(9)	(10)	(11)	
9	-	2	19	-	7	(1)
18	-	-	-	-	3	(2)
251	-	-	-	-	0	(3)
39	-	-	79	-	-	(4)
28	-	0	-	-	16	(5)
14	-	16	-	-	-	(6)
370	-	-	-	-	-	(7)
34	-	-	-	-	-	(8)
9	-	-	-	-	0	(9)
430	179	68	91	1,108	1,158	(10)
110	-	-	8	-	36	(11)
1,827	479	1,339	845	2,315	304	(12)
28	31	186	136	28	165	(13)
480	-	286	-	-	18	(14)
						(15)
227	620	227	317	326	-	(16)
188	6	711	48	250	57	(17)
75	98	7	221	-	190	(18)
-	-	-	-	-	-	(19)
-	-	-	-	-	-	(20)
-	-	-	-	-	-	(21)
819	669	410	246	955	1,060	(22)
590	291	48	96	176	246	(23)
148	576	638	385	775	60	(24)
2,140	3,134	2,443	2,597	3,060	2,301	(25)
92	145	274	164	598	425	(26)
221	709	562	338	111	397	(27)
-	-	-	-	-	-	(28)
-	2	-	-	-	47	(29)
166	557	786	469	2,555	1,691	(30)
1,373	1,590	1,953	64	-	822	(31)
3	-	-	-	-	-	(32)
-	-	-	-	-	16	(33)
171	209	152	179	1,010	100	(34)
					-	(35)
123	48	12	-	-	269	(36)
71	10	18	0	-	85	(37)
24	17	3	11	32	70	(38)
-	-	5	2	-	-	(39)
42	-	-	-	-	-	(40)
16	-	-	-	-	-	(41)
1,511	1,133	1,933	-	-	446	(42)
51	259	-	-	-	65	(43)
2	-	4	-	-	-	(44)
133	-	9	-	175	-	(45)
15	-	38	-	-	90	(46)
1,318	1,648	677	580	787	1,561	(47)

大豆・全国・北海道・都府県

2　大豆生産費（続き）

(2)　全国・北海道・都府県

ア　調査対象経営体の経営概況

区分	単位	全国 平均	全国 0.5ha未満	全国 0.5～1.0	全国 1.0～2.0	全国 2.0～3.0	全国 3.0ha以上	全国 5.0ha以上	全国 7.0ha以上	北 平均	北 0.5ha未満
		(1)	(2)	(3)	(4)	(5)	(6)	(7)	(8)	(9)	(10)
集計経営体数 (1)	経営体	439	78	50	86	44	181	128	88	71	-
労働力（1経営体当たり）											
世帯員数 (2)	人	4.3	3.3	4.2	4.3	4.2	4.9	4.5	4.8	4.8	-
男 (3)	〃	2.2	1.7	2.1	2.2	2.3	2.5	2.3	2.5	2.5	-
女 (4)	〃	2.1	1.6	2.1	2.1	1.9	2.4	2.2	2.3	2.3	-
家族員数 (5)	〃	4.3	3.3	4.2	4.3	4.2	4.9	4.5	4.8	4.8	-
男 (6)	〃	2.2	1.7	2.1	2.2	2.3	2.5	2.3	2.5	2.5	-
女 (7)	〃	2.1	1.6	2.1	2.1	1.9	2.4	2.2	2.3	2.3	-
農業就業者 (8)	〃	2.2	1.4	1.6	1.9	2.5	2.5	2.5	2.8	2.6	-
男 (9)	〃	1.4	0.9	1.1	1.3	1.5	1.6	1.6	1.7	1.6	-
女 (10)	〃	0.8	0.5	0.5	0.6	1.0	0.9	0.9	1.1	1.0	-
農業専従者 (11)	〃	1.4	0.9	1.1	1.1	1.6	2.0	2.1	2.3	1.9	-
男 (12)	〃	1.0	0.6	0.7	0.8	1.1	1.4	1.4	1.5	1.3	-
女 (13)	〃	0.4	0.3	0.4	0.3	0.5	0.6	0.7	0.8	0.6	-
土地（1経営体当たり）											
経営耕地面積 (14)	a	1,890	425	729	1,211	1,889	3,151	3,721	4,199	3,047	-
田 (15)	〃	1,168	395	715	863	1,282	1,717	2,010	2,311	1,268	-
畑 (16)	〃	721	30	14	348	607	1,430	1,708	1,883	1,776	-
普通畑 (17)	〃	719	24	14	346	607	1,429	1,707	1,882	1,776	-
樹園地 (18)	〃	2	6	0	2	0	1	1	1	-	-
牧草地 (19)	〃	1	-	-	-	-	4	3	5	3	-
耕地以外の土地 (20)	〃	176	59	69	327	148	180	174	233	345	-
大豆使用地面積（1経営体当たり）											
作付地 (21)	〃	349.2	26.3	72.1	147.9	243.5	694.4	949.6	1,196.7	413.8	-
自作地 (22)	〃	154.4	20.6	43.2	90.0	178.3	265.5	318.1	364.7	291.5	-
小作地 (23)	〃	194.8	5.7	28.9	57.9	65.2	428.9	631.5	832.0	122.3	-
作付地以外 (24)	〃	2.8	2.2	1.2	1.4	2.1	4.5	5.8	6.7	2.7	-
所有地 (25)	〃	2.8	2.2	1.2	1.3	2.1	4.5	5.7	6.6	2.7	-
借入地 (26)	〃	0.0	-	-	0.1	-	0.0	0.1	0.1	-	-
作付地の実勢地代（10a当たり） (27)	円	**12,294**	**12,053**	**14,143**	**13,587**	**15,191**	**11,773**	**11,355**	**11,211**	**10,650**	**-**
自作地 (28)	〃	12,689	12,123	15,338	13,804	14,860	11,914	10,773	10,661	11,398	-
小作地 (29)	〃	11,976	11,779	12,352	13,247	16,109	11,684	11,651	11,453	8,827	-
投下資本額（10a当たり） (30)	〃	**55,309**	**82,432**	**52,457**	**57,985**	**58,952**	**54,355**	**52,130**	**51,343**	**61,762**	**-**
借入資本額 (31)	〃	11,328	801	3,474	6,466	10,008	12,434	13,004	10,586	16,476	-
自己資本額 (32)	〃	43,981	81,631	48,983	51,519	48,944	41,921	39,126	40,757	45,286	-
固定資本額 (33)	〃	33,963	45,904	23,664	31,061	31,910	34,710	33,902	34,107	36,955	-
建物・構築物 (34)	〃	8,961	17,570	5,092	7,601	12,408	8,767	8,746	9,550	7,525	-
土地改良設備 (35)	〃	359	-	1	435	537	349	423	239	742	-
自動車 (36)	〃	1,180	2,898	1,172	1,460	736	1,173	1,080	1,111	1,190	-
農機具 (37)	〃	23,463	25,436	17,399	21,565	18,229	24,421	23,653	23,207	27,498	-
流動資本額 (38)	〃	15,702	15,823	21,037	19,141	20,090	14,657	13,720	12,870	18,915	-
労賃資本額 (39)	〃	5,644	20,705	7,756	7,783	6,952	4,988	4,508	4,366	5,892	-

海道						都府県								
0.5～1.0	1.0～2.0	2.0～3.0	3.0ha以上	5.0ha以上	7.0ha以上	平均	0.5ha未満	0.5～1.0	1.0～2.0	2.0～3.0	3.0ha以上	5.0ha以上	7.0ha以上	
(11)	(12)	(13)	(14)	(15)	(16)	(17)	(18)	(19)	(20)	(21)	(22)	(23)	(24)	
1	13	16	41	27	17	368	78	49	73	28	140	101	71	(1)
x	3.9	4.5	5.1	4.3	4.4	4.1	3.3	3.9	4.5	3.9	4.6	4.7	5.1	(2)
x	2.1	2.4	2.6	2.2	2.4	2.1	1.7	1.9	2.3	2.1	2.4	2.4	2.6	(3)
x	1.8	2.1	2.5	2.1	2.0	2.0	1.6	2.0	2.2	1.8	2.2	2.3	2.5	(4)
x	3.9	4.5	5.1	4.3	4.4	4.1	3.3	3.9	4.5	3.9	4.6	4.7	5.1	(5)
x	2.1	2.4	2.6	2.2	2.4	2.1	1.7	1.9	2.3	2.1	2.4	2.4	2.6	(6)
x	1.8	2.1	2.5	2.1	2.0	2.0	1.6	2.0	2.2	1.8	2.2	2.3	2.5	(7)
x	2.4	2.9	2.8	2.7	2.9	1.8	1.4	1.5	1.6	2.1	2.3	2.4	2.6	(8)
x	1.6	1.7	1.7	1.7	1.8	1.2	0.9	1.1	1.1	1.4	1.5	1.6	1.6	(9)
x	0.8	1.2	1.1	1.0	1.1	0.6	0.5	0.4	0.5	0.7	0.8	0.8	1.0	(10)
x	1.6	2.0	2.0	2.3	2.5	1.1	0.9	0.9	0.8	1.1	1.8	2.0	2.2	(11)
x	1.2	1.4	1.4	1.5	1.6	0.8	0.6	0.6	0.6	0.8	1.3	1.4	1.5	(12)
x	0.4	0.6	0.6	0.8	0.9	0.3	0.3	0.3	0.2	0.3	0.5	0.6	0.7	(13)
x	1,862	2,585	3,767	4,547	5,370	1,163	425	598	765	1,134	2,392	2,905	3,291	(14)
x	1,040	1,433	1,286	1,303	1,388	1,104	395	580	743	1,118	2,247	2,708	3,029	(15)
x	822	1,152	2,476	3,240	3,975	58	30	18	22	16	143	194	258	(16)
x	822	1,152	2,476	3,240	3,975	55	24	17	18	16	141	192	255	(17)
x	–	–	–	–	–	3	6	1	4	0	2	2	3	(18)
x	–	–	5	4	7	1	–	–	–	–	2	3	4	(19)
x	736	250	244	224	325	70	59	77	45	37	101	124	161	(20)
x	147.2	241.1	595.3	801.5	1,000.0	308.6	26.3	70.5	148.5	246.1	816.3	1,095.9	1,349.7	(21)
x	122.1	231.0	392.6	512.1	659.1	68.4	20.6	37.1	68.0	121.3	109.1	126.5	135.8	(22)
x	25.1	10.1	202.7	289.4	340.9	240.2	5.7	33.4	80.5	124.8	707.2	969.4	1,213.9	(23)
x	0.8	2.0	3.9	5.1	6.4	2.8	2.2	1.4	1.8	2.3	5.2	6.3	7.0	(24)
x	0.8	2.0	3.9	5.1	6.4	2.8	2.2	1.4	1.7	2.3	5.1	6.2	6.8	(25)
x	–	–	–	–	–	0.0	–	–	0.1	–	0.1	0.1	0.2	(26)
x	**12,517**	**12,655**	**10,195**	**9,700**	**9,695**	**13,676**	**12,053**	**14,233**	**14,321**	**17,918**	**13,187**	**12,551**	**12,079**	**(27)**
x	12,513	12,674	11,005	9,973	10,099	16,114	12,123	15,919	15,405	19,428	15,913	13,960	12,755	(28)
x	12,540	12,207	8,593	9,208	8,902	12,970	11,779	12,352	13,400	16,448	12,761	12,364	12,003	(29)
x	**69,957**	**65,331**	**60,725**	**59,029**	**58,100**	**49,883**	**82,432**	**53,627**	**49,810**	**52,188**	**48,637**	**47,145**	**47,451**	**(30)**
x	12,601	17,478	16,706	17,577	10,398	6,999	801	609	2,278	2,086	8,598	9,700	10,694	(31)
x	57,356	47,853	44,019	41,452	47,702	42,884	81,631	53,018	47,532	50,102	40,039	37,445	36,757	(32)
x	38,723	33,398	37,502	37,274	36,851	31,447	45,904	26,200	25,830	30,330	32,204	31,466	32,526	(33)
x	11,612	7,045	7,261	6,797	7,469	10,168	17,570	5,919	4,862	18,090	10,119	10,154	10,749	(34)
x	1,008	942	701	996	636	38	–	1	44	107	33	9	11	(35)
x	923	380	1,323	1,154	1,335	1,172	2,898	1,387	1,827	1,113	1,038	1,027	981	(36)
x	25,180	25,031	28,217	28,327	27,411	20,069	25,436	18,893	19,097	11,020	21,014	20,276	20,785	(37)
x	21,687	23,327	17,968	17,349	16,777	13,001	15,823	18,770	17,402	16,659	11,685	11,098	10,620	(38)
x	9,547	8,606	5,255	4,406	4,472	5,435	20,705	8,657	6,578	5,199	4,748	4,581	4,305	(39)

2 大豆生産費（続き）

(2) 全国・北海道・都府県（続き）

イ 農機具所有台数と収益性

区分		単位	全国 平均	全国 0.5ha未満	全国 0.5～1.0	全国 1.0～2.0	全国 2.0～3.0	全国 3.0ha以上	全国 5.0ha以上	全国 7.0ha以上	北 平均	北 0.5ha未満
			(1)	(2)	(3)	(4)	(5)	(6)	(7)	(8)	(9)	(10)
自動車所有台数（10経営体当たり）												
四輪自動車	(1)	台	38.7	19.0	20.1	32.0	44.3	53.6	58.7	62.7	56.7	-
農機具所有台数（10経営体当たり）												
トラクター耕うん機												
20馬力未満	(2)	〃	1.3	1.5	0.2	1.7	0.9	1.5	1.9	2.6	1.4	-
20～50馬力未満	(3)	〃	12.0	9.2	10.1	11.2	12.2	14.0	16.0	16.7	10.2	-
50馬力以上	(4)	〃	17.8	1.8	4.8	10.7	21.2	30.5	36.3	39.9	35.0	-
歩行型	(5)	〃	2.2	2.6	2.2	2.3	1.5	2.2	2.8	2.9	2.7	-
栽培管理用機具												
たい肥散布機	(6)	〃	1.5	0.0	0.2	0.7	3.6	2.2	2.6	1.9	3.1	-
総合は種機	(7)	〃	11.1	1.7	4.7	8.3	13.9	17.1	18.6	20.0	16.2	-
移植機	(8)	〃	2.0	-	0.1	0.7	3.5	3.6	4.4	4.1	4.6	-
中耕除草機	(9)	〃	9.4	1.9	4.5	6.1	11.8	14.7	17.4	17.6	18.6	-
肥料散布機	(10)	〃	7.8	1.6	4.7	7.3	9.3	10.8	13.7	13.9	12.6	-
防除用機具												
動力噴霧機	(11)	〃	9.3	3.9	4.6	7.1	12.4	12.9	13.6	13.4	14.3	-
動力散粉機	(12)	〃	2.0	1.4	2.8	2.2	1.5	1.9	1.7	2.2	0.7	-
収穫調製用機具												
自脱型コンバイン												
3条以下	(13)	〃	1.7	3.8	3.1	1.2	1.0	1.0	0.5	0.2	0.4	-
4条以上	(14)	〃	6.0	2.2	3.3	6.5	6.2	7.8	8.6	9.0	4.9	-
普通型コンバイン	(15)	〃	2.7	0.1	1.9	0.8	2.5	4.9	6.8	5.9	4.2	-
調査作物収穫機	(16)	〃	2.5	0.1	0.0	2.2	3.8	3.9	4.9	5.3	5.4	-
脱穀機	(17)	〃	1.4	2.4	0.2	0.6	2.5	1.6	1.6	2.0	2.6	-
動力乾燥機	(18)	〃	14.1	4.9	13.8	10.4	12.1	19.9	21.8	24.1	17.0	-
トレーラー	(19)	〃	2.1	-	0.5	1.1	3.2	3.5	3.8	4.0	3.1	-
調査作物主産物数量												
10a当たり	(20)	kg	183	142	179	189	211	179	172	163	224	-
1経営体当たり	(21)	〃	6,399	374	1,285	2,817	5,151	12,509	16,374	19,481	9,322	-
収益性												
粗収益												
10a当たり	(22)	円	24,965	22,257	23,711	26,682	27,876	24,537	23,323	22,488	30,604	-
主産物	(23)	〃	24,694	22,178	23,380	26,427	27,533	24,272	23,097	22,249	30,230	-
副産物	(24)	〃	271	79	331	255	343	265	226	239	374	-
60kg当たり	(25)	〃	8,173	9,376	7,982	8,408	7,905	8,172	8,114	8,288	8,152	-
主産物	(26)	〃	8,084	9,342	7,871	8,328	7,808	8,084	8,036	8,200	8,052	-
副産物	(27)	〃	89	34	111	80	97	88	78	88	100	-
所得												
10a当たり	(28)	〃	△20,682	△23,178	△28,934	△24,137	△25,854	△19,419	△18,666	△17,528	△20,564	-
1日当たり	(29)	〃	-	-	-	-	-	-	-	-	-	-
家族労働報酬												
10a当たり	(30)	〃	△28,013	△35,898	△39,771	△34,458	△38,693	△25,630	△23,810	△22,368	△30,753	-
1日当たり	(31)	〃	-	-	-	-	-	-	-	-	-	-
（参考1）経営所得安定対策等受取金（10a当たり）	(32)	〃	61,633	52,483	70,014	70,160	76,698	58,885	56,569	53,241	65,641	-
（参考2）経営所得安定対策等の交付金を加えた場合												
粗収益												
10a当たり	(33)	〃	86,598	74,740	93,725	96,842	104,574	83,422	79,892	75,729	96,245	-
60kg当たり	(34)	〃	28,349	31,481	31,550	30,518	29,659	27,782	27,797	27,912	25,634	-
所得												
10a当たり	(35)	〃	40,951	29,305	41,080	46,023	50,844	39,466	37,903	35,713	45,077	-
1日当たり	(36)	〃	53,011	8,197	30,916	39,294	51,164	60,717	67,533	67,383	57,059	-
家族労働報酬												
10a当たり	(37)	〃	33,620	16,585	30,243	35,702	38,005	33,255	32,759	30,873	34,888	-
1日当たり	(38)	〃	43,521	4,639	22,760	30,482	38,244	51,162	58,368	58,251	44,162	-

海	道					都	府	県					
0.5～1.0	1.0～2.0	2.0～3.0	3.0ha以上	5.0ha以上	7.0ha以上	平均	0.5ha未満	0.5～1.0	1.0～2.0	2.0～3.0	3.0ha以上	5.0ha以上	7.0ha以上	
(11)	(12)	(13)	(14)	(15)	(16)	(17)	(18)	(19)	(20)	(21)	(22)	(23)	(24)	
x	43.0	56.4	64.4	73.5	76.1	27.3	19.0	18.5	24.4	31.2	40.4	44.0	52.2	(1)
x	2.3	0.6	1.4	2.0	2.9	1.3	1.5	0.3	1.3	1.2	1.7	1.7	2.3	(2)
x	8.3	11.0	11.5	13.7	13.0	13.2	9.2	11.6	13.2	13.6	17.2	18.3	19.7	(3)
x	22.0	33.9	41.0	51.0	57.2	7.0	1.8	0.9	3.0	7.5	17.7	21.6	26.5	(4)
x	2.9	1.9	2.3	3.5	3.8	1.8	2.6	1.0	1.9	0.9	2.1	2.0	2.2	(5)
x	1.4	6.2	3.1	4.1	2.7	0.5	0.0	0.2	0.3	0.9	1.0	1.1	1.2	(6)
x	11.7	15.6	18.7	23.1	26.6	7.8	1.7	3.9	5.9	12.0	15.2	14.3	14.9	(7)
x	1.2	6.7	5.7	7.5	7.3	0.4	-	0.1	0.4	-	1.0	1.3	1.6	(8)
x	10.6	20.5	21.8	29.8	33.8	3.6	1.9	3.6	3.0	2.4	5.8	5.1	5.0	(9)
x	11.1	12.9	13.4	19.9	20.8	4.7	1.6	3.8	4.8	5.4	7.6	7.6	8.5	(10)
x	7.0	17.6	16.7	18.3	17.4	6.1	3.9	3.7	7.2	6.8	8.3	9.0	10.2	(11)
x	1.2	0.8	0.6	-	-	2.7	1.4	3.2	3.0	2.2	3.5	3.4	3.9	(12)
x	-	-	0.8	0.5	-	2.5	3.8	3.5	2.0	2.1	1.2	0.6	0.3	(13)
x	7.4	5.3	4.3	3.5	1.9	6.6	2.2	3.8	5.9	7.2	12.2	13.7	14.5	(14)
x	1.2	3.6	5.1	8.0	4.8	1.8	0.1	0.7	0.6	1.4	4.8	5.5	6.8	(15)
x	4.3	6.5	5.9	8.1	9.7	0.7	0.1	0.0	0.7	0.9	1.5	1.8	2.0	(16)
x	1.2	4.2	2.9	3.2	4.5	0.7	2.4	0.2	0.2	0.6	0.1	-	-	(17)
x	12.2	17.0	16.2	14.8	11.6	12.2	4.9	8.2	9.2	6.9	24.5	28.8	33.7	(18)
x	1.7	3.8	3.8	4.8	5.7	1.4	-	0.6	0.7	2.6	3.1	2.7	2.7	(19)
x	218	227	226	222	220	148	142	174	172	194	139	136	129	(20)
x	3,206	5,490	13,452	17,828	22,022	4,566	374	1,224	2,550	4,785	11,350	14,938	17,504	(21)
x	28,512	30,279	30,920	30,143	30,803	20,220	22,257	23,644	25,431	25,328	18,807	18,395	17,702	(22)
x	28,200	29,846	30,542	29,824	30,377	20,037	22,178	23,253	25,216	25,081	18,644	18,235	17,570	(23)
x	312	433	378	319	426	183	79	391	215	247	163	160	132	(24)
x	7,855	7,977	8,209	8,130	8,391	8,199	9,376	8,162	8,889	7,818	8,117	8,096	8,189	(25)
x	7,769	7,863	8,109	8,044	8,275	8,125	9,342	8,027	8,814	7,742	8,046	8,026	8,128	(26)
x	86	114	100	86	116	74	34	135	75	76	71	70	61	(27)
x	△25,460	△28,935	△18,800	△18,176	△15,814	△20,776	△23,178	△25,233	△23,227	△22,589	△19,978	△19,025	△18,521	(28)
x	-	-	-	-	-	-	-	-	-	-	-	-	-	(29)
x	△38,596	△43,671	△28,119	△26,475	△24,590	△25,705	△35,898	△35,306	△31,625	△33,417	△23,400	△21,889	△21,094	(30)
x	-	-	-	-	-	-	-	-	-	-	-	-	-	(31)
x	74,380	73,885	63,524	61,934	59,474	58,260	52,483	65,877	67,277	79,680	54,721	52,694	49,649	(32)
x	102,892	104,164	94,444	92,077	90,277	78,480	74,740	89,521	92,708	105,008	73,528	71,089	67,351	(33)
x	28,344	27,444	25,075	24,835	24,595	31,825	31,481	30,900	32,402	32,411	31,730	31,291	31,160	(34)
x	48,920	44,950	44,724	43,758	43,660	37,484	29,305	40,644	44,050	57,091	34,743	33,669	31,128	(35)
x	35,258	39,516	64,006	74,800	72,465	49,484	8,197	26,500	43,081	67,764	57,665	61,356	63,044	(36)
x	35,784	30,214	35,405	35,459	34,884	32,555	16,585	30,571	35,652	46,263	31,321	30,805	28,555	(37)
x	25,790	26,562	50,669	60,614	57,899	42,977	4,639	19,932	34,867	54,912	51,985	56,137	57,833	(38)

大豆・全国・北海道・都府県

2　大豆生産費（続き）

(2)　全国・北海道・都府県（続き）

ウ　10ａ当たり生産費

区分		全国								北	
		平均	0.5ha未満	0.5～1.0	1.0～2.0	2.0～3.0	3.0ha以上	5.0ha以上	7.0ha以上	平均	0.5ha未満
		(1)	(2)	(3)	(4)	(5)	(6)	(7)	(8)	(9)	(10)
物財費	(1)	**39,302**	**42,621**	**47,316**	**45,121**	**48,594**	**37,328**	**34,937**	**33,119**	**47,147**	**－**
種苗費	(2)	3,378	2,695	3,676	3,517	3,807	3,315	3,125	2,832	4,205	－
購入	(3)	3,041	2,312	3,444	3,192	3,713	2,948	2,721	2,376	4,121	－
自給	(4)	337	383	232	325	94	367	404	456	84	－
肥料費	(5)	5,501	5,406	5,719	5,808	5,920	5,415	4,975	4,470	7,852	－
購入	(6)	5,452	5,304	5,719	5,796	5,920	5,356	4,949	4,458	7,771	－
自給	(7)	49	102	－	12	－	59	26	12	81	－
農業薬剤費（購入）	(8)	5,270	4,247	4,834	5,897	5,415	5,210	5,058	4,826	6,083	－
光熱動力費	(9)	1,755	2,214	1,465	1,796	2,067	1,721	1,636	1,602	2,133	－
購入	(10)	1,755	2,214	1,465	1,795	2,067	1,721	1,636	1,602	2,133	－
自給	(11)	0	－	－	1	－	－	－	－	－	－
その他の諸材料費	(12)	139	16	－	157	240	133	93	31	295	－
購入	(13)	139	16	－	157	240	133	93	31	295	－
自給	(14)	－	－	－	－	－	－	－	－	－	－
土地改良及び水利費	(15)	1,595	1,472	2,177	2,462	2,852	1,345	1,170	1,058	1,868	－
賃借料及び料金	(16)	7,861	9,416	19,237	12,968	11,748	6,451	5,605	4,876	7,998	－
物件税及び公課諸負担	(17)	1,140	1,461	1,453	1,478	1,698	1,027	933	847	1,619	－
建物費	(18)	1,236	2,348	743	1,033	1,571	1,226	1,108	1,109	1,501	－
償却費	(19)	881	2,088	677	728	1,334	842	782	783	918	－
修繕費及び購入補充費	(20)	355	260	66	305	237	384	326	326	583	－
購入	(21)	355	260	66	305	237	384	326	326	583	－
自給	(22)	－	－	－	－	－	－	－	－	－	－
自動車費	(23)	1,206	2,802	1,540	1,325	1,098	1,171	1,106	1,152	1,449	－
償却費	(24)	470	1,109	532	428	287	484	474	498	481	－
修繕費及び購入補充費	(25)	736	1,693	1,008	897	811	687	632	654	968	－
購入	(26)	736	1,693	1,008	897	811	687	632	654	968	－
自給	(27)	－	－	－	－	－	－	－	－	－	－
農機具費	(28)	9,892	10,275	6,251	8,427	11,777	9,979	9,774	9,931	11,772	－
償却費	(29)	6,536	7,781	4,018	5,674	6,781	6,679	6,234	6,092	7,909	－
修繕費及び購入補充費	(30)	3,356	2,494	2,233	2,753	4,996	3,300	3,540	3,839	3,863	－
購入	(31)	3,356	2,494	2,233	2,753	4,996	3,300	3,540	3,839	3,863	－
自給	(32)	－	－	－	－	－	－	－	－	－	－
生産管理費	(33)	329	269	221	253	401	335	354	385	372	－
償却費	(34)	10	－	18	7	11	10	10	7	15	－
購入・支払	(35)	319	269	203	246	390	325	344	378	357	－
労働費	(36)	**11,287**	**41,410**	**15,513**	**15,565**	**13,905**	**9,976**	**9,015**	**8,732**	**11,783**	**－**
直接労働費	(37)	10,752	39,936	14,868	14,838	13,277	9,489	8,653	8,432	10,997	－
家族	(38)	9,548	39,535	14,111	13,935	12,004	8,233	7,254	6,959	10,010	－
雇用	(39)	1,204	401	757	903	1,273	1,256	1,399	1,473	987	－
間接労働費	(40)	535	1,474	645	727	628	487	362	300	786	－
家族	(41)	513	1,474	621	726	626	460	331	271	772	－
雇用	(42)	22	－	24	1	2	27	31	29	14	－
費用合計	(43)	**50,589**	**84,031**	**62,829**	**60,686**	**62,499**	**47,304**	**43,952**	**41,851**	**58,930**	**－**
購入（支払）	(44)	32,245	31,559	42,620	38,850	41,362	30,170	28,437	26,773	38,660	－
自給	(45)	10,447	41,494	14,964	14,999	12,724	9,119	8,015	7,698	10,947	－
償却	(46)	7,897	10,978	5,245	6,837	8,413	8,015	7,500	7,380	9,323	－
副産物価額	(47)	271	79	331	255	343	265	226	239	374	－
生産費（副産物価額差引）	(48)	**50,318**	**83,952**	**62,498**	**60,431**	**62,156**	**47,039**	**43,726**	**41,612**	**58,556**	**－**
支払利子	(49)	220	11	85	274	230	220	222	153	393	－
支払地代	(50)	4,899	2,402	4,463	4,520	3,631	5,125	5,400	5,242	2,627	－
支払利子・地代算入生産費	(51)	**55,437**	**86,365**	**67,046**	**65,225**	**66,017**	**52,384**	**49,348**	**47,007**	**61,576**	**－**
自己資本利子	(52)	1,759	3,265	1,959	2,061	1,958	1,677	1,565	1,630	1,811	－
自作地地代	(53)	5,572	9,455	8,878	8,260	10,881	4,534	3,579	3,210	8,378	－
資本利子・地代全額算入生産費（全算入生産費）	(54)	**62,768**	**99,085**	**77,883**	**75,546**	**78,856**	**58,595**	**54,492**	**51,847**	**71,765**	**－**

大豆・全国・北海道・都府県

単位：円

	海		道					都		府		県			
0.5〜1.0	1.0〜2.0	2.0〜3.0	3.0ha以上		5.0ha以上		7.0ha以上	平　均	0.5ha未満	0.5〜1.0	1.0〜2.0	2.0〜3.0	3.0ha以上	5.0ha以上	7.0ha以上	
(11)	(12)	(13)	(14)	(15)	(16)	(17)	(18)	(19)	(20)	(21)	(22)	(23)	(24)			
x	50,704	56,627	45,449	43,673	42,480	32,696	42,621	43,150	41,300	40,079	30,039	28,630	27,735	(1)
x	4,510	4,683	4,089	4,034	3,634	2,682	2,695	3,088	2,839	2,878	2,620	2,468	2,371	(2)
x	4,284	4,677	4,009	3,980	3,552	2,132	2,312	2,814	2,446	2,691	1,995	1,811	1,699	(3)
x	226	6	80	54	82	550	383	274	393	187	625	657	672	(4)
x	7,405	7,682	7,918	7,698	7,767	3,522	5,406	5,334	4,717	4,055	3,170	3,008	2,570	(5)
x	7,405	7,682	7,819	7,676	7,733	3,500	5,304	5,334	4,697	4,055	3,146	2,979	2,570	(6)
x	-	-	99	22	34	22	102	-	20	-	24	29	-	(7)
x	7,269	6,222	5,985	5,922	5,634	4,584	4,247	5,117	4,960	4,560	4,518	4,434	4,361	(8)
x	2,339	2,734	2,058	1,962	1,892	1,436	2,214	1,596	1,422	1,360	1,417	1,402	1,433	(9)
x	2,339	2,734	2,058	1,962	1,892	1,436	2,214	1,596	1,421	1,360	1,417	1,402	1,433	(10)
x	-	-	-	-	-	0	-	-	1	-	-	-	-	(11)
x	324	466	276	217	81	7	16	-	42	-	4	4	2	(12)
x	324	466	276	217	81	7	16	-	42	-	4	4	2	(13)
x	-	-	-	-	-	-	-	-	-	-	-	-	-	(14)
x	2,571	3,348	1,597	1,313	1,243	1,366	1,472	1,725	2,385	2,326	1,118	1,070	952	(15)
x	10,482	9,655	7,212	6,742	6,184	7,748	9,416	15,587	14,668	13,966	5,771	4,783	4,125	(16)
x	1,992	2,321	1,512	1,434	1,368	734	1,461	1,573	1,128	1,038	589	571	550	(17)
x	1,713	1,488	1,498	1,309	1,340	1,012	2,348	869	568	1,660	981	963	976	(18)
x	1,121	1,183	877	785	781	849	2,088	791	458	1,494	809	780	785	(19)
x	592	305	621	524	559	163	260	78	110	166	172	183	191	(20)
x	592	305	621	524	559	163	260	78	110	166	172	183	191	(21)
x	-	-	-	-	-	-	-	-	-	-	-	-	-	(22)
x	1,629	1,338	1,441	1,377	1,564	1,002	2,802	1,490	1,116	842	930	911	915	(23)
x	257	250	536	533	651	461	1,109	629	544	325	438	432	411	(24)
x	1,372	1,088	905	844	913	541	1,693	861	572	517	492	479	504	(25)
x	1,372	1,088	905	844	913	541	1,693	861	572	517	492	479	504	(26)
x	-	-	-	-	-	-	-	-	-	-	-	-	-	(27)
x	10,087	16,062	11,522	11,349	11,463	8,310	10,275	6,586	7,290	7,235	8,591	8,634	9,051	(28)
x	5,944	8,521	8,083	7,643	7,478	5,380	7,781	4,166	5,487	4,937	5,415	5,214	5,296	(29)
x	4,143	7,541	3,439	3,706	3,985	2,930	2,494	2,420	1,803	2,298	3,176	3,420	3,755	(30)
x	4,143	7,541	3,439	3,706	3,985	2,930	2,494	2,420	1,803	2,298	3,176	3,420	3,755	(31)
x	-	-	-	-	-	-	-	-	-	-	-	-	-	(32)
x	383	628	341	316	310	293	269	185	165	159	330	382	429	(33)
x	10	21	15	14	15	6	-	22	6	-	6	8	3	(34)
x	373	607	326	302	295	287	269	163	159	159	324	374	426	(35)
x	19,093	17,213	10,509	8,813	8,946	10,872	41,410	17,315	13,157	10,398	9,495	9,163	8,610	(36)
x	17,761	16,195	9,799	8,356	8,581	10,547	39,936	16,628	12,842	10,183	9,207	8,870	8,348	(37)
x	17,281	14,532	8,860	7,461	7,765	9,162	39,535	16,222	11,651	9,324	7,666	7,106	6,495	(38)
x	480	1,663	939	895	816	1,385	401	406	1,191	859	1,541	1,764	1,853	(39)
x	1,332	1,018	710	457	365	325	1,474	687	315	215	288	293	262	(40)
x	1,328	1,018	693	446	365	295	1,474	658	315	211	251	248	216	(41)
x	4	-	17	11	-	30	-	29	-	4	37	45	46	(42)
x	69,797	73,840	55,958	52,486	51,426	43,568	84,031	60,465	54,457	50,477	39,534	37,793	36,345	(43)
x	43,630	48,309	36,715	35,528	34,255	26,843	31,559	37,703	35,582	33,999	24,300	23,319	22,467	(44)
x	18,835	15,556	9,732	7,983	8,246	10,029	41,494	17,154	12,380	9,722	8,566	8,040	7,383	(45)
x	7,332	9,975	9,511	8,975	8,925	6,696	10,978	5,608	6,495	6,756	6,668	6,434	6,495	(46)
x	-	312	433	378	319	426	183	79	391	215	247	163	160	132	(47)
x	69,485	73,407	55,580	52,167	51,000	43,385	83,952	60,074	54,242	50,230	39,371	37,633	36,213	(48)
x	586	404	372	394	273	75	11	13	61	46	84	97	84	(49)
x	2,198	520	2,943	3,346	3,048	6,810	2,402	5,279	6,106	6,929	7,084	6,884	6,505	(50)
x	72,269	74,331	58,895	55,907	54,321	50,270	86,365	65,366	60,409	57,205	46,539	44,614	42,802	(51)
x	2,294	1,914	1,761	1,658	1,908	1,715	3,265	2,121	1,901	2,004	1,602	1,498	1,470	(52)
x	10,842	12,822	7,558	6,641	6,868	3,214	9,455	7,952	6,497	8,824	1,820	1,366	1,103	(53)
x	85,405	89,067	68,214	64,206	63,097	55,199	99,085	75,439	68,807	68,033	49,961	47,478	45,375	(54)

大豆・全国・北海道・都府県

2　大豆生産費（続き）

(2)　全国・北海道・都府県（続き）

エ　60kg当たり生産費

区分		全国								北	
		平均	0.5ha未満	0.5～1.0	1.0～2.0	2.0～3.0	3.0ha以上	5.0ha以上	7.0ha以上	平均	0.5ha未満
		(1)	(2)	(3)	(4)	(5)	(6)	(7)	(8)	(9)	(10)
物財費	(1)	**12,865**	**17,949**	**15,925**	**14,217**	**13,782**	**12,432**	**12,167**	**12,212**	**12,556**	–
種苗費	(2)	1,105	1,135	1,237	1,109	1,080	1,104	1,088	1,044	1,120	–
購入	(3)	995	974	1,159	1,006	1,053	982	947	876	1,098	–
自給	(4)	110	161	78	103	27	122	141	168	22	–
肥料費	(5)	1,803	2,275	1,926	1,829	1,678	1,804	1,733	1,649	2,092	–
購入	(6)	1,787	2,232	1,926	1,825	1,678	1,784	1,724	1,644	2,071	–
自給	(7)	16	43	–	4	–	20	9	5	21	–
農業薬剤費（購入）	(8)	1,725	1,789	1,627	1,858	1,537	1,735	1,761	1,780	1,619	–
光熱動力費	(9)	574	933	493	565	586	574	570	590	567	–
購入	(10)	574	933	493	565	586	574	570	590	567	–
自給	(11)	0	–	–	0	–	–	–	–	–	–
その他の諸材料費	(12)	45	7	–	49	68	44	33	11	79	–
購入	(13)	45	7	–	49	68	44	33	11	79	–
自給	(14)	–	–	–	–	–	–	–	–	–	–
土地改良及び水利費	(15)	522	620	732	776	808	448	408	390	498	–
賃借料及び料金	(16)	2,575	3,964	6,476	4,087	3,332	2,149	1,951	1,798	2,131	–
物件税及び公課諸負担	(17)	373	616	489	466	481	342	325	313	430	–
建物費	(18)	404	989	249	325	445	408	387	409	399	–
償却費	(19)	288	879	227	229	378	280	273	289	244	–
修繕費及び購入補充費	(20)	116	110	22	96	67	128	114	120	155	–
購入	(21)	116	110	22	96	67	128	114	120	155	–
自給	(22)	–	–	–	–	–	–	–	–	–	–
自動車費	(23)	395	1,180	518	418	311	390	385	425	386	–
償却費	(24)	154	467	179	135	81	161	165	184	128	–
修繕費及び購入補充費	(25)	241	713	339	283	230	229	220	241	258	–
購入	(26)	241	713	339	283	230	229	220	241	258	–
自給	(27)	–	–	–	–	–	–	–	–	–	–
農機具費	(28)	3,236	4,327	2,104	2,655	3,342	3,323	3,402	3,661	3,136	–
償却費	(29)	2,137	3,277	1,352	1,788	1,925	2,224	2,170	2,246	2,107	–
修繕費及び購入補充費	(30)	1,099	1,050	752	867	1,417	1,099	1,232	1,415	1,029	–
購入	(31)	1,099	1,050	752	867	1,417	1,099	1,232	1,415	1,029	–
自給	(32)	–	–	–	–	–	–	–	–	–	–
生産管理費	(33)	108	114	74	80	114	111	124	142	99	–
償却費	(34)	3	–	6	2	3	3	4	3	4	–
購入・支払	(35)	105	114	68	78	111	108	120	139	95	–
労働費	(36)	**3,696**	**17,442**	**5,222**	**4,905**	**3,944**	**3,321**	**3,137**	**3,220**	**3,140**	–
直接労働費	(37)	3,521	16,821	5,005	4,676	3,765	3,159	3,011	3,109	2,930	–
家族	(38)	3,126	16,652	4,750	4,391	3,405	2,741	2,525	2,566	2,667	–
雇用	(39)	395	169	255	285	360	418	486	543	263	–
間接労働費	(40)	175	621	217	229	179	162	126	111	210	–
家族	(41)	168	621	209	229	178	153	115	100	206	–
雇用	(42)	7	–	8	0	1	9	11	11	4	–
費用合計	(43)	**16,561**	**35,391**	**21,147**	**19,122**	**17,726**	**15,753**	**15,304**	**15,432**	**15,696**	–
購入（支払）	(44)	10,559	13,291	14,346	12,241	11,729	10,049	9,902	9,871	10,297	–
自給	(45)	3,420	17,477	5,037	4,727	3,610	3,036	2,790	2,839	2,916	–
償却	(46)	2,582	4,623	1,764	2,154	2,387	2,668	2,612	2,722	2,483	–
副産物価額	(47)	89	34	111	80	97	88	78	88	100	–
生産費（副産物価額差引）	(48)	**16,472**	**35,357**	**21,036**	**19,042**	**17,629**	**15,665**	**15,226**	**15,344**	**15,596**	–
支払利子	(49)	72	5	29	86	65	73	77	56	105	–
支払地代	(50)	1,603	1,012	1,502	1,425	1,030	1,707	1,879	1,932	700	–
支払利子・地代算入生産費	(51)	**18,147**	**36,374**	**22,567**	**20,553**	**18,724**	**17,445**	**17,182**	**17,332**	**16,401**	–
自己資本利子	(52)	576	1,375	660	649	555	558	545	601	482	–
自作地地代	(53)	1,825	3,982	2,989	2,603	3,086	1,510	1,245	1,183	2,231	–
資本利子・地代全額算入生産費（全算入生産費）	(54)	**20,548**	**41,731**	**26,216**	**23,805**	**22,365**	**19,513**	**18,972**	**19,116**	**19,114**	–

大豆・全国・北海道・都府県

単位：円

	海		道				都		府		県			
0.5〜1.0	1.0〜2.0	2.0〜3.0	3.0ha以上		5.0ha以上		7.0ha以上	平均	0.5ha未満	0.5〜1.0	1.0〜2.0	2.0〜3.0	3.0ha以上		5.0ha以上		7.0ha以上	
(11)	(12)	(13)	(14)	(15)	(16)	(17)	(18)	(19)	(20)	(21)	(22)	(23)	(24)	
x	13,968	14,922	12,068	11,781	11,568	13,258	17,949	14,893	14,434	12,366	12,964	12,605	12,828	(1)
x	1,242	1,234	1,085	1,088	990	1,088	1,135	1,066	992	889	1,131	1,086	1,097	(2)
x	1,180	1,232	1,064	1,073	968	865	974	971	855	831	861	797	786	(3)
x	62	2	21	15	22	223	161	95	137	58	270	289	311	(4)
x	2,040	2,023	2,104	2,076	2,115	1,428	2,275	1,841	1,651	1,250	1,368	1,326	1,189	(5)
x	2,040	2,023	2,078	2,070	2,106	1,419	2,232	1,841	1,644	1,250	1,358	1,313	1,189	(6)
x	-	-	26	6	9	9	43	-	7	-	10	13	-	(7)
x	2,003	1,639	1,590	1,598	1,535	1,859	1,789	1,765	1,732	1,406	1,949	1,953	2,018	(8)
x	643	721	545	529	514	583	933	551	497	420	613	617	663	(9)
x	643	721	545	529	514	583	933	551	497	420	613	617	663	(10)
x	-	-	-	-	-	0	-	-	0	-	-	-	-	(11)
x	89	123	73	59	22	3	7	-	15	-	2	2	1	(12)
x	89	123	73	59	22	3	7	-	15	-	2	2	1	(13)
x	-	-	-	-	-	-	-	-	-	-	-	-	-	(14)
x	709	882	423	354	339	554	620	596	833	718	483	470	441	(15)
x	2,887	2,544	1,915	1,819	1,685	3,142	3,964	5,380	5,126	4,310	2,489	2,106	1,908	(16)
x	550	612	402	385	371	297	616	542	395	321	254	251	254	(17)
x	472	392	399	352	365	410	989	301	199	511	422	424	452	(18)
x	309	312	234	211	213	344	879	274	161	460	348	343	364	(19)
x	163	80	165	141	152	66	110	27	38	51	74	81	88	(20)
x	163	80	165	141	152	66	110	27	38	51	74	81	88	(21)
x														(22)
x	449	353	382	372	426	406	1,180	514	390	260	401	401	423	(23)
x	71	66	142	144	177	187	467	217	190	100	189	190	190	(24)
x	378	287	240	228	249	219	713	297	200	160	212	211	233	(25)
x	378	287	240	228	249	219	713	297	200	160	212	211	233	(26)
x	-	-	-	-	-	-	-	-	-	-	-	-	-	(27)
x	2,778	4,234	3,059	3,064	3,122	3,368	4,327	2,274	2,546	2,232	3,709	3,801	4,184	(28)
x	1,637	2,247	2,146	2,064	2,036	2,180	3,277	1,439	1,916	1,523	2,338	2,296	2,447	(29)
x	1,141	1,987	913	1,000	1,086	1,188	1,050	835	630	709	1,371	1,505	1,737	(30)
x	1,141	1,987	913	1,000	1,086	1,188	1,050	835	630	709	1,371	1,505	1,737	(31)
x	-	-	-	-	-	-	-	-	-	-	-	-	-	(32)
x	106	165	91	85	84	120	114	63	58	49	143	168	198	(33)
x	3	5	4	4	4	3	-	7	2	-	3	3	1	(34)
x	103	160	87	81	80	117	114	56	56	49	140	165	197	(35)
x	5,260	4,535	2,790	2,376	2,436	4,405	17,442	5,977	4,598	3,209	4,097	4,034	3,985	(36)
x	4,893	4,267	2,602	2,253	2,337	4,273	16,821	5,740	4,488	3,143	3,973	3,905	3,864	(37)
x	4,761	3,829	2,353	2,012	2,115	3,712	16,652	5,600	4,072	2,877	3,308	3,129	3,006	(38)
x	132	438	249	241	222	561	169	140	416	266	665	776	858	(39)
x	367	268	188	123	99	132	621	237	110	66	124	129	121	(40)
x	366	268	184	120	99	120	621	227	110	65	108	109	100	(41)
x	1	-	4	3	-	12	-	10	-	1	16	20	21	(42)
x	19,228	19,457	14,858	14,157	14,004	17,663	35,391	20,870	19,032	15,575	17,061	16,639	16,813	(43)
x	12,019	12,728	9,748	9,581	9,329	10,885	13,291	13,011	12,437	10,492	10,487	10,267	10,394	(44)
x	5,189	4,099	2,584	2,153	2,245	4,064	17,477	5,922	4,326	3,000	3,696	3,540	3,417	(45)
x	2,020	2,630	2,526	2,423	2,430	2,714	4,623	1,937	2,269	2,083	2,878	2,832	3,002	(46)
x	86	114	100	86	116	74	34	135	75	76	71	70	61	(47)
x	19,142	19,343	14,758	14,071	13,888	17,589	35,357	20,735	18,957	15,499	16,990	16,569	16,752	(48)
x	161	106	99	106	74	30	5	5	21	14	36	43	39	(49)
x	605	137	782	903	830	2,761	1,012	1,822	2,134	2,139	3,057	3,030	3,010	(50)
x	19,908	19,586	15,639	15,080	14,792	20,380	36,374	22,562	21,112	17,652	20,083	19,642	19,801	(51)
x	632	504	467	447	520	696	1,375	732	665	619	691	659	680	(52)
x	2,986	3,378	2,007	1,791	1,872	1,303	3,982	2,744	2,271	2,723	785	601	511	(53)
x	23,526	23,468	18,113	17,318	17,184	22,379	41,731	26,038	24,048	20,994	21,559	20,902	20,992	(54)

大豆・全国・北海道・都府県

2 大豆生産費（続き）

(2) 全国・北海道・都府県（続き）

オ 投下労働時間

区分		全				国			北	
	平均	0.5ha未満	0.5～1.0	1.0～2.0	2.0～3.0	3.0ha以上	5.0ha以上	7.0ha以上	平均	0.5ha未満
	(1)	(2)	(3)	(4)	(5)	(6)	(7)	(8)	(9)	(10)
投下労働時間（10a当たり）(1)	**7.14**	**28.83**	**11.18**	**10.14**	**9.26**	**6.19**	**5.62**	**5.36**	**7.16**	**-**
家族 (2)	6.18	28.60	10.63	9.37	7.95	5.20	4.49	4.24	6.32	-
雇用 (3)	0.96	0.23	0.55	0.77	1.31	0.99	1.13	1.12	0.84	-
直接労働時間 (4)	6.82	27.80	10.71	9.68	8.86	5.89	5.41	5.18	6.69	-
家族 (5)	5.87	27.57	10.18	8.91	7.55	4.92	4.30	4.08	5.86	-
男 (6)	4.75	19.63	8.87	7.44	5.68	4.02	3.61	3.37	4.59	-
女 (7)	1.12	7.94	1.31	1.47	1.87	0.90	0.69	0.71	1.27	-
雇用 (8)	0.95	0.23	0.53	0.77	1.31	0.97	1.11	1.10	0.83	-
男 (9)	0.65	0.09	0.53	0.45	0.50	0.71	0.81	0.82	0.39	-
女 (10)	0.30	0.14	0.00	0.32	0.81	0.26	0.30	0.28	0.44	-
間接労働時間 (11)	0.32	1.03	0.47	0.46	0.40	0.30	0.21	0.18	0.47	-
男 (12)	0.30	0.84	0.46	0.45	0.37	0.28	0.20	0.17	0.44	-
女 (13)	0.02	0.19	0.01	0.01	0.03	0.02	0.01	0.01	0.03	-
投下労働時間（60kg当たり）(14)	**2.33**	**12.15**	**3.76**	**3.17**	**2.60**	**2.08**	**1.95**	**1.95**	**1.90**	**-**
家族 (15)	2.02	12.05	3.56	2.95	2.24	1.75	1.57	1.55	1.68	-
雇用 (16)	0.31	0.10	0.20	0.22	0.36	0.33	0.38	0.40	0.22	-
直接労働時間 (17)	2.22	11.72	3.60	3.03	2.49	1.97	1.88	1.89	1.78	-
家族 (18)	1.91	11.62	3.41	2.81	2.13	1.65	1.51	1.50	1.56	-
雇用 (19)	0.31	0.10	0.19	0.22	0.36	0.32	0.37	0.39	0.22	-
間接労働時間 (20)	0.11	0.43	0.16	0.14	0.11	0.11	0.07	0.06	0.12	-
作業別直接労働時間（10a当たり）										
合計										
育苗 (21)	0.00	0.03	0.01	-	-	-	-	-	-	-
耕起整地 (22)	0.85	2.75	1.46	1.22	0.96	0.76	0.72	0.69	0.83	-
基肥 (23)	0.28	0.77	0.48	0.43	0.27	0.26	0.23	0.20	0.28	-
は種 (24)	0.61	2.76	0.78	0.88	0.67	0.53	0.51	0.48	0.53	-
定植 (25)	0.00	0.32	0.02	-	-	-	-	-	-	-
追肥 (26)	0.04	0.17	0.10	0.05	0.05	0.03	0.04	0.03	0.05	-
中耕除草 (27)	2.48	8.38	3.39	4.02	4.68	1.95	1.83	1.76	2.84	-
管理 (28)	0.79	2.48	1.68	1.13	0.94	0.68	0.62	0.53	0.42	-
防除 (29)	0.38	0.96	0.60	0.55	0.39	0.36	0.30	0.27	0.44	-
刈取脱穀 (30)	0.89	6.32	1.22	0.80	0.51	0.86	0.77	0.81	0.87	-
乾燥 (31)	0.32	2.29	0.58	0.29	0.10	0.32	0.27	0.29	0.22	-
生産管理 (32)	0.18	0.57	0.39	0.31	0.29	0.14	0.12	0.12	0.21	-
うち家族										
育苗 (33)	0.00	0.03	0.01	-	-	-	-	-	-	-
耕起整地 (34)	0.77	2.74	1.41	1.21	0.94	0.66	0.60	0.57	0.77	-
基肥 (35)	0.26	0.77	0.47	0.42	0.26	0.23	0.19	0.16	0.27	-
は種 (36)	0.55	2.75	0.76	0.85	0.64	0.47	0.43	0.40	0.50	-
定植 (37)	0.00	0.31	0.02	-	-	-	-	-	-	-
追肥 (38)	0.04	0.17	0.10	0.05	0.05	0.03	0.03	0.02	0.05	-
中耕除草 (39)	1.95	8.38	3.07	3.40	3.60	1.48	1.31	1.29	2.25	-
管理 (40)	0.70	2.47	1.62	1.12	0.85	0.58	0.49	0.41	0.38	-
防除 (41)	0.36	0.96	0.58	0.54	0.37	0.33	0.27	0.23	0.43	-
収穫 (42)	0.79	6.13	1.17	0.76	0.45	0.74	0.63	0.64	0.81	-
乾燥 (43)	0.27	2.29	0.58	0.25	0.10	0.26	0.23	0.24	0.19	-
生産管理 (44)	0.18	0.57	0.39	0.31	0.29	0.14	0.12	0.12	0.21	-

大豆・全国・北海道・都府県

単位：時間

	海		道				都		府		県			
0.5～1.0	1.0～2.0	2.0～3.0	3.0ha以上	5.0ha以上	7.0ha以上	平均	0.5ha未満	0.5～1.0	1.0～2.0	2.0～3.0	3.0ha以上	5.0ha以上	7.0ha以上	
(11)	(12)	(13)	(14)	(15)	(16)	(17)	(18)	(19)	(20)	(21)	(22)	(23)	(24)	
x	11.56	10.76	6.35	5.51	5.49	7.17	28.83	12.59	9.16	7.64	6.00	5.73	5.36	(1)
x	11.10	9.10	5.59	4.68	4.82	6.06	28.60	12.27	8.18	6.74	4.82	4.39	3.95	(2)
x	0.46	1.66	0.76	0.83	0.67	1.11	0.23	0.32	0.98	0.90	1.18	1.34	1.41	(3)
x	10.76	10.14	5.93	5.24	5.28	6.96	27.80	12.09	8.93	7.49	5.83	5.55	5.20	(4)
x	10.30	8.48	5.18	4.42	4.61	5.87	27.57	11.79	7.95	6.59	4.67	4.24	3.82	(5)
x	8.39	5.82	4.12	3.67	3.72	4.89	19.63	10.23	6.77	5.54	3.92	3.59	3.19	(6)
x	1.91	2.66	1.06	0.75	0.89	0.98	7.94	1.56	1.18	1.05	0.75	0.65	0.63	(7)
x	0.46	1.66	0.75	0.82	0.67	1.09	0.23	0.30	0.98	0.90	1.16	1.31	1.38	(8)
x	0.01	0.51	0.38	0.36	0.29	0.88	0.09	0.29	0.74	0.47	0.97	1.11	1.13	(9)
x	0.45	1.15	0.37	0.46	0.38	0.21	0.14	0.01	0.24	0.43	0.19	0.20	0.25	(10)
x	0.80	0.62	0.42	0.27	0.21	0.21	1.03	0.50	0.23	0.15	0.17	0.18	0.16	(11)
x	0.77	0.58	0.39	0.26	0.20	0.20	0.84	0.49	0.23	0.14	0.16	0.17	0.15	(12)
x	0.03	0.04	0.03	0.01	0.01	0.01	0.19	0.01	0.00	0.01	0.01	0.01	0.01	(13)
x	3.19	2.83	1.67	1.47	1.49	2.89	12.15	4.32	3.20	2.35	2.60	2.48	2.43	(14)
x	3.07	2.39	1.48	1.25	1.30	2.45	12.05	4.21	2.86	2.07	2.07	1.91	1.82	(15)
x	0.12	0.44	0.19	0.22	0.19	0.44	0.10	0.11	0.34	0.28	0.53	0.57	0.61	(16)
x	2.97	2.67	1.56	1.40	1.44	2.81	11.72	4.15	3.12	2.31	2.53	2.41	2.37	(17)
x	2.85	2.23	1.37	1.18	1.25	2.38	11.62	4.05	2.78	2.03	2.01	1.85	1.77	(18)
x	0.12	0.44	0.19	0.22	0.19	0.43	0.10	0.10	0.34	0.28	0.52	0.56	0.60	(19)
x	0.22	0.16	0.11	0.07	0.05	0.08	0.43	0.17	0.08	0.04	0.07	0.07	0.06	(20)
x	-	-	-	-	-	0.00	0.03	0.01	-	-	-	-	-	(21)
x	1.27	0.92	0.78	0.75	0.72	0.87	2.75	1.69	1.18	0.98	0.72	0.72	0.70	(22)
x	0.47	0.30	0.27	0.22	0.20	0.30	0.77	0.57	0.41	0.26	0.24	0.22	0.21	(23)
x	1.08	0.65	0.46	0.39	0.37	0.67	2.76	0.92	0.75	0.69	0.60	0.58	0.54	(24)
x	-	-	-	-	-	0.01	0.32	0.02	-	-	-	-	-	(25)
x	0.04	0.05	0.05	0.04	0.04	0.04	0.17	0.12	0.06	0.06	0.03	0.03	0.03	(26)
x	4.87	6.00	2.28	2.26	2.38	2.15	8.38	3.65	3.44	3.26	1.65	1.53	1.40	(27)
x	0.68	0.69	0.37	0.33	0.25	1.09	2.48	1.87	1.44	1.21	0.95	0.84	0.71	(28)
x	0.75	0.42	0.42	0.33	0.31	0.35	0.96	0.72	0.41	0.36	0.31	0.29	0.26	(29)
x	1.07	0.59	0.90	0.64	0.69	0.91	6.32	1.43	0.60	0.41	0.82	0.88	0.89	(30)
x	0.11	0.08	0.24	0.15	0.20	0.41	2.29	0.69	0.41	0.13	0.38	0.33	0.34	(31)
x	0.42	0.44	0.16	0.13	0.12	0.16	0.57	0.40	0.23	0.13	0.13	0.13	0.12	(32)
x	-	-	-	-	-	0.00	0.03	0.01	-	-	-	-	-	(33)
x	1.27	0.91	0.71	0.65	0.63	0.77	2.74	1.62	1.16	0.96	0.60	0.57	0.54	(34)
x	0.47	0.29	0.26	0.21	0.19	0.26	0.77	0.56	0.40	0.24	0.20	0.17	0.16	(35)
x	1.06	0.64	0.43	0.35	0.34	0.59	2.75	0.90	0.71	0.64	0.51	0.48	0.43	(36)
x	-	-	-	-	-	0.01	0.31	0.02	-	-	-	-	-	(37)
x	0.04	0.05	0.05	0.04	0.04	0.03	0.17	0.12	0.06	0.06	0.02	0.02	0.02	(38)
x	4.43	4.58	1.79	1.71	1.95	1.68	8.38	3.53	2.70	2.56	1.20	1.03	0.91	(39)
x	0.68	0.52	0.34	0.29	0.25	0.96	2.47	1.87	1.41	1.21	0.79	0.64	0.52	(40)
x	0.75	0.42	0.40	0.32	0.29	0.31	0.96	0.69	0.40	0.32	0.26	0.24	0.20	(41)
x	1.07	0.55	0.83	0.57	0.60	0.76	6.13	1.38	0.54	0.35	0.66	0.69	0.66	(42)
x	0.11	0.08	0.21	0.15	0.20	0.34	2.29	0.69	0.34	0.12	0.30	0.27	0.26	(43)
x	0.42	0.44	0.16	0.13	0.12	0.16	0.57	0.40	0.23	0.13	0.13	0.13	0.12	(44)

大豆・全国・北海道・都府県

2　大豆生産費（続き）

(2)　全国・北海道・都府県（続き）

カ　10ａ当たり主要費目の評価額

区分		全国 平均	全国 0.5ha未満	全国 0.5～1.0	全国 1.0～2.0	全国 2.0～3.0	全国 3.0ha以上	全国 5.0ha以上	全国 7.0ha以上	北 平均	北 0.5ha未満
		(1)	(2)	(3)	(4)	(5)	(6)	(7)	(8)	(9)	(10)
肥料費											
窒素質											
硫安	(1)	39	10	189	22	39	36	37	30	78	-
尿素	(2)	43	-	138	35	50	40	39	45	17	-
石灰窒素	(3)	36	126	-	29	31	38	51	59	13	-
リン酸質											
過リン酸石灰	(4)	59	383	35	90	200	36	31	16	116	-
よう成リン肥	(5)	118	8	106	103	212	111	75	100	219	-
重焼リン肥	(6)	72	70	136	243	36	54	-	-	145	-
カリ質											
塩化カリ	(7)	76	156	59	68	86	76	88	50	11	-
硫酸カリ	(8)	10	-	77	42	-	5	6	9	13	-
けいカル	(9)	1	21	4	10	-	0	0	-	-	-
炭酸カルシウム（石灰を含む。）	(10)	495	366	754	594	439	483	425	346	455	-
けい酸石灰	(11)	52	-	108	-	410	18	25	26	76	-
複合肥料											
高成分化成	(12)	1,370	1,539	1,112	1,559	1,030	1,392	1,394	1,174	1,321	-
低成分化成	(13)	79	227	85	505	36	33	37	49	90	-
配合肥料	(14)	1,752	1,455	1,378	1,731	1,932	1,753	1,631	1,417	3,350	-
固形肥料	(15)	-	-	-	-	-	-	-	-	-	-
土壌改良資材	(16)	231	455	821	140	253	216	200	256	144	-
たい肥・きゅう肥	(17)	274	155	192	385	277	265	272	327	336	-
その他	(18)	745	333	525	240	889	800	638	554	1,387	-
自給											
たい肥	(19)	-	-	-	-	-	-	-	-	-	-
きゅう肥	(20)	1	-	-	12	-	-	-	-	-	-
稲・麦わら	(21)	-	-	-	-	-	-	-	-	-	-
農業薬剤費											
殺虫剤	(22)	1,143	807	667	1,502	1,384	1,097	1,042	969	1,645	-
殺菌剤	(23)	636	285	314	677	765	633	531	558	955	-
殺虫殺菌剤	(24)	845	434	1,264	1,021	693	832	835	674	1,109	-
除草剤	(25)	2,473	2,589	2,387	2,497	2,306	2,489	2,514	2,490	2,215	-
その他	(26)	173	132	202	200	267	159	136	135	159	-
自動車負担償却費											
四輪自動車	(27)	470	1,109	532	428	287	484	474	498	481	-
その他	(28)	0	-	-	-	-	0	0	0	-	-
農機具負担償却費											
トラクター耕うん機											
20馬力未満	(29)	16	-	26	36	101	4	6	7	1	-
20～50馬力未満	(30)	534	1,795	1,936	2,226	528	277	300	220	113	-
50馬力以上	(31)	1,812	969	770	876	1,675	1,980	2,056	2,074	2,474	-
歩行型	(32)	7	27	-	-	76	-	-	-	14	-
栽培管理用機具											
たい肥散布機	(33)	1	-	1	1	-	2	2	2	0	-
総合は種機	(34)	237	6	39	179	614	213	270	306	282	-
移植機	(35)	-	-	-	-	-	-	-	-	-	-
中耕除草機	(36)	209	1,178	48	101	249	210	247	237	306	-
肥料散布機	(37)	41	15	31	70	39	39	34	25	35	-
防除用機具											
動力噴霧機	(38)	210	180	58	90	468	202	218	236	367	-
動力散粉機	(39)	1	7	-	3	5	0	0	0	-	-
収穫調製用機具											
自脱型コンバイン											
3条以下	(40)	80	420	-	-	-	96	34	45	165	-
4条以上	(41)	13	-	-	-	138	2	3	4	25	-
普通型コンバイン	(42)	1,285	1,346	-	151	1,083	1,479	1,244	1,043	1,501	-
調査作物収穫機	(43)	441	252	-	776	18	466	83	110	853	-
脱穀機	(44)	2	160	-	8	-	-	-	-	2	-
動力乾燥機	(45)	86	14	65	0	70	99	50	40	119	-
トレーラー	(46)	33	-	-	2	-	42	34	45	33	-
その他	(47)	1,528	1,412	1,044	1,155	1,717	1,568	1,653	1,698	1,619	-

注：原単位評価額における減価償却費の負数については、「2　調査上の主な約束事項」の(2)イ（7ページ）を参照されたい。

大豆・全国・北海道・都府県

単位：円

	海		道				都		府		県			
0.5～1.0	1.0～2.0	2.0～3.0	3.0ha以上	5.0ha以上	7.0ha以上	平　均	0.5ha未満	0.5～1.0	1.0～2.0	2.0～3.0	3.0ha以上	5.0ha以上	7.0ha以上	
(11)	(12)	(13)	(14)	(15)	(16)	(17)	(18)	(19)	(20)	(21)	(22)	(23)	(24)	
x	-	69	74	85	83	6	10	9	36	8	2	2	-	(1)
x	3	-	21	31	32	64	-	163	57	104	57	45	52	(2)
x	-	19	14	22	33	55	126	-	49	45	59	72	74	(3)
x	208	389	77	73	44	10	383	41	10	-	-	-	-	(4)
x	73	412	214	151	229	33	8	125	123	-	20	21	25	(5)
x	559	70	115	-	-	11	70	161	26	-	-	-	-	(6)
x	-	-	14	21	-	131	156	70	114	177	132	136	80	(7)
x	62	-	10	15	24	7	-	91	28	-	-	-	-	(8)
x	-	-	-	-	-	2	21	5	17	-	0	0	-	(9)
x	520	299	472	396	392	529	366	892	645	587	492	447	319	(10)
x	-	797	-	-	-	32	-	128	-	-	35	43	41	(11)
x	1,198	557	1,437	1,528	1,241	1,411	1,539	1,316	1,806	1,531	1,351	1,297	1,135	(12)
x	1,107	24	-	-	-	69	227	101	94	49	62	64	78	(13)
x	2,993	3,216	3,393	3,471	3,542	409	1,455	898	870	571	280	302	192	(14)
x	-	-	-	-	-	-	-	-	-	-	-	-	-	(15)
x	53	206	147	46	70	305	455	971	199	302	277	311	362	(16)
x	264	416	338	476	713	221	155	228	468	130	200	124	105	(17)
x	365	1,208	1,493	1,361	1,330	205	333	135	155	551	179	115	107	(18)
x	-	-	-	-	-	-	-	-	-	-	-	-	-	(19)
x	-	-	-	-	-	2	-	-	20	-	-	-	-	(20)
x	-	-	-	-	-	-	-	-	-	-	-	-	-	(21)
x	2,542	2,023	1,533	1,586	1,548	720	807	789	791	708	707	649	636	(22)
x	1,331	1,049	918	730	822	368	285	372	230	463	378	387	406	(23)
x	1,133	1,018	1,096	1,197	957	623	434	937	945	348	596	574	511	(24)
x	2,214	1,806	2,285	2,302	2,206	2,689	2,589	2,780	2,690	2,836	2,672	2,667	2,653	(25)
x	49	326	153	107	101	184	132	239	304	205	165	157	155	(26)
x	257	250	536	533	651	461	1,109	629	544	325	438	431	410	(27)
x	-	-	-	-	-	0	-	-	-	-	0	1	1	(28)
x	-	9	-	-	-	28	-	31	61	197	8	10	12	(29)
x	1,267	△ 4	15	22	-	888	1,795	2,290	2,881	1,091	512	501	347	(30)
x	1,096	2,766	2,570	2,849	3,017	1,255	969	390	725	519	1,450	1,483	1,531	(31)
x	-	148	-	-	-	1	27	-	-	-	-	-	-	(32)
x	2	-	-	-	-	3	-	1	-	-	3	4	4	(33)
x	230	401	276	398	488	198	6	47	144	841	155	177	202	(34)
x	-	-	-	-	-	-	-	-	-	-	-	-	-	(35)
x	129	388	317	446	537	127	1,178	56	81	101	113	103	64	(36)
x	-	36	39	36	23	46	15	37	118	41	39	33	26	(37)
x	113	731	354	425	555	78	180	69	75	189	65	67	52	(38)
x	-	-	-	-	-	2	7	-	4	11	0	0	0	(39)
x	-	-	202	81	123	8	420	-	-	-	-	-	-	(40)
x	-	268	-	-	-	3	-	-	-	-	4	5	6	(41)
x	-	2,106	1,594	1,274	463	1,103	1,346	-	253	-	1,376	1,221	1,378	(42)
x	1,767	-	873	24	37	95	252	-	100	37	101	125	151	(43)
x	20	-	-	-	-	3	160	-	-	-	-	-	-	(44)
x	-	129	131	37	48	58	14	77	0	8	70	60	35	(45)
x	-	-	40	36	55	33	-	-	3	-	43	33	40	(46)
x	1,320	1,543	1,672	2,015	2,132	1,451	1,412	1,168	1,042	1,902	1,476	1,392	1,448	(47)

大豆・全国（田作・畑作）

2 大豆生産費（続き）
(3) 田畑別
ア 調査対象経営体の経営概況

区分	単位	田作							
		平均	0.5ha未満	0.5～1.0	1.0～2.0	2.0～3.0	3.0ha以上	5.0ha以上	7.0ha以上
		(1)	(2)	(3)	(4)	(5)	(6)	(7)	(8)
集計経営体数 (1)	経営体	374	63	48	77	34	152	111	77
労働力（1経営体当たり）									
世帯員数 (2)	人	4.5	3.3	4.3	4.4	4.2	5.1	4.6	5.1
男 (3)	〃	2.3	1.7	2.1	2.3	2.3	2.6	2.3	2.6
女 (4)	〃	2.2	1.6	2.2	2.1	1.9	2.5	2.3	2.5
家族員数 (5)	〃	4.5	3.3	4.3	4.4	4.2	5.1	4.6	5.1
男 (6)	〃	2.3	1.7	2.1	2.3	2.3	2.6	2.3	2.6
女 (7)	〃	2.2	1.6	2.2	2.1	1.9	2.5	2.3	2.5
農業就業者 (8)	〃	2.0	1.4	1.6	2.0	2.3	2.5	2.5	2.6
男 (9)	〃	1.3	0.9	1.1	1.3	1.4	1.6	1.6	1.6
女 (10)	〃	0.7	0.5	0.5	0.7	0.9	0.9	0.9	1.0
農業専従者 (11)	〃	1.4	0.9	1.1	1.1	1.5	1.9	2.1	2.3
男 (12)	〃	1.0	0.6	0.7	0.8	1.0	1.4	1.4	1.5
女 (13)	〃	0.4	0.3	0.4	0.3	0.5	0.5	0.7	0.8
土地（1経営体当たり）									
経営耕地面積 (14)	a	1,500	447	723	1,044	1,652	2,634	3,108	3,396
田 (15)	〃	1,416	420	710	1,015	1,603	2,436	2,782	3,148
畑 (16)	〃	83	27	13	29	49	195	321	240
普通畑 (17)	〃	81	21	13	26	49	194	320	239
樹園地 (18)	〃	2	6	0	3	0	1	1	1
牧草地 (19)	〃	1	-	-	-	-	3	5	8
耕地以外の土地 (20)	〃	126	51	68	283	90	94	132	161
大豆使用地面積（1経営体当たり）									
作付地 (21)	〃	316.8	26.9	72.5	151.2	247.3	710.8	981.9	1,233.7
自作地 (22)	〃	124.6	20.8	43.5	82.9	168.6	225.7	244.3	240.7
小作地 (23)	〃	192.2	6.1	29.0	68.3	78.7	485.1	737.6	993.0
作付地以外 (24)	〃	2.7	2.4	1.2	1.5	2.4	4.7	5.6	6.5
所有地 (25)	〃	2.7	2.4	1.2	1.4	2.4	4.6	5.5	6.4
借入地 (26)	〃	0.0	-	-	0.1	-	0.1	0.1	0.1
作付地の実勢地代（10a当たり）(27)	円	13,935	12,592	14,435	14,386	16,606	13,531	12,712	12,468
自作地 (28)	〃	15,114	12,742	15,592	15,270	16,636	14,730	12,988	13,321
小作地 (29)	〃	13,151	12,045	12,702	13,297	16,540	12,958	12,618	12,257
投下資本額（10a当たり）(30)	〃	54,736	79,852	53,089	54,708	61,070	53,577	51,535	51,555
借入資本額 (31)	〃	11,074	886	3,581	4,519	10,423	12,662	12,727	12,735
自己資本額 (32)	〃	43,662	78,966	49,508	50,189	50,647	40,915	38,808	38,820
固定資本額 (33)	〃	33,159	43,794	23,969	27,898	33,772	34,113	33,663	34,940
建物・構築物 (34)	〃	10,531	13,710	4,921	8,210	14,159	10,635	9,882	10,603
土地改良設備 (35)	〃	328	-	1	503	676	280	316	17
自動車 (36)	〃	1,231	2,911	1,200	1,448	789	1,226	1,169	1,069
農機具 (37)	〃	21,069	27,173	17,847	17,737	18,148	21,972	22,296	23,251
流動資本額 (38)	〃	15,679	16,182	21,263	19,275	20,184	14,303	13,225	12,164
労賃資本額 (39)	〃	5,898	19,876	7,857	7,535	7,114	5,161	4,647	4,451

畑	作							
平　均	0.5ha未満	0.5～1.0	1.0～2.0	2.0～3.0	3.0ha以上			
						5.0ha以上		
							7.0ha以上	
(9)	(10)	(11)	(12)	(13)	(14)	(15)	(16)	
65	15	2	9	10	29	17	11	(1)
4.0	3.6	x	3.2	3.9	4.3	4.4	4.0	(2)
2.1	2.1	x	1.5	1.9	2.3	2.4	2.3	(3)
1.9	1.5	x	1.7	2.0	2.0	2.0	1.7	(4)
4.0	3.6	x	3.2	3.9	4.3	4.4	4.0	(5)
2.1	2.1	x	1.5	1.9	2.3	2.4	2.3	(6)
1.9	1.5	x	1.7	2.0	2.0	2.0	1.7	(7)
2.4	1.6	x	1.6	2.9	2.7	2.8	3.1	(8)
1.5	0.9	x	1.3	1.9	1.6	1.8	1.9	(9)
0.9	0.7	x	0.3	1.0	1.1	1.0	1.2	(10)
1.8	0.9	x	1.1	1.9	2.0	2.3	2.3	(11)
1.2	0.5	x	1.0	1.4	1.3	1.5	1.5	(12)
0.6	0.4	x	0.1	0.5	0.7	0.8	0.8	(13)
3,298	271	x	2,107	2,731	4,146	4,956	5,909	(14)
267	210	x	61	132	332	453	534	(15)
3,028	61	x	2,046	2,599	3,809	4,503	5,375	(16)
3,027	52	x	2,046	2,599	3,809	4,502	5,374	(17)
1	9	x	−	−	0	1	1	(18)
3	−	x	−	−	5	−	−	(19)
358	120	x	557	356	346	258	385	(20)
466.5	21.3	x	131.0	229.7	662.7	884.5	1,118.1	(21)
262.4	18.9	x	128.0	212.8	342.2	467.0	628.3	(22)
204.1	2.4	x	3.0	16.9	320.5	417.5	489.8	(23)
3.1	1.1	x	0.9	1.2	4.3	6.0	7.0	(24)
3.1	1.1	x	0.9	1.2	4.3	6.0	7.0	(25)
−	−	x	−	−	−	−	−	(26)
8,144	**6,835**	**x**	**8,556**	**9,539**	**8,046**	**8,250**	**8,210**	**(27)**
8,343	6,858	x	8,586	9,592	8,185	8,340	8,427	(28)
7,886	6,643	x	7,297	8,896	7,897	8,148	7,931	(29)
56,720	**106,928**	**x**	**78,048**	**50,790**	**55,958**	**53,462**	**50,848**	**(30)**
11,952	−	x	18,385	8,404	11,959	13,625	5,547	(31)
44,768	106,928	x	59,663	42,386	43,999	39,837	45,301	(32)
35,943	65,934	x	50,428	24,731	35,942	34,440	32,152	(33)
5,095	54,204	x	3,872	5,662	4,908	6,204	7,081	(34)
438	−	x	18	−	491	663	760	(35)
1,055	2,773	x	1,534	532	1,062	882	1,209	(36)
29,355	8,957	x	45,004	18,537	29,481	26,691	23,102	(37)
15,760	12,413	x	18,318	19,729	15,387	14,826	14,528	(38)
5,017	28,581	x	9,302	6,330	4,629	4,196	4,168	(39)

大豆・全国（田作・畑作）

2 大豆生産費（続き）
(3) 田畑別（続き）
イ 農機具所有台数と収益性

区分	単位	田作 平均	0.5ha未満	0.5～1.0	1.0～2.0	2.0～3.0	3.0ha以上	5.0ha以上	7.0ha以上
		(1)	(2)	(3)	(4)	(5)	(6)	(7)	(8)
自動車所有台数（10経営体当たり）									
四輪自動車 (1)	台	33.9	19.8	20.3	30.7	40.8	46.8	49.4	52.6
農機具所有台数（10経営体当たり）									
トラクター耕うん機									
20馬力未満 (2)	〃	1.2	1.3	0.2	1.8	0.9	1.3	1.7	1.9
20～50馬力未満 (3)	〃	12.1	9.4	10.0	11.5	12.2	14.8	16.4	17.5
50馬力以上 (4)	〃	12.1	1.9	5.0	5.8	15.1	23.5	26.9	31.0
歩行型 (5)	〃	2.4	2.6	2.3	2.5	1.7	2.7	3.0	2.4
栽培管理用機具									
たい肥散布機 (6)	〃	0.8	0.0	0.2	0.6	1.1	1.4	2.2	2.0
総合は種機 (7)	〃	8.3	1.9	4.9	6.4	8.3	14.3	13.8	14.0
移植機 (8)	〃	0.5	-	0.1	0.3	-	1.1	1.8	1.4
中耕除草機 (9)	〃	4.7	1.9	4.1	3.7	4.1	7.4	7.7	7.4
肥料散布機 (10)	〃	6.2	1.6	4.6	6.1	6.9	9.0	10.3	9.9
防除用機具									
動力噴霧機 (11)	〃	7.3	3.6	4.4	6.9	8.9	10.3	11.4	10.3
動力散粉機 (12)	〃	2.4	1.2	2.6	2.6	1.9	2.8	2.3	2.9
収穫調製用機具									
自脱型コンバイン									
3条以下 (13)	〃	1.9	4.0	2.9	1.4	1.3	1.0	0.8	0.3
4条以上 (14)	〃	7.3	2.2	3.4	7.5	7.7	11.3	12.3	12.4
普通型コンバイン (15)	〃	2.8	0.1	2.0	1.0	3.0	5.7	8.0	7.3
調査作物収穫機 (16)	〃	1.0	0.1	0.0	1.0	1.9	1.7	2.5	2.9
脱穀機 (17)	〃	0.5	2.6	0.2	0.1	0.4	0.1	-	-
動力乾燥機 (18)	〃	15.1	5.0	14.3	12.0	14.8	22.6	25.9	30.3
トレーラー (19)	〃	1.9	-	0.5	0.5	3.9	3.6	4.1	4.6
調査作物主産物数量									
10 a 当たり (20)	kg	174	144	179	176	211	169	160	150
1経営体当たり (21)	〃	5,549	387	1,304	2,658	5,253	12,130	15,779	18,511
収益性									
粗収益									
10 a 当たり (22)	円	23,980	21,737	23,910	24,904	28,254	23,352	21,963	20,976
主産物 (23)	〃	23,730	21,661	23,570	24,627	27,875	23,123	21,804	20,829
副産物 (24)	〃	250	76	340	277	379	229	159	147
60kg当たり (25)	〃	8,215	9,103	7,974	8,494	7,982	8,210	8,200	8,387
主産物 (26)	〃	8,130	9,071	7,861	8,400	7,875	8,129	8,141	8,329
副産物 (27)	〃	85	32	113	94	107	81	59	58
所得									
10 a 当たり (28)	〃	△22,084	△24,877	△29,378	△26,017	△27,345	△20,433	△19,750	△18,492
1 日 当たり (29)	〃	-	-	-	-	-	-	-	-
家族労働報酬									
10 a 当たり (30)	〃	△29,735	△37,826	△40,422	△36,274	△40,748	△26,720	△24,490	△22,588
1 日 当たり (31)	〃	-	-	-	-	-	-	-	-
（参考1）経営所得安定対策等 受取金（10 a 当たり）(32)	〃	68,879	56,418	70,993	72,210	85,938	66,367	62,376	57,673
（参考2）経営所得安定対策等の交付金を加えた場合									
粗収益									
10 a 当たり (33)	〃	92,859	78,155	94,903	97,114	114,192	89,719	84,339	78,649
60 kg 当たり (34)	〃	31,812	32,728	31,653	33,123	32,258	31,541	31,489	31,448
所得									
10 a 当たり (35)	〃	46,795	31,541	41,615	46,193	58,593	45,934	42,626	39,181
1 日 当たり (36)	〃	58,494	9,149	30,941	40,343	58,085	70,397	75,444	74,277
家族労働報酬									
10 a 当たり (37)	〃	39,144	18,592	30,571	35,936	45,190	39,647	37,886	35,085
1 日 当たり (38)	〃	48,930	5,393	22,729	31,385	44,798	60,762	67,055	66,512

大豆・全国（田作・畑作）

畑					作			
平　均	0.5ha未満	0.5～1.0	1.0～2.0	2.0～3.0	3.0ha以上	5.0ha以上	7.0ha以上	
(9)	(10)	(11)	(12)	(13)	(14)	(15)	(16)	
56.1	13.7	x	38.8	57.0	66.7	77.4	84.2	(1)
1.8	3.0	x	1.5	0.9	1.9	2.3	4.0	(2)
11.6	7.6	x	9.3	12.3	12.5	15.3	15.2	(3)
38.7	0.4	x	36.8	43.0	44.2	55.1	58.8	(4)
1.2	2.4	x	1.5	0.6	1.2	2.3	4.0	(5)
4.0	-	x	1.2	12.7	3.6	3.5	1.6	(6)
21.1	0.1	x	18.2	33.6	22.6	28.4	32.9	(7)
7.7	-	x	3.1	16.0	8.4	9.7	9.8	(8)
26.3	2.2	x	19.1	39.6	28.7	36.9	39.3	(9)
13.4	0.9	x	14.1	17.9	14.2	20.7	22.4	(10)
16.3	6.0	x	8.5	25.0	18.0	18.0	20.0	(11)
0.5	2.5	x	0.4	-	0.2	0.4	0.7	(12)
0.9	2.1	x	-		1.0	-	-	(13)
1.1	1.5	x	1.4	0.6	1.0	1.1	1.7	(14)
2.3	-	x	-	0.8	3.5	4.4	3.1	(15)
7.8	-	x	8.3	10.5	8.3	9.8	10.4	(16)
4.6	0.9	x	3.0	9.9	4.6	4.9	6.1	(17)
10.2	3.9	x	2.0	2.8	14.8	13.6	10.8	(18)
2.7	-	x	4.6	0.6	3.1	3.1	2.7	(19)
203	135	x	279	208	200	198	192	(20)
9,484	285	x	3,656	4,781	13,241	17,576	21,538	(21)
27,385	27,204	x	37,562	26,413	26,985	26,364	26,044	(22)
27,065	27,087	x	37,445	26,211	26,645	25,985	25,586	(23)
320	117	x	117	202	340	379	458	(24)
8,081	12,127	x	8,076	7,611	8,105	7,961	8,113	(25)
7,987	12,075	x	8,051	7,553	8,003	7,847	7,970	(26)
94	52	x	25	58	102	114	143	(27)
△ 17,242	△ 7,053	x	△ 12,580	△ 20,113	△ 17,323	△ 16,245	△ 15,270	(28)
-	-	x	-	-	-	-	-	(29)
△ 23,787	△ 17,614	x	△ 23,296	△ 30,777	△ 23,378	△ 22,290	△ 21,855	(30)
-	-	x	-	-	-	-	-	(31)
43,788	15,137	x	57,589	41,104	43,424	43,576	42,844	(32)
71,173	42,341	x	95,151	67,517	70,409	69,940	68,888	(33)
21,003	18,874	x	20,459	19,457	21,146	21,119	21,458	(34)
26,546	8,084	x	45,009	20,991	26,101	27,331	27,574	(35)
38,196	1,674	x	33,841	22,510	41,104	48,915	50,711	(36)
20,001	△ 2,477	x	34,293	10,327	20,046	21,286	20,989	(37)
28,778	-	x	25,784	11,075	31,569	38,096	38,600	(38)

大豆・全国（田作・畑作）

2 大豆生産費（続き）
(3) 田畑別（続き）
ウ 10a当たり生産費

区分		田作 平均 (1)	0.5ha未満 (2)	0.5～1.0 (3)	1.0～2.0 (4)	2.0～3.0 (5)	3.0ha以上 (6)	5.0ha以上 (7)	7.0ha以上 (8)
物財費	(1)	38,803	43,732	47,816	44,587	49,345	36,097	33,627	31,498
種苗費	(2)	3,261	2,732	3,709	3,513	3,530	3,177	2,872	2,589
購入	(3)	2,864	2,379	3,470	3,262	3,416	2,715	2,355	2,016
自給	(4)	397	353	239	251	114	462	517	573
肥料費	(5)	4,831	5,452	5,736	5,586	5,773	4,546	3,928	3,236
購入	(6)	4,806	5,339	5,736	5,572	5,773	4,517	3,890	3,218
自給	(7)	25	113	-	14	-	29	38	18
農業薬剤費（購入）	(8)	5,257	4,281	4,820	5,868	5,187	5,216	5,079	4,817
光熱動力費	(9)	1,711	2,158	1,455	1,691	1,934	1,691	1,624	1,562
購入	(10)	1,711	2,158	1,455	1,690	1,934	1,691	1,624	1,562
自給	(11)	0	-	-	1	-	-	-	-
その他の諸材料費	(12)	178	16	-	168	302	177	135	44
購入	(13)	178	16	-	168	302	177	135	44
自給	(14)	-	-	-	-	-	-	-	-
土地改良及び水利費	(15)	2,118	1,620	2,244	2,854	3,586	1,828	1,520	1,352
賃借料及び料金	(16)	8,404	9,883	19,504	13,636	12,554	6,542	5,691	4,796
物件税及び公課諸負担	(17)	1,069	1,415	1,477	1,368	1,729	919	849	737
建物費	(18)	1,302	2,242	707	1,021	1,663	1,308	1,052	1,056
償却費	(19)	1,005	1,972	640	752	1,523	976	829	795
修繕費及び購入補充費	(20)	297	270	67	269	140	332	223	261
購入	(21)	297	270	67	269	140	332	223	261
自給	(22)	-	-	-	-	-	-	-	-
自動車費	(23)	1,167	2,604	1,547	1,256	992	1,131	1,075	1,044
償却費	(24)	517	1,037	540	431	307	545	505	475
修繕費及び購入補充費	(25)	650	1,567	1,007	825	685	586	570	569
購入	(26)	650	1,567	1,007	825	685	586	570	569
自給	(27)	-	-	-	-	-	-	-	-
農機具費	(28)	9,141	11,038	6,391	7,410	11,750	9,166	9,378	9,802
償却費	(29)	5,911	8,359	4,092	4,854	7,136	5,956	5,832	5,891
修繕費及び購入補充費	(30)	3,230	2,679	2,299	2,556	4,614	3,210	3,546	3,911
購入	(31)	3,230	2,679	2,299	2,556	4,614	3,210	3,546	3,911
自給	(32)	-	-	-	-	-	-	-	-
生産管理費	(33)	364	291	226	216	345	396	424	463
償却費	(34)	11	-	19	4	14	11	10	8
購入・支払	(35)	353	291	207	212	331	385	414	455
労働費	(36)	11,796	39,751	15,714	15,070	14,228	10,322	9,294	8,902
直接労働費	(37)	11,336	38,239	15,059	14,374	13,725	9,932	8,954	8,597
家族	(38)	9,928	37,973	14,284	13,536	12,140	8,411	7,356	6,966
雇用	(39)	1,408	266	775	838	1,585	1,521	1,598	1,631
間接労働費	(40)	460	1,512	655	696	503	390	340	305
家族	(41)	428	1,512	630	694	500	350	295	263
雇用	(42)	32	-	25	2	3	40	45	42
費用合計	(43)	50,599	83,483	63,530	59,657	63,573	46,419	42,921	40,400
購入（支払）	(44)	32,377	32,164	43,086	39,120	41,839	29,679	27,539	25,411
自給	(45)	10,778	39,951	15,153	14,496	12,754	9,252	8,206	7,820
償却	(46)	7,444	11,368	5,291	6,041	8,980	7,488	7,176	7,169
副産物価額	(47)	250	76	340	277	379	229	159	147
生産費（副産物価額差引）	(48)	50,349	83,407	63,190	59,380	63,194	46,190	42,762	40,253
支払利子	(49)	225	13	87	252	244	229	237	174
支払地代	(50)	5,596	2,603	4,585	5,242	4,422	5,898	6,206	6,123
支払利子・地代算入生産費	(51)	56,170	86,023	67,862	64,874	67,860	52,317	49,205	46,550
自己資本利子	(52)	1,746	3,159	1,980	2,008	2,026	1,637	1,552	1,553
自作地地代	(53)	5,905	9,790	9,064	8,249	11,377	4,650	3,188	2,543
資本利子・地代全額算入生産費（全算入生産費）	(54)	63,821	98,972	78,906	75,131	81,263	58,604	53,945	50,646

大豆・全国（田作・畑作）

単位：円

畑						作		
平　均	0.5ha未満	0.5～1.0	1.0～2.0	2.0～3.0	3.0ha以上	5.0ha以上	7.0ha以上	
(9)	(10)	(11)	(12)	(13)	(14)	(15)	(16)	
40,535	32,088	x	48,337	45,694	39,867	37,874	36,933	(1)
3,666	2,348	x	3,539	4,870	3,599	3,691	3,405	(2)
3,477	1,678	x	2,758	4,855	3,429	3,540	3,221	(3)
189	670	x	781	15	170	151	184	(4)
7,154	4,959	x	7,161	6,490	7,211	7,318	7,365	(5)
7,046	4,959	x	7,161	6,490	7,089	7,318	7,365	(6)
108	-	x	-	-	122	-	-	(7)
5,301	3,923	x	6,069	6,293	5,201	5,012	4,845	(8)
1,862	2,742	x	2,425	2,574	1,783	1,666	1,699	(9)
1,862	2,742	x	2,425	2,574	1,783	1,666	1,699	(10)
-	-	x	-	-	-	-	-	(11)
40	13	x	88	-	41	-	-	(12)
40	13	x	88	-	41	-	-	(13)
-	-	x	-	-	-	-	-	(14)
311	71	x	48	26	345	392	369	(15)
6,528	5,001	x	8,888	8,641	6,263	5,411	5,072	(16)
1,310	1,905	x	2,142	1,572	1,252	1,119	1,106	(17)
1,074	3,353	x	1,106	1,221	1,051	1,234	1,232	(18)
576	3,185	x	578	607	559	676	756	(19)
498	168	x	528	614	492	558	476	(20)
498	168	x	528	614	492	558	476	(21)
-	-	x	-	-	-	-	-	(22)
1,302	4,682	x	1,742	1,501	1,254	1,177	1,407	(23)
355	1,795	x	407	208	357	405	556	(24)
947	2,887	x	1,335	1,293	897	772	851	(25)
947	2,887	x	1,335	1,293	897	772	851	(26)
-	-	x	-	-	-	-	-	(27)
11,741	3,023	x	14,647	11,888	11,657	10,657	10,230	(28)
8,074	2,284	x	10,689	5,422	8,170	7,130	6,560	(29)
3,667	739	x	3,958	6,466	3,487	3,527	3,670	(30)
3,667	739	x	3,958	6,466	3,487	3,527	3,670	(31)
-	-	x	-	-	-	-	-	(32)
246	68	x	482	618	210	197	203	(33)
9	-	x	28	-	9	10	6	(34)
237	68	x	454	618	201	187	197	(35)
10,034	57,161	x	18,603	12,660	9,258	8,392	8,335	(36)
9,311	56,046	x	17,687	11,549	8,571	7,979	8,045	(37)
8,611	54,364	x	16,390	11,478	7,861	7,028	6,942	(38)
700	1,682	x	1,297	71	710	951	1,103	(39)
723	1,115	x	916	1,111	687	413	290	(40)
723	1,115	x	916	1,111	687	413	290	(41)
-	-	x	-	-	-	-	-	(42)
50,569	89,249	x	66,940	58,354	49,125	46,266	45,268	(43)
31,924	25,836	x	37,151	39,513	31,190	30,453	29,974	(44)
9,631	56,149	x	18,087	12,604	8,840	7,592	7,416	(45)
9,014	7,264	x	11,702	6,237	9,095	8,221	7,878	(46)
320	117	x	117	202	340	379	458	(47)
50,249	89,132	x	66,823	58,152	48,785	45,887	44,810	(48)
208	-	x	408	174	202	187	104	(49)
3,184	487	x	100	587	3,529	3,597	3,174	(50)
53,641	89,619	x	67,331	58,913	52,516	49,671	48,088	(51)
1,791	4,277	x	2,387	1,695	1,760	1,593	1,812	(52)
4,754	6,284	x	8,329	8,969	4,295	4,452	4,773	(53)
60,186	100,180	x	78,047	69,577	58,571	55,716	54,673	(54)

大豆・全国（田作・畑作）

2 大豆生産費（続き）
(3) 田畑別（続き）
エ 60kg当たり生産費

区　　分	田　作							
	平均	0.5ha未満	0.5〜1.0	1.0〜2.0	2.0〜3.0	3.0ha以上	5.0ha以上	7.0ha以上
	(1)	(2)	(3)	(4)	(5)	(6)	(7)	(8)
物　財　費　(1)	13,295	18,309	15,944	15,208	13,936	12,687	12,555	12,596
種　苗　費　(2)	1,117	1,144	1,237	1,199	997	1,117	1,072	1,035
購　入　(3)	981	996	1,157	1,113	965	954	879	806
自　給　(4)	136	148	80	86	32	163	193	229
肥　料　費　(5)	1,656	2,283	1,911	1,905	1,631	1,597	1,468	1,294
購　入　(6)	1,647	2,236	1,911	1,900	1,631	1,587	1,454	1,287
自　給　(7)	9	47	−	5	−	10	14	7
農業薬剤費（購入）(8)	1,801	1,792	1,606	2,001	1,465	1,833	1,897	1,927
光熱動力費　(9)	586	904	485	577	546	594	606	624
購　入　(10)	586	904	485	577	546	594	606	624
自　給　(11)	0	−	−	0	−	−	−	−
その他の諸材料費(12)	61	7	−	57	85	62	50	18
購　入　(13)	61	7	−	57	85	62	50	18
自　給　(14)	−	−	−	−	−	−	−	−
土地改良及び水利費(15)	725	678	749	973	1,012	642	567	541
賃借料及び料金(16)	2,879	4,138	6,506	4,651	3,546	2,299	2,126	1,917
物件税及び公課諸負担(17)	367	591	493	467	489	322	318	296
建　物　費　(18)	446	939	235	349	469	461	392	422
償　却　費　(19)	344	826	213	257	430	344	309	318
修繕費及び購入補充費(20)	102	113	22	92	39	117	83	104
購　入　(21)	102	113	22	92	39	117	83	104
自　給　(22)	−	−	−	−	−	−	−	−
自　動　車　費　(23)	400	1,090	516	428	281	398	401	417
償　却　費　(24)	177	434	180	147	87	192	188	189
修繕費及び購入補充費(25)	223	656	336	281	194	206	213	228
購　入　(26)	223	656	336	281	194	206	213	228
自　給　(27)	−	−	−	−	−	−	−	−
農　機　具　費　(28)	3,132	4,621	2,131	2,528	3,318	3,223	3,500	3,920
償　却　費　(29)	2,025	3,499	1,364	1,656	2,015	2,094	2,176	2,356
修繕費及び購入補充費(30)	1,107	1,122	767	872	1,303	1,129	1,324	1,564
購　入　(31)	1,107	1,122	767	872	1,303	1,129	1,324	1,564
自　給　(32)	−	−	−	−	−	−	−	−
生産管理費　(33)	125	122	75	73	97	139	158	185
償　却　費　(34)	4	−	6	1	4	4	4	3
購入・支払　(35)	121	122	69	72	93	135	154	182
労　働　費　(36)	4,041	16,646	5,242	5,139	4,021	3,629	3,471	3,559
直接労働費　(37)	3,883	16,013	5,024	4,901	3,879	3,492	3,344	3,437
家　族　(38)	3,401	15,901	4,765	4,616	3,431	2,957	2,747	2,785
雇　用　(39)	482	112	259	285	448	535	597	652
間接労働費　(40)	158	633	218	238	142	137	127	122
家　族　(41)	147	633	210	237	141	123	110	105
雇　用　(42)	11	−	8	1	1	14	17	17
費　用　合　計　(43)	17,336	34,955	21,186	20,347	17,957	16,316	16,026	16,155
購入（支払）(44)	11,093	13,467	14,368	13,342	11,817	10,429	10,285	10,163
自　給　(45)	3,693	16,729	5,055	4,944	3,604	3,253	3,064	3,126
償　却　(46)	2,550	4,759	1,763	2,061	2,536	2,634	2,677	2,866
副産物価額　(47)	85	32	113	94	107	81	59	58
生　産　費　(48)（副産物価額差引）	17,251	34,923	21,073	20,253	17,850	16,235	15,967	16,097
支　払　利　子　(49)	77	5	29	86	69	81	89	70
支　払　地　代　(50)	1,917	1,090	1,529	1,788	1,249	2,073	2,317	2,448
支払利子・地代算入生産費(51)	19,245	36,018	22,631	22,127	19,168	18,389	18,373	18,615
自己資本利子　(52)	598	1,323	661	685	572	575	580	621
自作地地代　(53)	2,023	4,099	3,023	2,813	3,214	1,635	1,190	1,017
資本利子・地代全額算入生産費(54)（全算入生産費）	21,866	41,440	26,315	25,625	22,954	20,599	20,143	20,253

大豆・全国（田作・畑作）

単位：円

	畑				作				
平均	0.5ha未満	0.5～1.0	1.0～2.0	2.0～3.0	3.0ha以上	5.0ha以上	7.0ha以上		
(9)	(10)	(11)	(12)	(13)	(14)	(15)	(16)		
11,962	14,303	x	10,393	13,168	11,974	11,436	11,502	(1)
1,082	1,047	x	761	1,403	1,081	1,115	1,060	(2)
1,026	748	x	593	1,399	1,030	1,069	1,003	(3)
56	299	x	168	4	51	46	57	(4)
2,111	2,210	x	1,539	1,869	2,166	2,209	2,293	(5)
2,079	2,210	x	1,539	1,869	2,129	2,209	2,293	(6)
32	-	x	-	-	37	-	-	(7)
1,565	1,749	x	1,305	1,814	1,562	1,514	1,509	(8)
550	1,223	x	522	743	535	502	529	(9)
550	1,223	x	522	743	535	502	529	(10)
-	-	x	-	-	-	-	-	(11)
12	6	x	19	-	12	-	-	(12)
12	6	x	19	-	12	-	-	(13)
-	-	x	-	-	-	-	-	(14)
92	32	x	10	7	104	118	115	(15)
1,926	2,229	x	1,911	2,490	1,883	1,633	1,580	(16)
386	848	x	460	454	376	338	345	(17)
316	1,495	x	238	352	316	374	384	(18)
169	1,420	x	124	175	168	205	236	(19)
147	75	x	114	177	148	169	148	(20)
147	75	x	114	177	148	169	148	(21)
-	-	x	-	-	-	-	-	(22)
385	2,087	x	374	433	376	355	438	(23)
105	800	x	87	60	107	122	173	(24)
280	1,287	x	287	373	269	233	265	(25)
280	1,287	x	287	373	269	233	265	(26)
-	-	x	-	-	-	-	-	(27)
3,464	1,347	x	3,150	3,425	3,500	3,219	3,186	(28)
2,382	1,018	x	2,299	1,562	2,453	2,154	2,043	(29)
1,082	329	x	851	1,863	1,047	1,065	1,143	(30)
1,082	329	x	851	1,863	1,047	1,065	1,143	(31)
-	-	x	-	-	-	-	-	(32)
73	30	x	104	178	63	59	63	(33)
3	-	x	6	-	3	3	2	(34)
70	30	x	98	178	60	56	61	(35)
2,961	25,480	x	4,001	3,649	2,779	2,535	2,595	(36)
2,748	24,983	x	3,804	3,329	2,573	2,410	2,505	(37)
2,542	24,234	x	3,525	3,308	2,360	2,123	2,162	(38)
206	749	x	279	21	213	287	343	(39)
213	497	x	197	320	206	125	90	(40)
213	497	x	197	320	206	125	90	(41)
-	-	x	-	-	-	-	-	(42)
14,923	39,783	x	14,394	16,817	14,753	13,971	14,097	(43)
9,421	11,515	x	7,988	11,388	9,368	9,193	9,334	(44)
2,843	25,030	x	3,890	3,632	2,654	2,294	2,309	(45)
2,659	3,238	x	2,516	1,797	2,731	2,484	2,454	(46)
94	52	x	25	58	102	114	143	(47)
14,829	39,731	x	14,369	16,759	14,651	13,857	13,954	(48)
61	-	x	88	50	61	56	32	(49)
940	217	x	21	169	1,060	1,086	989	(50)
15,830	39,948	x	14,478	16,978	15,772	14,999	14,975	(51)
528	1,907	x	513	489	529	481	564	(52)
1,403	2,801	x	1,791	2,585	1,290	1,345	1,487	(53)
17,761	44,656	x	16,782	20,052	17,591	16,825	17,026	(54)

大豆・全国（田作・畑作）
2　大豆生産費（続き）
(3)　田畑別（続き）
オ　投下労働時間

区分	田作 平均	0.5ha未満	0.5～1.0	1.0～2.0	2.0～3.0	3.0ha以上	5.0ha以上	7.0ha以上
	(1)	(2)	(3)	(4)	(5)	(6)	(7)	(8)
投下労働時間（10a当たり）(1)	7.52	27.71	11.32	9.86	9.69	6.37	5.79	5.43
家族 (2)	6.40	27.58	10.76	9.16	8.07	5.22	4.52	4.22
雇用 (3)	1.12	0.13	0.56	0.70	1.62	1.15	1.27	1.21
直接労働時間 (4)	7.23	26.65	10.85	9.42	9.38	6.15	5.59	5.26
家族 (5)	6.13	26.52	10.31	8.72	7.76	5.02	4.35	4.07
男 (6)	5.02	19.35	8.95	7.14	5.80	4.17	3.71	3.39
女 (7)	1.11	7.17	1.36	1.58	1.96	0.85	0.64	0.68
雇用 (8)	1.10	0.13	0.54	0.70	1.62	1.13	1.24	1.19
男 (9)	0.81	0.06	0.54	0.52	0.63	0.90	1.00	0.99
女 (10)	0.29	0.07	0.00	0.18	0.99	0.23	0.24	0.20
間接労働時間 (11)	0.29	1.06	0.47	0.44	0.31	0.22	0.20	0.17
男 (12)	0.27	0.86	0.46	0.43	0.29	0.21	0.19	0.16
女 (13)	0.02	0.20	0.01	0.01	0.02	0.01	0.01	0.01
投下労働時間（60kg当たり）(14)	2.57	11.59	3.77	3.37	2.71	2.25	2.11	2.16
家族 (15)	2.19	11.53	3.57	3.14	2.27	1.85	1.66	1.68
雇用 (16)	0.38	0.06	0.20	0.23	0.44	0.40	0.45	0.48
直接労働時間 (17)	2.47	11.15	3.61	3.22	2.62	2.17	2.04	2.08
家族 (18)	2.10	11.09	3.42	2.99	2.18	1.78	1.60	1.61
雇用 (19)	0.37	0.06	0.19	0.23	0.44	0.39	0.44	0.47
間接労働時間 (20)	0.10	0.44	0.16	0.15	0.09	0.08	0.07	0.08
作業別直接労働時間（10a当たり）								
合計								
育苗 (21)	0.00	0.03	0.01	-	-	-	-	-
耕起整地 (22)	0.89	2.76	1.44	1.22	1.03	0.76	0.73	0.71
基肥 (23)	0.29	0.69	0.49	0.43	0.25	0.26	0.23	0.19
は種 (24)	0.65	2.71	0.80	0.77	0.67	0.60	0.54	0.52
定植 (25)	0.00	0.34	0.02	-	-	-	-	-
追肥 (26)	0.04	0.17	0.10	0.05	0.06	0.05	0.05	0.04
中耕除草 (27)	2.59	8.17	3.45	3.93	5.02	1.96	1.69	1.56
管理 (28)	0.99	2.47	1.69	1.22	1.11	0.86	0.79	0.69
防除 (29)	0.39	0.97	0.60	0.50	0.38	0.35	0.31	0.28
刈取脱穀 (30)	0.83	5.93	1.25	0.68	0.52	0.78	0.81	0.82
乾燥 (31)	0.38	1.82	0.60	0.33	0.10	0.39	0.30	0.32
生産管理 (32)	0.18	0.59	0.40	0.29	0.24	0.14	0.14	0.13
うち家族								
育苗 (33)	0.00	0.03	0.01	-	-	-	-	-
耕起整地 (34)	0.79	2.75	1.39	1.20	1.01	0.64	0.58	0.57
基肥 (35)	0.26	0.69	0.48	0.42	0.24	0.22	0.18	0.14
は種 (36)	0.58	2.71	0.78	0.74	0.63	0.51	0.45	0.42
定植 (37)	0.00	0.34	0.02	-	-	-	-	-
追肥 (38)	0.04	0.17	0.10	0.05	0.06	0.04	0.04	0.03
中耕除草 (39)	2.03	8.17	3.12	3.41	3.67	1.47	1.19	1.13
管理 (40)	0.86	2.46	1.63	1.20	1.00	0.72	0.60	0.52
防除 (41)	0.36	0.97	0.58	0.49	0.35	0.32	0.26	0.23
収穫 (42)	0.71	5.82	1.20	0.64	0.46	0.64	0.64	0.62
乾燥 (43)	0.32	1.82	0.60	0.28	0.10	0.32	0.27	0.28
生産管理 (44)	0.18	0.59	0.40	0.29	0.24	0.14	0.14	0.13

大豆・全国（田作・畑作）

単位：時間

		畑		作				
平　均	0.5ha未満	0.5〜1.0	1.0〜2.0	2.0〜3.0	3.0ha以上	5.0ha以上	7.0ha以上	
(9)	(10)	(11)	(12)	(13)	(14)	(15)	(16)	
6.18	39.80	x	11.88	7.54	5.71	5.31	5.29	(1)
5.56	38.63	x	10.64	7.46	5.08	4.47	4.35	(2)
0.62	1.17	x	1.24	0.08	0.63	0.84	0.94	(3)
5.75	39.07	x	11.32	6.81	5.30	5.07	5.13	(4)
5.13	37.90	x	10.08	6.73	4.67	4.23	4.19	(5)
4.06	22.57	x	9.21	5.18	3.68	3.42	3.34	(6)
1.07	15.33	x	0.87	1.55	0.99	0.81	0.85	(7)
0.62	1.17	x	1.24	0.08	0.63	0.84	0.94	(8)
0.24	0.32	x	-	0.00	0.27	0.39	0.41	(9)
0.38	0.85	x	1.24	0.08	0.36	0.45	0.53	(10)
0.43	0.73	x	0.56	0.73	0.41	0.24	0.16	(11)
0.41	0.68	x	0.53	0.68	0.39	0.23	0.16	(12)
0.02	0.05	x	0.03	0.05	0.02	0.01	0.00	(13)
1.81	17.73	x	2.55	2.14	1.71	1.60	1.65	(14)
1.63	17.21	x	2.28	2.12	1.54	1.36	1.34	(15)
0.18	0.52	x	0.27	0.02	0.17	0.24	0.31	(16)
1.68	17.41	x	2.43	1.94	1.58	1.53	1.60	(17)
1.50	16.89	x	2.16	1.92	1.41	1.29	1.29	(18)
0.18	0.52	x	0.27	0.02	0.17	0.24	0.31	(19)
0.13	0.32	x	0.12	0.20	0.13	0.07	0.05	(20)
0.00	0.01	x	-	-	-	-	-	(21)
0.76	2.70	x	1.24	0.68	0.73	0.73	0.71	(22)
0.26	1.57	x	0.49	0.35	0.25	0.24	0.23	(23)
0.50	3.33	x	1.57	0.71	0.42	0.40	0.39	(24)
0.00	0.21	x	-	-	-	-	-	(25)
0.03	0.17	x	0.05	0.01	0.03	0.01	0.00	(26)
2.15	10.45	x	4.66	3.34	1.92	2.14	2.23	(27)
0.32	2.54	x	0.58	0.28	0.30	0.24	0.21	(28)
0.38	0.95	x	0.80	0.47	0.35	0.32	0.25	(29)
1.03	10.05	x	1.43	0.46	1.02	0.71	0.79	(30)
0.16	6.75	x	0.08	0.05	0.15	0.17	0.24	(31)
0.16	0.34	x	0.42	0.46	0.13	0.11	0.08	(32)
0.00	0.01	x	-	-	-	-	-	(33)
0.71	2.70	x	1.24	0.68	0.67	0.65	0.61	(34)
0.25	1.57	x	0.49	0.35	0.24	0.23	0.22	(35)
0.48	3.20	x	1.57	0.71	0.40	0.37	0.35	(36)
0.00	0.10	x	-	-	-	-	-	(37)
0.03	0.17	x	0.05	0.01	0.03	0.01	0.00	(38)
1.72	10.43	x	3.42	3.31	1.50	1.58	1.66	(39)
0.31	2.54	x	0.58	0.28	0.29	0.23	0.19	(40)
0.37	0.95	x	0.80	0.47	0.34	0.30	0.23	(41)
0.97	9.14	x	1.43	0.41	0.96	0.63	0.68	(42)
0.13	6.75	x	0.08	0.05	0.11	0.12	0.17	(43)
0.16	0.34	x	0.42	0.46	0.13	0.11	0.08	(44)

大豆・全国（田作・畑作）

2 大豆生産費（続き）
(3) 田畑別（続き）
カ 10a当たり主要費目の評価額

区　分		田						作	
		平　均	0.5ha未満	0.5～1.0	1.0～2.0	2.0～3.0	3.0ha以上	5.0ha以上	7.0ha以上
		(1)	(2)	(3)	(4)	(5)	(6)	(7)	(8)
肥　料　費									
窒　素　質									
硫　　安	(1)	32	11	194	25	43	24	31	14
尿　　素	(2)	41	-	142	39	63	34	24	28
石灰窒素	(3)	42	107	-	34	40	44	58	63
リン酸質									
過リン酸石灰	(4)	45	423	36	37	205	20	27	-
よう成リン肥	(5)	135	1	109	120	267	124	75	98
重焼リン肥	(6)	99	77	140	261	45	81	-	-
カ　リ　質									
塩化カリ	(7)	107	133	61	79	108	113	127	72
硫酸カリ	(8)	5	-	79	19	-	-	-	-
けいカル	(9)	2	24	4	12	-	0	0	-
炭酸カルシウム（石灰を含む。）	(10)	609	358	738	667	542	607	484	395
けい酸石灰	(11)	47	-	73	-	427	6	7	-
複合肥料									
高成分化成	(12)	1,197	1,555	1,115	1,422	1,182	1,164	1,122	1,090
低成分化成	(13)	109	227	42	587	45	48	54	70
配合肥料	(14)	1,258	1,469	1,419	1,696	1,495	1,153	986	527
固形肥料	(15)	-	-	-	-	-	-	-	-
土壌改良資材	(16)	321	503	845	133	319	319	289	365
たい肥・きゅう肥	(17)	181	90	198	324	173	162	112	105
そ　の　他	(18)	576	361	541	117	819	618	494	391
自　給									
たい肥	(19)	-	-	-	-	-	-	-	-
きゅう肥	(20)	2	-	-	14	-	-	-	-
稲・麦わら	(21)	-	-	-	-	-	-	-	-
農業薬剤費									
殺虫剤	(22)	1,036	826	649	1,370	1,103	1,002	944	880
殺菌剤	(23)	505	290	313	610	563	496	443	428
殺虫殺菌剤	(24)	934	421	1,282	1,085	812	919	846	699
除草剤	(25)	2,596	2,618	2,374	2,589	2,398	2,633	2,699	2,655
そ　の　他	(26)	186	126	202	214	311	166	147	155
自動車負担償却費									
四輪自動車	(27)	517	1,037	540	431	307	545	504	474
そ　の　他	(28)	0	-	-	-	-	0	1	1
農機具負担償却費									
トラクター耕うん機									
20馬力未満	(29)	22	-	27	42	127	6	8	10
20～50馬力未満	(30)	714	1,950	1,967	2,335	665	400	421	314
50馬力以上	(31)	1,643	1,018	793	876	1,512	1,824	1,880	1,906
歩行型	(32)	9	-	-	-	96	-	-	-
栽培管理用機具									
たい肥散布機	(33)	2	-	1	-	-	3	3	3
総合は種機	(34)	201	6	41	208	514	172	216	270
移植機	(35)	-	-	-	-	-	-	-	-
中耕除草機	(36)	129	1,299	36	69	75	128	138	88
肥料散布機	(37)	49	17	32	82	45	46	38	30
防除用機具									
動力噴霧機	(38)	178	199	60	52	574	152	188	171
動力散粉機	(39)	1	8	-	3	7	0	0	0
収穫調製用機具									
自脱型コンバイン									
3条以下	(40)	34	464	-	-	-	37	49	64
4条以上	(41)	19	-	-	-	174	3	4	5
普通型コンバイン	(42)	1,108	1,488	-	175	1,365	1,259	1,111	1,200
調査作物収穫機	(43)	71	279	-	-	23	88	116	151
脱穀機	(44)	2	150	-	-	-	-	-	-
動力乾燥機	(45)	104	15	67	-	88	124	44	19
トレーラー	(46)	42	-	-	2	-	56	46	60
そ　の　他	(47)	1,583	1,466	1,068	1,010	1,871	1,658	1,570	1,600

大豆・全国（田作・畑作）

単位：円

			畑		作			
平　均	0.5ha未満	0.5～1.0	1.0～2.0	2.0～3.0	3.0ha以上	5.0ha以上	7.0ha以上	
(9)	(10)	(11)	(12)	(13)	(14)	(15)	(16)	
56	-	x	-	22	61	50	69	(1)
48	-	x	7	-	53	74	84	(2)
23	301	x	-	-	25	35	48	(3)
91	-	x	416	181	69	39	53	(4)
77	78	x	-	-	86	76	104	(5)
6	-	x	131	-	-	-	-	(6)
1	374	x	-	-	-	-	-	(7)
21	-	x	180	-	15	21	29	(8)
-	-	x	-	-	-	-	-	(9)
215	444	x	151	42	225	294	230	(10)
64	-	x	-	346	44	64	87	(11)
1,797	1,387	x	2,395	445	1,863	2,003	1,371	(12)
5	221	x	-	-	-	-	-	(13)
2,969	1,318	x	1,945	3,616	2,991	3,074	3,504	(14)
-	-	x	-	-	-	-	-	(15)
9	-	x	182	-	1	-	-	(16)
502	772	x	762	678	478	630	849	(17)
1,162	64	x	992	1,160	1,178	958	937	(18)
-	-	x	-	-	-	-	-	(19)
-	-	x	-	-	-	-	-	(20)
-	-	x	-	-	-	-	-	(21)
1,407	625	x	2,306	2,467	1,295	1,260	1,178	(22)
958	234	x	1,083	1,542	918	728	861	(23)
627	561	x	631	234	653	812	616	(24)
2,168	2,312	x	1,931	1,951	2,191	2,100	2,102	(25)
141	191	x	118	99	144	112	88	(26)
355	1,795	x	407	208	357	405	556	(27)
-	-	x	-	-	-	-	-	(28)
-	-	x	-	-	-	-	-	(29)
91	322	x	1,558	-	22	30	-	(30)
2,227	504	x	874	2,306	2,302	2,450	2,468	(31)
1	280	x	-	-	-	-	-	(32)
0	-	x	4	-	-	-	-	(33)
324	-	x	-	1,000	297	390	392	(34)
-	-	x	-	-	-	-	-	(35)
406	24	x	293	919	379	490	585	(36)
21	-	x	-	16	23	26	13	(37)
289	-	x	326	56	305	283	387	(38)
-	-	x	-	-	-	-	-	(39)
193	-	x	-	-	217	-	-	(40)
-	-	x	-	-	-	-	-	(41)
1,722	-	x	-	-	1,934	1,541	676	(42)
1,352	-	x	5,529	-	1,249	8	12	(43)
3	258	x	59	-	-	-	-	(44)
41	-	x	1	-	46	64	88	(45)
12	-	x	-	-	13	8	11	(46)
1,392	896	x	2,045	1,125	1,383	1,840	1,928	(47)

さとうきび

3 さとうきび生産費

(1) 調査対象経営体の経営概況

区分	単位	平均	鹿児島	沖縄
		(1)	(2)	(3)
集計経営体数 (1)	経営体	111	51	60
労働力（1経営体当たり）				
世帯員数 (2)	人	2.5	2.4	2.7
男 (3)	〃	1.4	1.2	1.6
女 (4)	〃	1.1	1.2	1.1
家族員数 (5)	〃	2.5	2.4	2.7
男 (6)	〃	1.4	1.2	1.6
女 (7)	〃	1.1	1.2	1.1
農業就業者 (8)	〃	1.0	1.2	0.9
男 (9)	〃	0.8	0.8	0.8
女 (10)	〃	0.2	0.4	0.1
農業専従者 (11)	〃	0.4	0.4	0.4
男 (12)	〃	0.3	0.3	0.3
女 (13)	〃	0.1	0.1	0.1
土地（1経営体当たり）				
経営耕地面積 (14)	a	268	360	208
田 (15)	〃	5	14	-
畑 (16)	〃	262	346	207
普通畑 (17)	〃	262	345	206
樹園地 (18)	〃	0	1	1
牧草地 (19)	〃	1	0	1
耕地以外の土地 (20)	〃	24	42	12
さとうきび使用地面積（1経営体当たり）				
作付地 (21)	〃	121.9	152.4	101.3
自作地 (22)	〃	53.1	44.3	59.0
小作地 (23)	〃	68.8	108.1	42.3
作付地以外 (24)	〃	0.5	1.1	0.1
所有地 (25)	〃	0.5	1.1	0.1
借入地 (26)	〃	0.0	0.0	0.0
作付地の実勢地代（10a当たり） (27)	円	10,743	10,475	11,007
自作地 (28)	〃	11,882	11,346	12,158
小作地 (29)	〃	9,870	10,107	9,490
投下資本額（10a当たり） (30)	〃	114,547	110,921	118,229
借入資本額 (31)	〃	7,586	8,262	6,903
自己資本額 (32)	〃	106,961	102,659	111,326
固定資本額 (33)	〃	49,435	45,359	53,573
建物・構築物 (34)	〃	27,789	20,825	34,856
土地改良設備 (35)	〃	138	274	-
自動車 (36)	〃	4,388	4,778	3,993
農機具 (37)	〃	17,120	19,482	14,724
流動資本額 (38)	〃	37,029	41,324	32,672
労賃資本額 (39)	〃	28,083	24,238	31,984

さとうきび

	平			均			
0.5ha未満	0.5～1.0	1.0～2.0	2.0～3.0	3.0～5.0	5.0ha以上	7.0ha以上	
(4)	(5)	(6)	(7)	(8)	(9)	(10)	
16	12	32	24	10	17	6	(1)
2.8	2.2	2.4	2.6	2.6	2.6	3.0	(2)
1.8	1.1	1.3	1.3	1.2	1.6	1.9	(3)
1.0	1.1	1.1	1.3	1.4	1.0	1.1	(4)
2.8	2.2	2.4	2.6	2.6	2.6	3.0	(5)
1.8	1.1	1.3	1.3	1.2	1.6	1.9	(6)
1.0	1.1	1.1	1.3	1.4	1.0	1.1	(7)
0.8	1.1	1.2	1.4	1.8	1.6	2.4	(8)
0.7	0.9	0.8	1.0	1.1	1.2	1.7	(9)
0.1	0.2	0.4	0.4	0.7	0.4	0.7	(10)
0.2	0.2	0.6	0.8	0.9	0.9	1.3	(11)
0.1	0.1	0.5	0.6	0.5	0.8	0.8	(12)
0.1	0.1	0.1	0.2	0.4	0.1	0.5	(13)
124	192	309	477	702	1,251	1,759	(14)
10	-	5	6	2	11	23	(15)
114	192	302	470	700	1,240	1,736	(16)
114	192	302	467	690	1,234	1,725	(17)
-	-	-	3	10	6	11	(18)
-	-	2	1	-	-	-	(19)
24	8	25	98	6	19	44	(20)
34.7	74.3	143.3	243.5	373.0	759.0	1,235.8	(21)
14.8	34.2	83.7	96.0	113.8	261.9	340.3	(22)
19.9	40.1	59.6	147.5	259.2	497.1	895.5	(23)
0.2	0.4	0.8	0.8	0.5	1.8	5.6	(24)
0.2	0.4	0.8	0.8	0.4	1.8	5.6	(25)
-	-	-	-	0.1	0.0	-	(26)
11,272	9,838	11,621	9,907	9,959	11,379	9,925	(27)
12,887	14,461	11,200	9,677	9,763	12,547	7,534	(28)
10,051	6,312	12,222	10,056	10,052	10,771	10,817	(29)
127,555	172,977	118,843	100,668	96,840	74,303	60,295	(30)
-	5,570	1,854	16,788	11,388	11,563	13,382	(31)
127,555	167,407	116,989	83,880	85,452	62,740	46,913	(32)
40,869	97,360	54,311	38,639	34,284	24,592	14,183	(33)
30,256	77,535	24,094	9,786	13,953	10,986	7,309	(34)
-	-	-	983	-	-	-	(35)
7,104	4,154	8,511	1,950	1,520	1,512	1,930	(36)
3,509	15,671	21,706	25,920	18,811	12,094	4,944	(37)
36,644	33,959	36,928	39,993	37,692	37,430	35,137	(38)
50,042	41,658	27,604	22,036	24,864	12,281	10,975	(39)

3 さとうきび生産費（続き）

(2) 農機具所有台数と収益性

区分		単位	平均	鹿児島	沖縄
			(1)	(2)	(3)
自動車所有台数（10経営体当たり）					
四輪自動車	(1)	台	18.4	22.1	15.9
農機具所有台数（10経営体当たり）					
トラクター耕うん機					
20馬力未満	(2)	〃	4.3	4.6	4.0
20～50馬力未満	(3)	〃	5.2	9.6	2.1
50馬力以上	(4)	〃	1.5	1.8	1.3
歩行型	(5)	〃	7.7	12.4	4.4
栽培管理用機具					
たい肥散布機	(6)	〃	0.2	0.5	-
総合は種機	(7)	〃	0.0	-	0.1
移植機	(8)	〃	0.3	0.7	-
中耕除草機	(9)	〃	0.1	0.1	0.1
肥料散布機	(10)	〃	0.7	1.6	0.0
防除用機具					
動力噴霧機	(11)	〃	6.9	9.9	5.0
動力散粉機	(12)	〃	0.0	-	0.0
収穫調製用機具					
調査作物収穫機	(13)	〃	0.3	0.7	0.0
脱穀機	(14)	〃	0.1	0.2	-
きび脱葉機	(15)	〃	1.2	3.1	-
動力乾燥機	(16)	〃	0.1	0.3	-
トレーラー	(17)	〃	0.2	0.4	-
調査作物主産物数量					
10a当たり	(18)	kg	7,126	6,645	7,614
1経営体当たり	(19)	〃	86,828	101,231	77,112
収益性					
粗収益					
10a当たり	(20)	円	161,733	148,819	174,835
主産物	(21)	〃	161,674	148,702	174,835
副産物	(22)	〃	59	117	-
1t当たり	(23)	〃	22,696	22,395	22,962
主産物	(24)	〃	22,688	22,377	22,962
副産物	(25)	〃	8	18	-
所得					
10a当たり	(26)	〃	66,824	44,418	89,565
1日当たり	(27)	〃	12,128	10,217	13,393
家族労働報酬					
10a当たり	(28)	〃	55,388	35,291	75,785
1日当たり	(29)	〃	10,052	8,118	11,332

さとうきび

	平			均			
0.5ha未満	0.5～1.0	1.0～2.0	2.0～3.0	3.0～5.0	5.0ha以上	7.0ha以上	
(4)	(5)	(6)	(7)	(8)	(9)	(10)	
20.0	15.3	17.2	18.4	22.2	30.0	48.9	(1)
2.5	4.6	4.3	5.7	9.7	9.9	6.0	(2)
2.7	4.8	7.6	9.3	6.5	8.2	8.8	(3)
-	1.0	1.5	3.1	5.8	14.2	16.4	(4)
4.5	11.5	6.8	9.5	10.0	8.1	8.8	(5)
0.4	-	-	0.4	-	-	-	(6)
-	-	-	-	-	1.0	3.4	(7)
-	-	-	0.8	4.0	1.2	2.2	(8)
-	-	-	1.3	0.5	-	-	(9)
0.4	-	0.3	2.9	2.0	4.4	4.9	(10)
3.9	7.7	7.9	12.2	11.2	10.1	13.7	(11)
-	-	-	-	-	0.2	0.7	(12)
-	-	-	0.8	4.0	2.1	5.5	(13)
-	-	0.3	-	-	0.6	2.2	(14)
0.2	2.1	1.9	1.7	-	1.2	-	(15)
-	-	-	0.3	0.8	-	-	(16)
-	-	0.1	0.8	2.0	-	-	(17)
6,485	6,631	7,473	7,450	7,441	6,989	6,467	(18)
22,512	49,257	107,102	181,416	277,590	530,435	799,300	(19)
146,395	152,338	171,189	166,328	169,451	156,993	143,907	(20)
146,322	152,338	171,165	166,319	169,121	156,993	143,907	(21)
73	-	24	9	330	-	-	(22)
22,573	22,976	22,906	22,325	22,772	22,464	22,249	(23)
22,562	22,976	22,903	22,324	22,728	22,464	22,249	(24)
11	-	3	1	44	-	-	(25)
38,247	58,884	79,838	63,917	77,531	66,386	57,955	(26)
3,800	7,092	14,235	15,787	16,413	29,971	31,369	(27)
26,556	41,802	66,448	54,677	69,690	58,440	53,414	(28)
2,638	5,035	11,847	13,505	14,753	26,384	28,912	(29)

3 さとうきび生産費（続き）

(3) 10ａ当たり生産費

区分		平均	鹿児島	沖縄
		(1)	(2)	(3)
物財費	(1)	**82,480**	**93,297**	**71,497**
種苗費	(2)	5,147	6,493	3,780
購入	(3)	1,417	1,746	1,083
自給	(4)	3,730	4,747	2,697
肥料費	(5)	15,792	18,705	12,833
購入	(6)	15,726	18,576	12,833
自給	(7)	66	129	－
農業薬剤費（購入）	(8)	7,246	7,258	7,235
光熱動力費	(9)	3,479	3,091	3,875
購入	(10)	3,479	3,091	3,875
自給	(11)	－	－	－
その他の諸材料費	(12)	447	764	127
購入	(13)	447	764	127
自給	(14)	－	－	－
土地改良及び水利費	(15)	1,174	1,022	1,327
賃借料及び料金	(16)	32,952	36,145	29,713
物件税及び公課諸負担	(17)	1,663	1,621	1,707
建物費	(18)	2,262	2,724	1,790
償却費	(19)	2,183	2,568	1,790
修繕費及び購入補充費	(20)	79	156	0
購入	(21)	79	156	0
自給	(22)	－	－	－
自動車費	(23)	3,257	3,727	2,779
償却費	(24)	1,117	1,480	748
修繕費及び購入補充費	(25)	2,140	2,247	2,031
購入	(26)	2,140	2,247	2,031
自給	(27)	－	－	－
農機具費	(28)	8,961	11,553	6,326
償却費	(29)	5,119	6,596	3,616
修繕費及び購入補充費	(30)	3,842	4,957	2,710
購入	(31)	3,842	4,957	2,710
自給	(32)	－	－	－
生産管理費	(33)	100	194	5
償却費	(34)	3	6	－
購入・支払	(35)	97	188	5
労働費	(36)	**56,165**	**48,477**	**63,970**
直接労働費	(37)	55,642	47,769	63,636
家族	(38)	50,139	45,035	55,322
雇用	(39)	5,503	2,734	8,314
間接労働費	(40)	523	708	334
家族	(41)	477	708	242
雇用	(42)	46	－	92
費用合計	(43)	**138,645**	**141,774**	**135,467**
購入（支払）	(44)	75,811	80,505	71,052
自給	(45)	54,412	50,619	58,261
償却	(46)	8,422	10,650	6,154
副産物価額	(47)	59	117	－
生産費（副産物価額差引）	(48)	**138,586**	**141,657**	**135,467**
支払利子	(49)	196	353	36
支払地代	(50)	6,684	8,017	5,331
支払利子・地代算入生産費	(51)	**145,466**	**150,027**	**140,834**
自己資本利子	(52)	4,787	4,437	5,142
自作地地代	(53)	6,649	4,690	8,638
資本利子・地代全額算入生産費（全算入生産費）	(54)	**156,902**	**159,154**	**154,614**

さとうきび

単位：円

	平			均				
0.5ha未満	0.5〜1.0	1.0〜2.0	2.0〜3.0	3.0〜5.0	5.0ha以上	7.0ha以上		
(4)	(5)	(6)	(7)	(8)	(9)	(10)		
83,102	77,579	83,526	90,003	81,194	80,508	74,128	(1)
4,259	5,116	4,579	5,866	4,770	6,107	5,554	(2)
2,505	2,465	1,107	1,408	1,572	268	226	(3)
1,754	2,651	3,472	4,458	3,198	5,839	5,328	(4)
13,453	14,041	16,071	19,014	15,344	16,141	16,367	(5)
13,388	14,041	16,030	18,998	15,058	16,102	16,280	(6)
65	-	41	16	286	39	87	(7)
6,307	8,639	7,188	8,416	6,543	6,269	4,815	(8)
5,142	3,584	3,371	3,670	3,053	2,829	2,381	(9)
5,142	3,584	3,371	3,670	3,053	2,829	2,381	(10)
-	-	-	-	-	-	-	(11)
265	254	652	611	879	39	6	(12)
265	254	652	611	879	39	6	(13)
-	-	-	-	-	-	-	(14)
474	827	1,335	2,153	539	1,353	1,094	(15)
30,525	23,502	34,678	33,254	38,666	35,966	32,480	(16)
3,250	2,168	1,591	1,427	1,064	1,080	934	(17)
3,955	5,078	1,794	1,320	979	1,119	1,032	(18)
3,941	5,068	1,714	1,236	978	902	684	(19)
14	10	80	84	1	217	348	(20)
14	10	80	84	1	217	348	(21)
-	-	-	-	-	-	-	(22)
11,462	3,084	2,704	1,926	2,018	1,658	1,825	(23)
4,254	591	1,027	589	554	812	938	(24)
7,208	2,493	1,677	1,337	1,464	846	887	(25)
7,208	2,493	1,677	1,337	1,464	846	887	(26)
-	-	-	-	-	-	-	(27)
3,963	11,128	9,491	12,215	7,266	7,835	7,488	(28)
1,620	4,000	6,928	8,188	4,278	3,922	2,203	(29)
2,343	7,128	2,563	4,027	2,988	3,913	5,285	(30)
2,343	7,128	2,563	4,027	2,988	3,913	5,285	(31)
-	-	-	-	-	-	-	(32)
47	158	72	131	73	112	152	(33)
-	-	-	5	-	12	27	(34)
47	158	72	126	73	100	125	(35)
100,083	83,316	55,207	44,072	49,728	24,561	21,949	(36)
99,413	82,723	54,697	43,602	49,451	23,956	20,967	(37)
80,916	72,108	52,633	39,430	46,468	22,422	18,673	(38)
18,497	10,615	2,064	4,172	2,983	1,534	2,294	(39)
670	593	510	470	277	605	982	(40)
670	593	499	470	277	389	506	(41)
-	-	11	-	-	216	476	(42)
183,185	160,895	138,733	134,075	130,922	105,069	96,077	(43)
89,965	75,884	72,419	79,683	74,883	70,732	67,631	(44)
83,405	75,352	56,645	44,374	50,229	28,689	24,594	(45)
9,815	9,659	9,669	10,018	5,810	5,648	3,852	(46)
73	-	24	9	330	-	-	(47)
183,112	160,895	138,709	134,066	130,592	105,069	96,077	(48)
-	-	12	927	54	278	297	(49)
6,549	5,260	5,738	7,309	7,689	8,071	8,757	(50)
189,661	166,155	144,459	142,302	138,335	113,418	105,131	(51)
5,371	7,578	5,240	4,097	3,676	2,761	1,991	(52)
6,320	9,504	8,150	5,143	4,165	5,185	2,550	(53)
201,352	183,237	157,849	151,542	146,176	121,364	109,672	(54)

さとうきび

3 さとうきび生産費（続き）

(4) 1t当たり生産費

区分	平均	鹿児島	沖縄
	(1)	(2)	(3)
物財費 (1)	11,576	14,040	9,392
種苗費 (2)	722	977	496
購入 (3)	199	263	142
自給 (4)	523	714	354
肥料費 (5)	2,218	2,816	1,686
購入 (6)	2,209	2,796	1,686
自給 (7)	9	20	-
農業薬剤費（購入）(8)	1,017	1,093	951
光熱動力費 (9)	489	466	508
購入 (10)	489	466	508
自給 (11)	-	-	-
その他の諸材料費 (12)	63	115	17
購入 (13)	63	115	17
自給 (14)	-	-	-
土地改良及び水利費 (15)	165	154	174
賃借料及び料金 (16)	4,624	5,439	3,903
物件税及び公課諸負担 (17)	233	243	225
建物費 (18)	317	410	235
償却費 (19)	306	387	235
修繕費及び購入補充費 (20)	11	23	0
購入 (21)	11	23	0
自給 (22)	-	-	-
自動車費 (23)	457	561	365
償却費 (24)	157	223	98
修繕費及び購入補充費 (25)	300	338	267
購入 (26)	300	338	267
自給 (27)	-	-	-
農機具費 (28)	1,257	1,737	831
償却費 (29)	718	991	475
修繕費及び購入補充費 (30)	539	746	356
購入 (31)	539	746	356
自給 (32)	-	-	-
生産管理費 (33)	14	29	1
償却費 (34)	0	1	-
購入・支払 (35)	14	28	1
労働費 (36)	7,881	7,296	8,401
直接労働費 (37)	7,808	7,189	8,357
家族 (38)	7,035	6,778	7,265
雇用 (39)	773	411	1,092
間接労働費 (40)	73	107	44
家族 (41)	67	107	32
雇用 (42)	6	-	12
費用合計 (43)	19,457	21,336	17,793
購入（支払）(44)	10,642	12,115	9,334
自給 (45)	7,634	7,619	7,651
償却 (46)	1,181	1,602	808
副産物価額 (47)	8	18	-
生産費 (48)	19,449	21,318	17,793
（副産物価額差引）			
支払利子 (49)	27	53	5
支払地代 (50)	938	1,206	700
支払利子・地代算入生産費 (51)	20,414	22,577	18,498
自己資本利子 (52)	672	668	675
自作地地代 (53)	933	706	1,135
資本利子・地代全額算入生産費 (54)	22,019	23,951	20,308
（全算入生産費）			

さとうきび

単位：円

	平		均				
0.5ha未満	0.5～1.0	1.0～2.0	2.0～3.0	3.0～5.0	5.0ha以上	7.0ha以上	
(4)	(5)	(6)	(7)	(8)	(9)	(10)	
12,814	11,698	11,179	12,081	10,911	11,517	11,460	(1)
656	772	613	787	641	874	859	(2)
386	372	148	189	211	38	35	(3)
270	400	465	598	430	836	824	(4)
2,074	2,116	2,151	2,552	2,062	2,311	2,530	(5)
2,064	2,116	2,146	2,550	2,024	2,305	2,517	(6)
10	-	5	2	38	6	13	(7)
972	1,303	962	1,130	879	897	745	(8)
793	540	451	493	410	404	368	(9)
793	540	451	493	410	404	368	(10)
-	-	-	-	-	-	-	(11)
41	38	87	82	118	5	0	(12)
41	38	87	82	118	5	0	(13)
-	-	-	-	-	-	-	(14)
74	125	180	289	73	194	169	(15)
4,707	3,544	4,640	4,464	5,196	5,146	5,022	(16)
502	327	213	192	142	153	145	(17)
610	766	241	176	131	160	160	(18)
608	764	230	165	131	129	106	(19)
2	2	11	11	0	31	54	(20)
2	2	11	11	0	31	54	(21)
-	-	-	-	-	-	-	(22)
1,767	465	361	258	271	237	282	(23)
656	89	137	79	74	116	145	(24)
1,111	376	224	179	197	121	137	(25)
1,111	376	224	179	197	121	137	(26)
-	-	-	-	-	-	-	(27)
611	1,678	1,270	1,640	978	1,120	1,157	(28)
250	603	927	1,100	576	560	340	(29)
361	1,075	343	540	402	560	817	(30)
361	1,075	343	540	402	560	817	(31)
-	-	-	-	-	-	-	(32)
7	24	10	18	10	16	23	(33)
-	-	-	1	-	2	4	(34)
7	24	10	17	10	14	19	(35)
15,433	12,567	7,387	5,916	6,683	3,515	3,392	(36)
15,330	12,478	7,319	5,853	6,646	3,428	3,240	(37)
12,478	10,877	7,042	5,293	6,245	3,209	2,886	(38)
2,852	1,601	277	560	401	219	354	(39)
103	89	68	63	37	87	152	(40)
103	89	67	63	37	56	78	(41)
-	-	1	-	-	31	74	(42)
28,247	24,265	18,566	17,997	17,594	15,032	14,852	(43)
13,872	11,443	9,693	10,696	10,063	10,118	10,456	(44)
12,861	11,366	7,579	5,956	6,750	4,107	3,801	(45)
1,514	1,456	1,294	1,345	781	807	595	(46)
11	-	3	1	44	-	-	(47)
28,236	24,265	18,563	17,996	17,550	15,032	14,852	(48)
-	-	2	124	7	40	46	(49)
1,010	793	768	981	1,034	1,155	1,354	(50)
29,246	25,058	19,333	19,101	18,591	16,227	16,252	(51)
828	1,143	701	550	494	395	308	(52)
975	1,433	1,090	690	560	742	394	(53)
31,049	27,634	21,124	20,341	19,645	17,364	16,954	(54)

さとうきび

3 さとうきび生産費（続き）

(5) 投下労働時間

区　　　　分	平　均	鹿児島	沖　縄
	(1)	(2)	(3)
投下労働時間（10a当たり）(1)	48.88	37.52	60.36
家　　　　　　　族 (2)	44.08	34.78	53.50
雇　　　　　　　用 (3)	4.80	2.74	6.86
直　接　労　働　時　間 (4)	48.41	36.97	59.97
家　　　　　　族 (5)	43.66	34.23	53.21
男 (6)	34.21	23.08	45.49
女 (7)	9.45	11.15	7.72
雇　　　　　　用 (8)	4.75	2.74	6.76
男 (9)	4.14	2.19	6.09
女 (10)	0.61	0.55	0.67
間　接　労　働　時　間 (11)	0.47	0.55	0.39
男 (12)	0.45	0.52	0.38
女 (13)	0.02	0.03	0.01
投下労働時間（1t当たり）(14)	6.84	5.65	7.91
家　　　　　　　族 (15)	6.19	5.24	7.02
雇　　　　　　　用 (16)	0.65	0.41	0.89
直　接　労　働　時　間 (17)	6.77	5.57	7.86
家　　　　　　族 (18)	6.13	5.16	6.98
雇　　　　　　用 (19)	0.64	0.41	0.88
間　接　労　働　時　間 (20)	0.07	0.08	0.05
作業別直接労働時間（10a当たり）			
合　　　　　　　　計			
育　　　　　　　苗 (21)	0.00	−	0.01
耕　起　整　地 (22)	1.63	1.09	2.17
基　　　　　　　肥 (23)	0.93	1.42	0.42
は　　　種 (24)	−	−	−
定　　　　　　　植 (25)	3.94	3.65	4.23
株　　分　　け (26)	3.22	3.58	2.84
追　　　　　　　肥 (27)	2.10	1.25	2.96
中　耕　除　草 (28)	12.95	10.28	15.65
管　　　　　　　理 (29)	3.32	3.59	3.03
防　　　　　　　除 (30)	1.87	1.74	2.03
は　　く　　葉 (31)	4.45	−	8.95
収　　　　　　　穫 (32)	13.78	10.05	17.55
乾　　　　　　　燥 (33)	−	−	−
生　産　管　理 (34)	0.22	0.32	0.13
うち家　族			
育　　　　　　　苗 (35)	0.00	−	0.01
耕　起　整　地 (36)	1.60	1.07	2.13
基　　　　　　　肥 (37)	0.90	1.37	0.42
は　　種 (38)	−	−	−
定　　　　　　　植 (39)	3.53	3.24	3.81
株　　分　　け (40)	2.80	3.23	2.35
追　　　　　　　肥 (41)	2.01	1.18	2.85
中　耕　除　草 (42)	12.08	9.32	14.88
管　　　　　　　理 (43)	3.18	3.45	2.89
防　　　　　　　除 (44)	1.77	1.64	1.92
は　　く　　葉 (45)	4.41	−	8.88
収　　　　　　　穫 (46)	11.16	9.41	12.94
乾　　　　　　　燥 (47)	−	−	−
生　産　管　理 (48)	0.22	0.32	0.13

単位：時間

平			均				
0.5ha未満	0.5～1.0	1.0～2.0	2.0～3.0	3.0～5.0	5.0ha以上	7.0ha以上	
(4)	(5)	(6)	(7)	(8)	(9)	(10)	
92.42	**76.65**	**46.63**	**35.71**	**42.55**	**19.15**	**16.87**	(1)
80.52	66.42	44.87	32.39	37.79	17.72	14.78	(2)
11.90	10.23	1.76	3.32	4.76	1.43	2.09	(3)
91.61	76.14	46.23	35.36	42.34	18.55	15.86	(4)
79.71	65.91	44.48	32.04	37.58	17.36	14.30	(5)
64.60	54.03	35.07	25.17	22.69	14.61	10.06	(6)
15.11	11.88	9.41	6.87	14.89	2.75	4.24	(7)
11.90	10.23	1.75	3.32	4.76	1.19	1.56	(8)
9.15	10.10	1.50	2.15	4.64	0.87	0.93	(9)
2.75	0.13	0.25	1.17	0.12	0.32	0.63	(10)
0.81	0.51	0.40	0.35	0.21	0.60	1.01	(11)
0.78	0.51	0.40	0.34	0.16	0.57	0.94	(12)
0.03	-	-	0.01	0.05	0.03	0.07	(13)
14.22	**11.57**	**6.23**	**4.79**	**5.71**	**2.74**	**2.59**	(14)
12.40	10.02	6.00	4.35	5.06	2.54	2.27	(15)
1.82	1.55	0.23	0.44	0.65	0.20	0.32	(16)
14.10	11.49	6.18	4.74	5.68	2.66	2.44	(17)
12.28	9.94	5.95	4.30	5.03	2.49	2.20	(18)
1.82	1.55	0.23	0.44	0.65	0.17	0.24	(19)
0.12	0.08	0.05	0.05	0.03	0.08	0.15	(20)
-	-	0.01	-	-	-	-	(21)
0.55	1.54	1.93	1.82	1.40	1.88	1.11	(22)
0.58	0.98	1.38	0.83	0.72	0.68	0.71	(23)
-	-	-	-	-	-	-	(24)
5.13	4.35	3.57	5.27	4.58	2.08	2.02	(25)
2.97	4.08	3.08	3.22	4.69	1.80	1.68	(26)
3.71	3.03	1.75	1.93	1.91	1.17	0.63	(27)
31.52	14.25	12.26	9.96	10.01	7.23	6.11	(28)
3.41	3.80	3.74	3.15	3.67	2.16	2.16	(29)
2.37	2.06	1.69	1.87	2.72	1.17	0.75	(30)
12.52	13.18	3.31	0.33	0.32	-	-	(31)
28.60	28.47	13.21	6.79	12.25	0.31	0.59	(32)
-	-	-	-	-	-	-	(33)
0.25	0.40	0.30	0.19	0.07	0.07	0.10	(34)
-	-	0.01	-	-	-	-	(35)
0.45	1.54	1.93	1.70	1.40	1.88	1.11	(36)
0.58	0.98	1.33	0.81	0.65	0.68	0.69	(37)
-	-	-	-	-	-	-	(38)
4.24	4.17	3.32	4.50	4.19	1.75	1.65	(39)
1.49	3.87	3.06	2.81	3.78	1.55	1.34	(40)
3.71	2.78	1.74	1.89	1.68	1.13	0.59	(41)
31.37	12.38	11.91	9.54	7.80	6.76	5.55	(42)
3.35	3.63	3.62	3.15	3.18	2.12	2.06	(43)
2.37	1.94	1.60	1.80	2.35	1.17	0.75	(44)
12.52	13.18	3.19	0.28	0.32	-	-	(45)
19.38	21.04	12.47	5.37	12.16	0.25	0.46	(46)
-	-	-	-	-	-	-	(47)
0.25	0.40	0.30	0.19	0.07	0.07	0.10	(48)

3　さとうきび生産費（続き）

(6)　10 a 当たり主要費目の評価額

区分		平均	鹿児島	沖縄
		(1)	(2)	(3)
肥料費				
窒素質				
硫安	(1)	470	407	535
尿素	(2)	84	163	4
石灰窒素	(3)	66	130	–
リン酸質				
過リン酸石灰	(4)	–	–	–
よう成リン肥	(5)	98	195	–
重焼リン肥	(6)	151	300	–
カリ質				
塩化カリ	(7)	–	–	–
硫酸カリ	(8)	–	–	–
けいカル	(9)	270	536	–
炭酸カルシウム（石灰を含む。）	(10)	95	189	–
けい酸石灰	(11)	–	–	–
複合肥料				
高成分化成	(12)	3,453	334	6,617
低成分化成	(13)	33	58	7
配合肥料	(14)	9,639	15,242	3,954
固形肥料	(15)	–	–	–
土壌改良資材	(16)	61	–	123
たい肥・きゅう肥	(17)	1,116	995	1,238
その他	(18)	190	27	355
自給				
たい肥	(19)	7	13	–
きゅう肥	(20)	59	116	–
稲・麦わら	(21)	–	–	–
農業薬剤費				
殺虫剤	(22)	3,718	2,916	4,532
殺菌剤	(23)	0	–	0
殺虫殺菌剤	(24)	–	–	–
除草剤	(25)	3,335	4,225	2,433
その他	(26)	193	117	270
自動車負担償却費				
四輪自動車	(27)	1,117	1,480	748
その他	(28)	–	–	–
農機具負担償却費				
トラクター耕うん機				
20馬力未満	(29)	1,268	1,637	892
20～50馬力未満	(30)	1,595	2,965	204
50馬力以上	(31)	767	122	1,423
歩行型	(32)	325	353	296
栽培管理用機具				
たい肥散布機	(33)	18	35	–
総合は種機	(34)	–	–	–
移植機	(35)	–	–	–
中耕除草機	(36)	20	23	17
肥料散布機	(37)	14	25	3
防除用機具				
動力噴霧機	(38)	217	185	248
動力散粉機	(39)	2	–	3
収穫調製用機具				
調査作物収穫機	(40)	280	557	–
脱穀機	(41)	–	–	–
きび脱葉機	(42)	–	–	–
動力乾燥機	(43)	–	–	–
トレーラー	(44)	–	–	–
その他	(45)	613	694	530

さとうきび

単位：円

	平			均			
0.5ha未満	0.5～1.0	1.0～2.0	2.0～3.0	3.0～5.0	5.0ha以上	7.0ha以上	
(4)	(5)	(6)	(7)	(8)	(9)	(10)	
344	955	775	151	151	170	322	(1)
19	136	54	-	-	228	14	(2)
-	-	99	28	-	183	90	(3)
-	-	-	-	-	-	-	(4)
57	-	96	278	119	64	140	(5)
264	41	132	92	356	116	-	(6)
-	-	-	-	-	-	-	(7)
-	-	-	-	-	-	-	(8)
234	-	194	483	647	213	157	(9)
-	19	255	41	-	104	27	(10)
-	-	-	-	-	-	-	(11)
2,868	3,291	2,785	4,875	3,963	3,408	357	(12)
-	172	14	-	-	-	-	(13)
9,107	8,535	10,131	8,289	9,502	11,260	15,173	(14)
-	-	-	-	-	-	-	(15)
-	319	27	-	-	-	-	(16)
460	573	1,039	4,243	298	351	-	(17)
35	-	429	518	22	5	-	(18)
65	-	-	-	-	-	-	(19)
-	-	41	16	286	39	87	(20)
-	-	-	-	-	-	-	(21)
2,594	4,669	3,421	4,194	4,077	3,296	2,028	(22)
-	-	-	-	-	0	-	(23)
-	-	-	-	-	-	-	(24)
3,432	3,622	3,558	4,074	2,399	2,861	2,762	(25)
281	348	209	148	67	112	25	(26)
4,254	591	1,027	589	554	812	938	(27)
-	-	-	-	-	-	-	(28)
119	2,965	1,323	1,085	1,396	388	-	(29)
744	243	3,134	2,035	492	1,624	-	(30)
-	-	538	1,607	1,885	770	471	(31)
25	792	538	120	86	110	-	(32)
-	-	-	-	127	-	-	(33)
-	-	-	-	-	-	-	(34)
-	-	-	-	-	-	-	(35)
-	-	-	129	12	-	-	(36)
71	-	-	-	-	33	16	(37)
382	-	364	168	264	127	281	(38)
-	-	-	-	-	8	17	(39)
-	-	-	1,997	-	-	-	(40)
-	-	-	-	-	-	-	(41)
-	-	-	-	-	-	-	(42)
-	-	-	-	-	-	-	(43)
-	-	-	-	-	-	-	(44)
279	-	1,031	920	143	862	1,418	(45)

なたね・全国・作付規模別

4 なたね生産費
(1) 全国・作付規模別
ア 調査対象経営体の経営概況

区分	単位	平均	0.2ha未満	0.2～0.5	0.5～1.0	1.0ha以上
集計経営体数	経営体	58	7	11	13	27
労働力（1経営体当たり）						
世帯員数	人	3.4	2.0	2.8	3.5	4.2
男	〃	1.5	0.9	1.3	1.8	1.8
女	〃	1.9	1.1	1.5	1.7	2.4
家族員数	〃	3.4	2.0	2.8	3.5	4.2
男	〃	1.5	0.9	1.3	1.8	1.8
女	〃	1.9	1.1	1.5	1.7	2.4
農業就業者	〃	1.6	0.9	1.0	1.4	2.3
男	〃	1.0	0.5	0.7	0.8	1.4
女	〃	0.6	0.4	0.3	0.6	0.9
農業専従者	〃	1.2	0.6	0.4	0.6	2.1
男	〃	0.8	0.3	0.4	0.4	1.4
女	〃	0.4	0.3	0.0	0.2	0.7
土地（1経営体当たり）						
経営耕地面積	a	1,276	87	155	627	2,478
田	〃	635	51	126	371	1,189
畑	〃	641	36	29	256	1,289
普通畑	〃	633	35	29	256	1,272
樹園地	〃	8	1	-	0	17
牧草地	〃	-	-	-	-	-
耕地以外の土地	〃	93	25	79	68	137
なたね使用地面積（1経営体当たり）						
作付地	〃	169.2	9.6	27.9	61.8	333.9
自作地	〃	92.9	7.4	23.5	42.2	176.1
小作地	〃	76.3	2.2	4.4	19.6	157.8
作付地以外	〃	1.7	0.9	1.4	0.9	2.5
所有地	〃	1.7	0.7	1.4	0.9	2.5
借入地	〃	0.0	0.2	-	-	-
作付地の実勢地代（10a当たり）	円	6,389	4,593	8,240	7,415	6,296
自作地	〃	7,618	4,242	8,335	7,556	7,712
小作地	〃	4,840	6,800	7,709	7,087	4,695
投下資本額（10a当たり）	〃	35,931	154,312	32,454	39,371	34,348
借入資本額	〃	3,475	-	29	-	3,866
自己資本額	〃	32,456	154,312	32,425	39,371	30,482
固定資本額	〃	17,003	97,119	8,736	18,868	16,164
建物・構築物	〃	6,200	57,416	2,147	1,511	6,011
土地改良設備	〃	118	-	-	-	131
自動車	〃	623	6,095	1,426	3,507	337
農機具	〃	10,062	33,608	5,163	13,850	9,685
流動資本額	〃	13,454	16,615	8,065	14,552	13,527
労賃資本額	〃	5,474	40,578	15,653	5,951	4,657

なたね・全国・作付規模別

イ 農機具所有台数と収益性

区分	単位	平均	0.2ha未満	0.2～0.5	0.5～1.0	1.0ha以上
自動車所有台数（10経営体当たり）						
四輪自動車	台	22.3	13.5	12.0	19.1	31.4
農機具所有台数（10経営体当たり）						
トラクター耕うん機						
20馬力未満	〃	3.2	2.8	2.4	2.2	4.1
20～50馬力未満	〃	8.2	11.4	3.0	7.5	9.3
50馬力以上	〃	14.4	-	0.3	7.4	28.8
歩行型	〃	3.3	2.8	7.8	1.1	2.4
栽培管理用機具						
たい肥散布機	〃	1.7	-	0.2	1.6	3.0
総合は種機	〃	4.7	-	-	2.5	9.5
移植機	〃	0.6	-	-	-	1.3
中耕除草機	〃	5.0	1.7	0.2	2.5	9.3
肥料散布機	〃	5.9	2.1	1.8	4.1	9.9
防除用機具						
動力噴霧機	〃	4.2	6.4	1.6	2.9	4.8
動力散粉機	〃	0.5	-	-	2.1	0.3
収穫調製用機具						
自脱型コンバイン						
3条以下	〃	0.7	1.0	-	0.8	0.9
4条以上	〃	0.7	-	-	0.3	1.4
普通型コンバイン	〃	2.5	-	-	2.5	4.7
調査作物収穫機	〃	-	-	-	-	-
脱穀機	〃	1.5	2.6	4.1	-	0.5
動力乾燥機	〃	5.9	1.9	-	4.9	10.5
トレーラー	〃	1.2	-	-	-	2.6
調査作物主産物数量						
10a当たり	kg	253	121	40	173	267
1経営体当たり	〃	4,283	117	112	1,073	8,929
収益性						
粗収益						
10a当たり	円	19,527	23,172	6,863	16,997	20,082
主産物	〃	19,527	23,172	6,863	16,997	20,082
副産物	〃	-	-	-	-	-
60kg当たり	〃	4,627	11,452	10,248	5,883	4,506
主産物	〃	4,627	11,452	10,248	5,883	4,506
副産物	〃	-	-	-	-	-
所得						
10a当たり	〃	△14,866	△54,465	△14,508	△19,348	△14,083
1日当たり	〃	-	-	-	-	-
家族労働報酬						
10a当たり	〃	△20,502	△65,562	△21,914	△25,693	△19,544
1日当たり	〃	-	-	-	-	-
（参考1）経営所得安定対策等受取金（10a当たり）	〃	53,671	13,598	16,840	38,455	56,437
（参考2）経営所得安定対策等の交付金を加えた場合						
粗収益						
10a当たり	〃	73,198	36,770	23,703	55,452	76,519
60kg当たり	〃	17,344	18,173	35,392	19,193	17,168
所得						
10a当たり	〃	38,805	△40,867	2,332	19,107	42,354
1日当たり	〃	42,294	-	720	17,098	55,455
家族労働報酬						
10a当たり	〃	33,169	△51,964	△5,074	12,762	36,893
1日当たり	〃	36,151	-	-	11,420	48,305

4 なたね生産費（続き）
(1) 全国・作付規模別（続き）
ウ 10a当たり生産費

単位：円

区分	平均	0.2ha未満	0.2～0.5	0.5～1.0	1.0ha以上
物財費	**31,787**	**50,471**	**19,378**	**34,021**	**31,826**
種苗費	378	1,210	1,300	685	315
購入	365	1,199	1,084	617	313
自給	13	11	216	68	2
肥料費	9,669	14,598	3,006	9,550	9,843
購入	9,639	12,961	3,006	9,550	9,830
自給	30	1,637	-	-	13
農業薬剤費（購入）	379	1,193	742	1,360	291
光熱動力費	1,909	2,813	2,027	1,603	1,913
購入	1,909	2,813	2,027	1,603	1,913
自給	-	-	-	-	-
その他の諸材料費	850	25	1	504	911
購入	850	25	1	504	911
自給	-	-	-	-	-
土地改良及び水利費	1,476	124	159	583	1,597
賃借料及び料金	9,078	4,338	2,597	11,657	9,188
物件税及び公課諸負担	789	3,836	1,960	887	703
建物費	795	6,067	655	533	750
償却費	608	6,067	629	435	550
修繕費及び購入補充費	187	-	26	98	200
購入	187	-	26	98	200
自給	-	-	-	-	-
自動車費	896	6,108	2,889	2,175	678
償却費	350	1,676	475	1,559	249
修繕費及び購入補充費	546	4,432	2,414	616	429
購入	546	4,432	2,414	616	429
自給	-	-	-	-	-
農機具費	5,423	10,088	3,982	4,317	5,489
償却費	3,916	9,497	2,142	2,921	3,975
修繕費及び購入補充費	1,507	591	1,840	1,396	1,514
購入	1,507	591	1,840	1,396	1,514
自給	-	-	-	-	-
生産管理費	145	71	60	167	148
償却費	4	-	-	-	5
購入・支払	141	71	60	167	143
労働費	**10,948**	**81,156**	**31,307**	**11,902**	**9,314**
直接労働費	10,066	79,216	30,494	11,628	8,402
家族	9,606	54,209	29,720	11,535	8,235
雇用	460	25,007	774	93	167
間接労働費	882	1,940	813	274	912
家族	881	1,818	813	274	912
雇用	1	122	-	-	-
費用合計	**42,735**	**131,627**	**50,685**	**45,923**	**41,140**
購入（支払）	27,327	56,712	16,690	29,131	27,199
自給	10,530	57,675	30,749	11,877	9,162
償却	4,878	17,240	3,246	4,915	4,779
副産物価額	-	-	-	-	-
生産費（副産物価額差引）	**42,735**	**131,627**	**50,685**	**45,923**	**41,140**
支払利子	112	-	1	-	125
支払地代	2,033	2,037	1,218	2,231	2,047
支払利子・地代算入生産費	**44,880**	**133,664**	**51,904**	**48,154**	**43,312**
自己資本利子	1,298	6,172	1,297	1,575	1,219
自作地地代	4,338	4,925	6,109	4,770	4,242
資本利子・地代全額算入生産費（全算入生産費）	**50,516**	**144,761**	**59,310**	**54,499**	**48,773**

エ　60kg当たり生産費

単位：円

区　分	平　均	0.2ha未満	0.2～0.5	0.5～1.0	1.0ha以上
物財費	**7,535**	**24,941**	**28,931**	**11,774**	**7,142**
種苗費	89	598	1,941	236	71
購入	86	592	1,618	213	70
自給	3	6	323	23	1
肥料費	2,293	7,214	4,488	3,305	2,208
購入	2,286	6,405	4,488	3,305	2,205
自給	7	809	-	-	3
農業薬剤費（購入）	89	589	1,106	471	65
光熱動力費	453	1,390	3,026	554	429
購入	453	1,390	3,026	554	429
自給	-	-	-	-	-
その他の諸材料費	202	12	1	174	204
購入	202	12	1	174	204
自給	-	-	-	-	-
土地改良及び水利費	349	61	238	202	359
賃借料及び料金	2,151	2,143	3,877	4,035	2,062
物件税及び公課諸負担	188	1,896	2,924	307	158
建物費	188	2,999	979	185	169
償却費	144	2,999	940	151	124
修繕費及び購入補充費	44	-	39	34	45
購入	44	-	39	34	45
自給	-	-	-	-	-
自動車費	212	3,018	4,314	753	152
償却費	83	828	710	540	56
修繕費及び購入補充費	129	2,190	3,604	213	96
購入	129	2,190	3,604	213	96
自給	-	-	-	-	-
農機具費	1,287	4,986	5,948	1,494	1,232
償却費	930	4,694	3,200	1,011	892
修繕費及び購入補充費	357	292	2,748	483	340
購入	357	292	2,748	483	340
自給	-	-	-	-	-
生産管理費	34	35	89	58	33
償却費	1	-	-	-	1
購入・支払	33	35	89	58	32
労働費	**2,594**	**40,110**	**46,743**	**4,120**	**2,090**
直接労働費	2,385	39,151	45,529	4,025	1,885
家族	2,276	26,791	44,374	3,993	1,848
雇用	109	12,360	1,155	32	37
間接労働費	209	959	1,214	95	205
家族	209	899	1,214	95	205
雇用	0	60	-	-	-
費用合計	**10,129**	**65,051**	**75,674**	**15,894**	**9,232**
購入（支払）	6,476	28,025	24,913	10,081	6,102
自給	2,495	28,505	45,911	4,111	2,057
償却	1,158	8,521	4,850	1,702	1,073
副産物価額	-	-	-	-	-
生産費（副産物価額差引）	**10,129**	**65,051**	**75,674**	**15,894**	**9,232**
支払利子	27	-	1	-	28
支払地代	482	1,007	1,819	772	459
支払利子・地代算入生産費	**10,638**	**66,058**	**77,494**	**16,666**	**9,719**
自己資本利子	308	3,051	1,937	545	274
自作地地代	1,028	2,435	9,121	1,651	952
資本利子・地代全額算入生産費（全算入生産費）	**11,974**	**71,544**	**88,552**	**18,862**	**10,945**

なたね・全国・作付規模別

4 なたね生産費（続き）
(1) 全国・作付規模別（続き）
オ 投下労働時間

単位：時間

区分	平均	0.2ha未満	0.2～0.5	0.5～1.0	1.0ha以上
投下労働時間（10a当たり）	7.71	60.85	26.57	9.06	6.27
家族	7.34	44.23	25.91	8.94	6.11
雇用	0.37	16.62	0.66	0.12	0.16
直接労働時間	7.16	59.45	25.85	8.85	5.71
家族	6.79	42.92	25.19	8.73	5.55
男	5.37	24.47	20.94	7.35	4.45
女	1.42	18.45	4.25	1.38	1.10
雇用	0.37	16.53	0.66	0.12	0.16
男	0.34	14.80	0.44	0.12	0.16
女	0.03	1.73	0.22	-	0.00
間接労働時間	0.55	1.40	0.72	0.21	0.56
男	0.50	1.22	0.72	0.21	0.51
女	0.05	0.18	-	-	0.05
投下労働時間（60kg当たり）	1.82	30.09	39.66	3.11	1.40
家族	1.73	21.89	38.67	3.07	1.37
雇用	0.09	8.20	0.99	0.04	0.03
直接労働時間	1.69	29.40	38.58	3.04	1.28
家族	1.60	21.24	37.59	3.00	1.25
雇用	0.09	8.16	0.99	0.04	0.03
間接労働時間	0.13	0.69	1.08	0.07	0.12
作業別直接労働時間（10a当たり）					
合計					
育苗	0.02	1.39	-	-	-
耕起整地	1.42	6.03	3.72	1.29	1.30
基肥	0.53	5.15	0.92	1.42	0.39
は種	0.45	2.15	1.87	0.58	0.36
定植	0.11	7.42	0.66	-	-
追肥	0.28	2.70	0.77	0.49	0.23
中耕除草	0.79	5.74	2.98	1.97	0.58
管理	1.21	3.62	4.16	1.68	1.03
防除	0.09	2.40	0.77	0.03	0.03
刈取脱穀	1.50	15.38	6.64	0.12	1.25
乾燥	0.45	6.91	2.42	0.87	0.27
生産管理	0.31	0.56	0.94	0.40	0.27
うち家族					
育苗	0.02	1.04	-	-	-
耕起整地	1.39	3.86	3.72	1.29	1.29
基肥	0.52	4.50	0.92	1.42	0.39
は種	0.43	1.50	1.87	0.58	0.35
定植	0.08	5.18	0.66	-	-
追肥	0.26	2.01	0.77	0.49	0.21
中耕除草	0.75	4.53	2.98	1.97	0.55
管理	1.14	3.62	4.16	1.68	0.96
防除	0.08	1.81	0.77	0.03	0.03
刈取脱穀	1.40	9.30	5.98	0.12	1.24
乾燥	0.41	5.01	2.42	0.75	0.26
生産管理	0.31	0.56	0.94	0.40	0.27

カ　10a当たり主要費目の評価額

単位：円

区分	平均	0.2ha未満	0.2～0.5	0.5～1.0	1.0ha以上
肥料費					
窒素質					
硫安	472	741	103	1,061	442
尿素	1,202	697	133	58	1,320
石灰窒素	318	−	−	841	298
リン酸質					
過リン酸石灰	−	−	−	−	−
よう成リン肥	−	−	−	−	−
重焼リン肥	444	−	−	17	493
カリ質					
塩化カリ	−	−	−	−	−
硫酸カリ	−	−	−	−	−
けいカル	−	−	−	−	−
炭酸カルシウム（石灰を含む。）	1,012	1,771	240	210	1,082
けい酸石灰	−	−	−	−	−
複合肥料					
高成分化成	1,915	3,473	2,089	682	1,971
低成分化成	19	1,076	−	125	−
配合肥料	2,975	1,243	−	2,624	3,122
固形肥料	−	−	−	−	−
土壌改良資材	7	191	−	−	5
たい肥・きゅう肥	1,256	3,540	338	3,756	1,094
その他	19	229	103	176	3
自給肥料					
たい肥	−	−	−	−	−
きゅう肥	−	−	−	−	−
稲・麦わら	−	−	−	−	−
農業薬剤費					
殺虫剤	61	181	99	938	−
殺菌剤	96	−	−	76	102
殺虫殺菌剤	−	−	−	−	−
除草剤	216	903	643	346	184
その他	6	109	−	−	5
自動車負担償却費					
四輪自動車	350	1,676	475	1,559	249
その他	−	−	−	−	−
農機具負担償却費					
トラクター・耕うん機					
20馬力未満	49	−	848	−	26
20～50馬力未満	131	2,228	108	−	115
50馬力以上	1,754	−	−	1,572	1,848
歩行型	4	−	139	−	−
栽培管理用機具					
たい肥散布機	57	−	−	−	64
総合は種機	105	−	−	−	117
移植機	−	−	−	−	−
中耕除草機	83	−	−	76	88
肥料散布機	25	−	−	−	28
防除用機具					
動力噴霧機	53	500	−	490	20
動力散粉機	1	−	−	−	1
収穫調製用機具					
自脱型コンバイン					
3条以下	−	−	−	−	−
4条以上	−	−	−	−	−
普通型コンバイン	1,252	−	−	356	1,370
調査作物収穫機	−	−	−	−	−
脱穀機	29	−	936	−	−
動力乾燥機	−	−	−	−	−
トレーラー	−	−	−	−	−
その他	373	6,769	111	427	298

なたね・全国・北海道・都府県

4 なたね生産費（続き）
(2) 全国・北海道・都府県
ア 調査対象経営体の経営概況

区分	単位	全国	北海道	都府県
集計経営体数	経営体	58	12	46
労働力（1経営体当たり）				
世帯員数	人	3.4	4.8	3.0
男	〃	1.5	2.0	1.4
女	〃	1.9	2.8	1.6
家族員数	〃	3.4	4.8	3.0
男	〃	1.5	2.0	1.4
女	〃	1.9	2.8	1.6
農業就業者	〃	1.6	2.8	1.3
男	〃	1.0	1.8	0.8
女	〃	0.6	1.0	0.5
農業専従者	〃	1.2	2.6	0.8
男	〃	0.8	1.8	0.5
女	〃	0.4	0.8	0.3
土地（1経営体当たり）				
経営耕地面積	a	1,276	3,756	468
田	〃	635	1,988	195
畑	〃	641	1,768	273
普通畑	〃	633	1,737	273
樹園地	〃	8	31	0
牧草地	〃	-	-	-
耕地以外の土地	〃	93	68	102
なたね使用地面積（1経営体当たり）				
作付地	〃	169.2	421.4	87.0
自作地	〃	92.9	241.0	44.6
小作地	〃	76.3	180.4	42.4
作付地以外	〃	1.7	2.2	1.6
所有地	〃	1.7	2.2	1.5
借入地	〃	0.0	-	0.1
作付地の実勢地代（10a当たり）	円	6,389	6,989	5,472
自作地	〃	7,618	8,755	5,716
小作地	〃	4,840	4,576	5,200
投下資本額（10a当たり）	〃	35,931	37,275	33,812
借入資本額	〃	3,475	5,472	325
自己資本額	〃	32,456	31,803	33,487
固定資本額	〃	17,003	17,576	16,098
建物・構築物	〃	6,200	7,614	3,969
土地改良設備	〃	118	193	-
自動車	〃	623	242	1,225
農機具	〃	10,062	9,527	10,904
流動資本額	〃	13,454	15,079	10,891
労賃資本額	〃	5,474	4,620	6,823

イ　農機具所有台数と収益性

区分	単位	全国	北海道	都府県
自動車所有台数（10経営体当たり）				
四輪自動車	台	22.3	45.2	14.8
農機具所有台数（10経営体当たり）				
トラクター耕うん機				
20馬力未満	〃	3.2	2.1	3.6
20～50馬力未満	〃	8.2	10.7	7.4
50馬力以上	〃	14.4	50.5	2.6
歩行型	〃	3.3	2.3	3.6
栽培管理用機具				
たい肥散布機	〃	1.7	4.2	0.8
総合は種機	〃	4.7	18.8	0.2
移植機	〃	0.6	2.0	0.1
中耕除草機	〃	5.0	18.9	0.5
肥料散布機	〃	5.9	13.7	3.4
防除用機具				
動力噴霧機	〃	4.2	8.1	2.9
動力散粉機	〃	0.5	–	0.7
収穫調製用機具				
自脱型コンバイン				
3条以下	〃	0.7	–	1.0
4条以上	〃	0.7	1.8	0.3
普通型コンバイン	〃	2.5	9.4	0.3
調査作物収穫機	〃	–	–	–
脱穀機	〃	1.5	1.0	1.7
動力乾燥機	〃	5.9	19.6	1.5
トレーラー	〃	1.2	4.8	–
調査作物主産物数量				
10a当たり	kg	253	281	209
1経営体当たり	〃	4,283	11,858	1,816
収益性				
粗収益				
10a当たり	円	19,527	21,552	16,331
主産物	〃	19,527	21,552	16,331
副産物	〃	–	–	–
60kg当たり	〃	4,627	4,596	4,693
主産物	〃	4,627	4,596	4,693
副産物	〃	–	–	–
所得				
10a当たり	〃	△ 14,866	△ 15,415	△ 14,005
1日当たり	〃	–	–	–
家族労働報酬				
10a当たり	〃	△ 20,502	△ 21,941	△ 18,238
1日当たり	〃	–	–	–
（参考1）経営所得安定対策等受取金（10a当たり）	〃	53,671	61,001	42,102
（参考2）経営所得安定対策等の交付金を加えた場合				
粗収益				
10a当たり	〃	73,198	82,553	58,433
60kg当たり	〃	17,344	17,604	16,791
所得				
10a当たり	〃	38,805	45,586	28,097
1日当たり	〃	42,294	66,307	22,037
家族労働報酬				
10a当たり	〃	33,169	39,060	23,864
1日当たり	〃	36,151	56,815	18,717

なたね・全国・北海道・都府県

4 なたね生産費（続き）
(2) 全国・北海道・都府県（続き）
ウ 10a当たり生産費

単位：円

区　　　　分	全　国	北　海　道	都　府　県
物　　財　　費	31,787	34,632	27,304
種　　苗　　費	378	207	649
購　入	365	207	615
自　給	13	-	34
肥　　料　　費	9,669	11,257	7,168
購　入	9,639	11,257	7,091
自　給	30	-	77
農業薬剤費（購入）	379	419	314
光　熱　動　力　費	1,909	2,339	1,230
購　入	1,909	2,339	1,230
自　給	-	-	-
その他の諸材料費	850	1,377	17
購　入	850	1,377	17
自　給	-	-	-
土地改良及び水利費	1,476	2,329	132
賃借料及び料金	9,078	8,347	10,231
物件税及び公課諸負担	789	888	631
建　　物　　費	795	944	561
償　却　費	608	673	507
修繕費及び購入補充費	187	271	54
購　入	187	271	54
自　給	-	-	-
自　動　車　費	896	579	1,397
償　却　費	350	91	759
修繕費及び購入補充費	546	488	638
購　入	546	488	638
自　給	-	-	-
農　機　具　費	5,423	5,732	4,937
償　却　費	3,916	3,703	4,255
修繕費及び購入補充費	1,507	2,029	682
購　入	1,507	2,029	682
自　給	-	-	-
生　産　管　理　費	145	214	37
償　却　費	4	7	-
購入・支払	141	207	37
労　　働　　費	10,948	9,239	13,646
直　接　労　働　費	10,066	7,964	13,383
家　族	9,606	7,787	12,478
雇　用	460	177	905
間　接　労　働　費	882	1,275	263
家　族	881	1,275	259
雇　用	1	-	4
費　　用　　合　　計	42,735	43,871	40,950
購　入　（支　払）	27,327	30,335	22,581
自　給	10,530	9,062	12,848
償　却	4,878	4,474	5,521
副　産　物　価　額	-	-	-
生　　産　　費	42,735	43,871	40,950
（副産物価額差引）			
支　払　利　子	112	181	3
支　払　地　代	2,033	1,977	2,120
支払利子・地代算入生産費	44,880	46,029	43,073
自　己　資　本　利　子	1,298	1,272	1,339
自　作　地　地　代	4,338	5,254	2,894
資本利子・地代全額算入生産費	50,516	52,555	47,306
（全　算　入　生　産　費）			

エ　60kg当たり生産費

単位：円

区分	全国	北海道	都府県
物財費	**7,535**	**7,387**	**7,848**
種苗費	89	44	187
購入	86	44	177
自給	3	-	10
肥料費	2,293	2,400	2,060
購入	2,286	2,400	2,038
自給	7	-	22
農業薬剤費（購入）	89	90	90
光熱動力費	453	499	355
購入	453	499	355
自給	-	-	-
その他の諸材料費	202	294	5
購入	202	294	5
自給	-	-	-
土地改良及び水利費	349	496	38
賃借料及び料金	2,151	1,780	2,939
物件税及び公課諸負担	188	190	183
建物費	188	203	161
償却費	144	145	146
修繕費及び購入補充費	44	58	15
購入	44	58	15
自給	-	-	-
自動車費	212	123	401
償却費	83	19	218
修繕費及び購入補充費	129	104	183
購入	129	104	183
自給	-	-	-
農機具費	1,287	1,223	1,418
償却費	930	790	1,222
修繕費及び購入補充費	357	433	196
購入	357	433	196
自給	-	-	-
生産管理費	34	45	11
償却費	1	1	-
購入・支払	33	44	11
労働費	**2,594**	**1,971**	**3,921**
直接労働費	2,385	1,699	3,846
家族	2,276	1,661	3,586
雇用	109	38	260
間接労働費	209	272	75
家族	209	272	74
雇用	0	-	1
費用合計	**10,129**	**9,358**	**11,769**
購入（支払）	6,476	6,470	6,491
自給	2,495	1,933	3,692
償却	1,158	955	1,586
副産物価額	-	-	-
生産費（副産物価額差引）	**10,129**	**9,358**	**11,769**
支払利子	27	39	1
支払地代	482	422	609
支払利子・地代算入生産費	**10,638**	**9,819**	**12,379**
自己資本利子	308	271	385
自作地地代	1,028	1,120	832
資本利子・地代全額算入生産費（全算入生産費）	**11,974**	**11,210**	**13,596**

なたね・全国・北海道・都府県

4 なたね生産費（続き）
(2) 全国・北海道・都府県（続き）
オ 投下労働時間

単位：時間

区　　　分	全　　国	北　海　道	都　府　県
投下労働時（10a当たり）	7.71	5.66	10.87
家　　　　　族	7.34	5.50	10.20
雇　　　　　用	0.37	0.16	0.67
直　接　労　働　時　間	7.16	4.88	10.66
家　　　　　族	6.79	4.72	9.99
男	5.37	3.84	7.75
女	1.42	0.88	2.24
雇　　　　　用	0.37	0.16	0.67
男	0.34	0.16	0.58
女	0.03	-	0.09
間　接　労　働　時　間	0.55	0.78	0.21
男	0.50	0.70	0.20
女	0.05	0.08	0.01
投下労働時間（60kg当たり）	1.82	1.21	3.10
家　　　　　族	1.73	1.17	2.91
雇　　　　　用	0.09	0.04	0.19
直　接　労　働　時　間	1.69	1.04	3.04
家　　　　　族	1.60	1.00	2.85
雇　　　　　用	0.09	0.04	0.19
間　接　労　働　時　間	0.13	0.17	0.06
作業別直接労働時間（10a当たり）			
合　　　　　　　計			
育　　　　　苗	0.02	-	0.03
耕　起　整　地	1.42	1.04	2.01
基　　　　　肥	0.53	0.41	0.72
は　　　　　種	0.45	0.25	0.75
定　　　　　植	0.11	-	0.26
追　　　　　肥	0.28	0.30	0.28
中　耕　除　草	0.79	0.76	0.81
管　　　　　理	1.21	0.80	1.84
防　　　　　除	0.09	0.05	0.13
刈　取　脱　穀	1.50	0.83	2.56
乾　　　　　燥	0.45	0.10	1.01
生　産　管　理	0.31	0.34	0.26
うち家　　　　　族			
育　　　　　苗	0.02	-	0.02
耕　起　整　地	1.39	1.03	1.95
基　　　　　肥	0.52	0.41	0.69
は　　　　　種	0.43	0.25	0.70
定　　　　　植	0.08	-	0.20
追　　　　　肥	0.26	0.27	0.26
中　耕　除　草	0.75	0.72	0.78
管　　　　　理	1.14	0.73	1.79
防　　　　　除	0.08	0.05	0.11
刈　取　脱　穀	1.40	0.82	2.32
乾　　　　　燥	0.41	0.10	0.91
生　産　管　理	0.31	0.34	0.26

カ　10ａ当たり主要費目の評価額

単位：円

区分	全国	北海道	都府県
肥料費			
窒素質			
硫安	472	527	386
尿素	1,202	1,872	145
石灰窒素	318	407	177
リン酸質			
過リン酸石灰	–	–	–
よう成リン肥	–	–	–
重焼リン肥	444	–	1,145
カリ質			
塩化カリ	–	–	–
硫酸カリ	–	–	–
けいカル	–	–	–
炭酸カルシウム（石灰を含む。）	1,012	1,481	272
けい酸石灰	–	–	–
複合肥料			
高成分化成	1,915	2,830	472
低成分化成	19	–	50
配合肥料	2,975	2,635	3,512
固形肥料	–	–	–
土壌改良資材	7	–	18
たい肥・きゅう肥	1,256	1,500	872
その他	19	5	42
自給			
たい肥	–	–	–
きゅう肥	–	–	–
稲・麦わら	–	–	–
農業薬剤費			
殺虫剤	61	4	150
殺菌剤	96	157	–
殺虫殺菌剤	–	–	–
除草剤	216	251	161
その他	6	7	3
自動車負担償却費			
四輪自動車	350	91	759
その他	–	–	–
農機具負担償却費			
トラクター耕うん機			
20馬力未満	49	–	126
20～50馬力未満	131	–	338
50馬力以上	1,754	2,003	1,361
歩行型	4	–	11
栽培管理用機具			
たい肥散布機	57	23	111
総合は種機	105	172	–
移植機	–	–	–
中耕除草機	83	136	–
肥料散布機	25	41	1
防除用機具			
動力噴霧機	53	77	14
動力散粉機	1	–	3
収穫調製用機具			
自脱型コンバイン			
3条以下	–	–	–
4条以上	–	–	–
普通型コンバイン	1,252	838	1,906
調査作物収穫機	–	–	–
脱穀機	29	–	74
動力乾燥機	–	–	–
トレーラー	–	–	–
その他	373	413	310

そば・全国・作付規模別

5 そば生産費
(1) 全国・作付規模別
ア 調査対象経営体の経営概況

区 分	単位	平 均	0.2ha未満	0.2〜0.5	0.5〜1.0	1.0ha以上	3.0ha以上
集 計 経 営 体 数	経営体	97	10	30	12	45	22
労働力（1経営体当たり）							
世 帯 員 数	人	3.8	3.9	3.4	4.1	4.0	4.4
男	〃	1.8	1.6	1.8	1.9	1.9	2.1
女	〃	2.0	2.3	1.6	2.2	2.1	2.3
家 族 員 数	〃	3.8	3.9	3.4	4.1	4.0	4.4
男	〃	1.8	1.6	1.8	1.9	1.9	2.1
女	〃	2.0	2.3	1.6	2.2	2.1	2.3
農 業 就 業 者	〃	1.6	1.8	1.5	1.8	1.7	1.7
男	〃	1.0	1.2	0.9	1.0	1.1	1.2
女	〃	0.6	0.6	0.6	0.8	0.6	0.5
農 業 専 従 者	〃	1.0	0.7	1.1	1.3	1.0	1.1
男	〃	0.7	0.6	0.8	0.8	0.7	0.8
女	〃	0.3	0.1	0.3	0.5	0.3	0.3
土地（1経営体当たり）							
経 営 耕 地 面 積	a	798	348	317	725	1,520	2,648
田	〃	578	317	272	619	978	1,756
畑	〃	220	31	45	106	542	892
普 通 畑	〃	207	29	44	49	541	891
樹 園 地	〃	13	2	1	57	1	1
牧 草 地	〃	-	-	-	-	-	-
耕 地 以 外 の 土 地	〃	233	146	163	294	306	224
そば使用地面積（1経営体当たり）							
作 付 地	〃	198.6	13.7	31.5	69.8	525.2	1,175.4
自 作 地	〃	123.9	10.9	23.4	40.7	324.5	728.7
小 作 地	〃	74.7	2.8	8.1	29.1	200.7	446.7
作 付 地 以 外	〃	4.3	16.4	0.5	2.3	3.9	7.7
所 有 地	〃	4.3	16.4	0.5	2.3	3.9	7.7
借 入 地	〃	-	-	-	-	-	-
作付地の実勢地代（10a当たり）	円	6,987	8,501	8,401	9,968	6,638	5,994
自 作 地	〃	7,298	8,607	8,770	8,887	7,041	6,417
小 作 地	〃	6,468	7,989	7,257	11,478	5,985	5,309
投 下 資 本 額（10a当たり）	〃	33,780	65,879	68,519	32,828	31,397	32,626
借 入 資 本 額	〃	3,977	-	10	261	4,555	5,329
自 己 資 本 額	〃	29,803	65,879	68,509	32,567	26,842	27,297
固 定 資 本 額	〃	22,815	39,101	53,098	19,411	21,076	23,188
建 物 ・ 構 築 物	〃	7,786	22,180	40,004	5,070	5,898	6,332
土 地 改 良 設 備	〃	1,328	-	-	-	1,529	1,588
自 動 車	〃	832	9,237	2,319	435	677	375
農 機 具	〃	12,869	7,684	10,775	13,906	12,972	14,893
流 動 資 本 額	〃	8,559	11,224	10,203	9,027	8,393	7,813
労 賃 資 本 額	〃	2,406	15,554	5,218	4,390	1,928	1,625

そば・全国・作付規模別

イ 農機具所有台数と収益性

区分	単位	平均	0.2ha未満	0.2〜0.5	0.5〜1.0	1.0ha以上	3.0ha以上
自動車所有台数（10経営体当たり）							
四輪自動車	台	20.5	16.6	14.7	18.8	29.0	35.9
農機具所有台数（10経営体当たり）							
トラクター耕うん機							
20馬力未満	〃	1.9	3.1	2.3	1.1	1.4	1.4
20〜50馬力未満	〃	9.3	8.7	8.4	12.5	8.5	8.8
50馬力以上	〃	3.6	-	0.4	1.1	9.9	16.7
歩行型	〃	1.3	1.0	0.2	-	3.5	0.9
栽培管理用機具							
たい肥散布機	〃	0.6	-	0.4	-	1.4	1.2
総合は種機	〃	1.8	-	0.6	0.2	4.6	5.4
移植機	〃	0.3	-	-	-	1.0	1.9
中耕除草機	〃	1.5	-	1.1	0.2	3.3	5.4
肥料散布機	〃	3.5	2.0	2.6	0.5	7.0	9.9
防除用機具							
動力噴霧機	〃	3.6	0.7	5.2	2.4	4.0	3.0
動力散粉機	〃	1.2	-	2.0	1.8	0.4	0.7
収穫調製用機具							
自脱型コンバイン							
3条以下	〃	1.7	2.5	2.4	1.9	0.5	0.4
4条以上	〃	3.0	1.7	2.4	4.8	3.1	4.3
普通型コンバイン	〃	0.9	-	-	1.1	2.1	5.5
調査作物収穫機	〃	-	-	-	-	-	-
脱穀機	〃	0.5	0.7	1.1	-	0.1	-
動力乾燥機	〃	7.6	2.5	4.9	6.9	12.9	20.7
トレーラー	〃	0.8	-	0.6	-	2.0	2.0
調査作物主産物数量							
10a当たり	kg	65	63	54	49	67	71
1経営体当たり	〃	1,290	86	173	344	3,506	8,379
収益性							
粗収益							
10a当たり	円	17,196	25,954	18,370	13,186	17,345	18,222
主産物	〃	17,196	25,954	18,370	13,186	17,345	18,222
副産物	〃	-	-	-	-	-	-
45kg当たり	〃	11,927	18,655	15,092	12,051	11,690	11,505
主産物	〃	11,927	18,655	15,092	12,051	11,690	11,505
副産物	〃	-	-	-	-	-	-
所得							
10a当たり	〃	△6,605	△7,107	△12,187	△14,739	△5,620	△3,566
1日当たり	〃	-	-	-	-	-	-
家族労働報酬							
10a当たり	〃	△12,654	△18,886	△22,272	△21,489	△11,306	△8,880
1日当たり	〃	-	-	-	-	-	-
（参考1）経営所得安定対策等受取金（10a当たり）	〃	27,947	22,608	23,665	25,890	28,430	27,111
（参考2）経営所得安定対策等の交付金を加えた場合							
粗収益							
10a当たり	〃	45,143	48,562	42,035	39,076	45,775	45,333
45kg当たり	〃	31,308	34,905	34,535	35,712	30,852	28,622
所得							
10a当たり	〃	21,342	15,501	11,478	11,151	22,810	23,545
1日当たり	〃	54,375	5,979	12,631	15,044	73,581	93,248
家族労働報酬							
10a当たり	〃	15,293	3,722	1,393	4,401	17,124	18,231
1日当たり	〃	38,963	1,436	1,533	5,937	55,239	72,202

5 そば生産費（続き）

(1) 全国・作付規模別（続き）

ウ 10a当たり生産費

単位：円

区分	平均	0.2ha未満	0.2～0.5	0.5～1.0	1.0ha以上	3.0ha以上
物財費	**21,523**	**31,432**	**28,201**	**23,289**	**20,871**	**20,011**
種苗費	2,900	3,295	2,940	2,899	2,893	2,982
購入	2,339	2,246	2,008	2,166	2,373	2,445
自給	561	1,049	932	733	520	537
肥料費	2,410	892	2,202	1,545	2,510	2,586
購入	2,394	791	1,915	1,545	2,510	2,586
自給	16	101	287	–	0	0
農業薬剤費（購入）	260	881	298	51	268	295
光熱動力費	876	1,789	1,116	865	854	806
購入	876	1,789	1,116	865	854	806
自給	–	–	–	–	–	–
その他の諸材料費	18	13	0	–	20	26
購入	18	13	0	–	20	26
自給	0	–	0	–	–	–
土地改良及び水利費	1,299	404	732	1,159	1,354	1,228
賃借料及び料金	6,562	9,414	10,131	9,259	6,101	5,017
物件税及び公課諸負担	828	1,715	1,022	657	822	789
建物費	863	3,259	3,932	446	684	657
償却費	795	2,630	3,855	340	626	603
修繕費及び購入補充費	68	629	77	106	58	54
購入	68	629	77	106	58	54
自給	–	–	–	–	–	–
自動車費	747	5,126	1,603	941	629	366
償却費	332	3,583	880	298	264	162
修繕費及び購入補充費	415	1,543	723	643	365	204
購入	415	1,543	723	643	365	204
自給	–	–	–	–	–	–
農機具費	4,671	4,446	4,137	5,281	4,657	5,169
償却費	3,276	2,772	3,060	4,568	3,192	3,619
修繕費及び購入補充費	1,395	1,674	1,077	713	1,465	1,550
購入	1,395	1,674	1,077	713	1,465	1,550
自給	–	–	–	–	–	–
生産管理費	89	198	88	186	79	90
償却費	4	–	–	31	2	2
購入・支払	85	198	88	155	77	88
労働費	**4,812**	**31,107**	**10,437**	**8,780**	**3,857**	**3,251**
直接労働費	4,546	30,294	9,935	8,325	3,626	3,019
家族	4,452	30,294	9,471	7,920	3,578	2,972
雇用	94	–	464	405	48	47
間接労働費	266	813	502	455	231	232
家族	266	813	502	455	231	232
雇用	–	–	–	–	–	–
費用合計	**26,335**	**62,539**	**38,638**	**32,069**	**24,728**	**23,262**
購入（支払）	16,633	21,297	19,651	17,724	16,315	15,135
自給	5,295	32,257	11,192	9,108	4,329	3,741
償却	4,407	8,985	7,795	5,237	4,084	4,386
副産物価額	–	–	–	–	–	–
生産費（副産物価額差引）	**26,335**	**62,539**	**38,638**	**32,069**	**24,728**	**23,262**
支払利子	78	–	–	5	89	88
支払地代	2,106	1,629	1,892	4,226	1,957	1,642
支払利子・地代算入生産費	**28,519**	**64,168**	**40,530**	**36,300**	**26,774**	**24,992**
自己資本利子	1,192	2,635	2,740	1,303	1,074	1,092
自作地地代	4,857	9,144	7,345	5,447	4,612	4,222
資本利子・地代全額算入生産費（全算入生産費）	**34,568**	**75,947**	**50,615**	**43,050**	**32,460**	**30,306**

エ　45kg当たり生産費

単位：円

区分	平均	0.2ha未満	0.2～0.5	0.5～1.0	1.0ha以上	3.0ha以上
物財費	**14,926**	**22,595**	**23,168**	**21,286**	**14,069**	**12,634**
種苗費	2,011	2,369	2,415	2,650	1,950	1,883
購入	1,622	1,615	1,650	1,980	1,600	1,544
自給	389	754	765	670	350	339
肥料費	1,673	642	1,807	1,412	1,691	1,632
購入	1,662	569	1,571	1,412	1,691	1,632
自給	11	73	236	−	0	0
農業薬剤費（購入）	180	634	245	47	180	186
光熱動力費	606	1,286	916	791	575	509
購入	606	1,286	916	791	575	509
自給	−	−	−	−	−	−
その他の諸材料費	12	10	0	−	14	17
購入	12	10	0	−	14	17
自給	0	−	0	−	−	−
土地改良及び水利費	901	290	602	1,059	913	775
賃借料及び料金	4,549	6,767	8,324	8,463	4,112	3,168
物件税及び公課諸負担	576	1,233	840	600	555	498
建物費	598	2,343	3,231	407	460	415
償却費	551	1,891	3,167	310	421	381
修繕費及び購入補充費	47	452	64	97	39	34
購入	47	452	64	97	39	34
自給	−	−	−	−	−	−
自動車費	518	3,684	1,317	861	424	231
償却費	230	2,575	723	273	178	102
修繕費及び購入補充費	288	1,109	594	588	246	129
購入	288	1,109	594	588	246	129
自給	−	−	−	−	−	−
農機具費	3,240	3,195	3,399	4,826	3,142	3,263
償却費	2,272	1,992	2,514	4,174	2,154	2,284
修繕費及び購入補充費	968	1,203	885	652	988	979
購入	968	1,203	885	652	988	979
自給	−	−	−	−	−	−
生産管理費	62	142	72	170	53	57
償却費	3	−	−	28	1	1
購入・支払	59	142	72	142	52	56
労働費	**3,336**	**22,359**	**8,573**	**8,025**	**2,599**	**2,052**
直接労働費	3,151	21,775	8,161	7,609	2,444	1,906
家族	3,087	21,775	7,779	7,238	2,412	1,876
雇用	64	−	382	371	32	30
間接労働費	185	584	412	416	155	146
家族	185	584	412	416	155	146
雇用	−	−	−	−	−	−
費用合計	**18,262**	**44,954**	**31,741**	**29,311**	**16,668**	**14,686**
購入（支払）	11,534	15,310	16,145	16,202	10,997	9,557
自給	3,672	23,186	9,192	8,324	2,917	2,361
償却	3,056	6,458	6,404	4,785	2,754	2,768
副産物価額	−	−	−	−	−	−
生産費（副産物価額差引）	**18,262**	**44,954**	**31,741**	**29,311**	**16,668**	**14,686**
支払利子	54	−	−	5	60	56
支払地代	1,461	1,171	1,554	3,862	1,319	1,037
支払利子・地代算入生産費	**19,777**	**46,125**	**33,295**	**33,178**	**18,047**	**15,779**
自己資本利子	827	1,894	2,251	1,191	724	689
自作地地代	3,369	6,573	6,035	4,978	3,108	2,666
資本利子・地代全額算入生産費（全算入生産費）	**23,973**	**54,592**	**41,581**	**39,347**	**21,879**	**19,134**

そば・全国・作付規模別

5 そば生産費（続き）
(1) 全国・作付規模別（続き）
オ 投下労働時間

単位：時間

区分	平均	0.2ha未満	0.2〜0.5	0.5〜1.0	1.0ha以上	3.0ha以上
投下労働時間（10a当たり）	3.22	20.74	7.93	6.13	2.51	2.04
家　　　　　　　族	3.14	20.74	7.27	5.93	2.48	2.02
雇　　　　　　　用	0.08	-	0.66	0.20	0.03	0.02
直　接　労　働　時　間	3.04	20.21	7.55	5.81	2.36	1.89
家　　　　　　族	2.96	20.21	6.89	5.61	2.33	1.87
男	2.61	16.74	5.81	4.66	2.10	1.60
女	0.35	3.47	1.08	0.95	0.23	0.27
雇　　　　　　用	0.08	-	0.66	0.20	0.03	0.02
男	0.08	-	0.66	0.20	0.03	0.02
女	0.00	-	-	-	0.00	0.00
間　接　労　働　時　間	0.18	0.53	0.38	0.32	0.15	0.15
男	0.17	0.53	0.37	0.27	0.14	0.14
女	0.01	-	0.01	0.05	0.01	0.01
投下労働時間（45kg当たり）	2.26	14.89	6.49	5.59	1.68	1.28
家　　　　　　　族	2.21	14.89	5.96	5.40	1.66	1.27
雇　　　　　　　用	0.05	-	0.53	0.19	0.02	0.01
直　接　労　働　時　間	2.13	14.51	6.18	5.30	1.58	1.18
家　　　　　　族	2.08	14.51	5.65	5.11	1.56	1.17
雇　　　　　　用	0.05	-	0.53	0.19	0.02	0.01
間　接　労　働　時　間	0.13	0.38	0.31	0.29	0.10	0.10
作業別直接労働時間（10a当たり）						
合　　　　　　　　計						
育　　　　　　　　苗	-	-	-	-	-	-
耕　起　整　　　　地	1.00	3.22	2.04	2.14	0.82	0.65
基　　　　　　　　肥	0.18	1.49	0.41	0.26	0.15	0.12
は　　　　　　　　種	0.37	1.67	1.60	0.49	0.26	0.21
定　　　　　　　　植	-	-	-	-	-	-
追　　　　　　　　肥	0.00	0.09	0.05	-	0.00	-
中　耕　除　　　　草	0.11	0.94	0.54	0.05	0.08	0.06
管　　　　　　　　理	0.84	3.34	1.63	2.27	0.65	0.43
防　　　　　　　　除	0.01	-	0.02	0.04	0.01	0.00
刈　取　脱　　　　穀	0.26	6.36	0.28	0.12	0.20	0.23
乾　　　　　　　　燥	0.15	2.43	0.76	0.21	0.09	0.09
生　産　管　　　　理	0.12	0.67	0.22	0.23	0.10	0.10
うち家　　　　　　族						
育　　　　　　　　苗	-	-	-	-	-	-
耕　起　整　　　　地	0.98	3.22	1.77	2.14	0.81	0.64
基　　　　　　　　肥	0.18	1.49	0.41	0.26	0.15	0.12
は　　　　　　　　種	0.35	1.67	1.53	0.49	0.25	0.21
定　　　　　　　　植	-	-	-	-	-	-
追　　　　　　　　肥	0.00	0.09	-	-	0.00	-
中　耕　除　　　　草	0.11	0.94	0.54	0.05	0.08	0.06
管　　　　　　　　理	0.81	3.34	1.41	2.07	0.65	0.43
防　　　　　　　　除	0.01	-	0.02	0.04	0.01	0.00
刈　取　脱　　　　穀	0.25	6.36	0.28	0.12	0.19	0.22
乾　　　　　　　　燥	0.15	2.43	0.71	0.21	0.09	0.09
生　産　管　　　　理	0.12	0.67	0.22	0.23	0.10	0.10

カ　10ａ当たり主要費目の評価額

単位：円

区分	平均	0.2ha未満	0.2～0.5	0.5～1.0	1.0ha以上	3.0ha以上
肥料費						
窒素質						
硫安	5	−	−	−	6	−
尿素	−	−	−	−	−	−
石灰窒素	7	60	−	−	7	−
リン酸質						
過リン酸石灰	4	−	−	53	−	−
よう成リン肥	−	−	−	−	−	−
重焼リン肥	−	−	−	−	−	−
カリ質						
塩化カリ	6	−	120	−	−	−
硫酸カリ	36	−	−	−	42	−
けいカル	−	−	−	−	−	−
炭酸カルシウム（石灰を含む。）	130	−	98	−	143	129
けい酸石灰	−	−	−	−	−	−
複合肥料						
高成分化成	252	21	752	897	174	31
低成分化成	72	187	215	−	68	88
配合肥料	1,793	148	340	459	2,006	2,293
固形肥料	−	−	−	−	−	−
土壌改良資材	17	−	27	−	18	23
たい肥・きゅう肥	62	375	363	74	39	19
その他	10	−	−	62	7	3
自給						
たい肥	16	101	287	−	−	−
きゅう肥	−	−	−	−	−	−
稲・麦わら	−	−	−	−	−	−
農業薬剤費						
殺虫剤	10	−	6	−	11	14
殺菌剤	−	−	−	−	−	−
殺虫殺菌剤	−	−	−	−	−	−
除草剤	244	881	292	47	250	279
その他	6	−	−	4	7	2
自動車負担償却費						
四輪自動車	332	3,583	880	298	264	162
その他	−	−	−	−	−	−
農機具負担償却費						
トラクター耕うん機						
20馬力未満	21	−	411	−	−	−
20～50馬力未満	557	2,367	2,170	1,227	386	139
50馬力以上	571	−	338	2	637	820
歩行型	−	−	−	−	−	−
栽培管理用機具						
たい肥散布機	1	−	27	−	0	−
総合は種機	34	−	−	−	39	50
移植機	−	−	−	−	−	−
中耕除草機	5	−	−	−	5	7
肥料散布機	87	−	−	−	100	119
防除用機具						
動力噴霧機	2	−	−	−	2	3
動力散粉機	−	−	−	−	−	−
収穫調製用機具						
自脱型コンバイン						
3条以下	−	−	−	−	−	−
4条以上	60	−	−	−	69	89
普通型コンバイン	1,216	−	−	750	1,340	1,724
調査作物収穫機	−	−	−	−	−	−
脱穀機	−	−	−	−	−	−
動力乾燥機	90	−	−	935	30	38
トレーラー	12	−	−	−	13	17
その他	620	405	114	1,654	571	613

そば・全国・北海道・都府県

5 そば生産費（続き）
(2) 全国・北海道・都府県
ア　調査対象経営体の経営概況

区　　　　分	単位	全　国	北　海　道	都　府　県
集 計 経 営 体 数	経営体	97	20	77
労働力（1経営体当たり）				
世 帯 員 数	人	3.8	3.6	3.9
男	〃	1.8	1.6	1.9
女	〃	2.0	2.0	2.0
家 族 員 数	〃	3.8	3.6	3.9
男	〃	1.8	1.6	1.9
女	〃	2.0	2.0	2.0
農 業 就 業 者	〃	1.6	1.7	1.6
男	〃	1.0	1.0	1.0
女	〃	0.6	0.7	0.6
農 業 専 従 者	〃	1.0	0.8	1.1
男	〃	0.7	0.5	0.8
女	〃	0.3	0.3	0.3
土地（1経営体当たり）				
経 営 耕 地 面 積	a	798	1,833	562
田	〃	578	1,123	455
畑	〃	220	710	107
普 通 畑	〃	207	710	92
樹 園 地	〃	13	-	15
牧 草 地	〃	-	-	-
耕 地 以 外 の 土 地	〃	233	258	228
そば使用地面積（1経営体当たり）				
作 付 地	〃	198.6	630.8	100.4
自 作 地	〃	123.9	517.5	34.4
小 作 地	〃	74.7	113.3	66.0
作 付 地 以 外	〃	4.3	4.1	4.4
所 有 地	〃	4.3	4.1	4.4
借 入 地	〃	-	-	-
作付地の実勢地代（10a当たり）	円	6,987	7,028	6,930
自 作 地	〃	7,298	7,020	8,188
小 作 地	〃	6,468	7,064	6,232
投 下 資 本 額（10a当たり）	〃	33,780	31,257	37,388
借 入 資 本 額	〃	3,977	3,708	4,361
自 己 資 本 額	〃	29,803	27,549	33,027
固 定 資 本 額	〃	22,815	19,584	27,436
建 物 ・ 構 築 物	〃	7,786	7,331	8,437
土 地 改 良 設 備	〃	1,328	2,257	-
自 動 車	〃	832	232	1,689
農 機 具	〃	12,869	9,764	17,310
流 動 資 本 額	〃	8,559	9,975	6,535
労 賃 資 本 額	〃	2,406	1,698	3,417

そば・全国・北海道・都府県

イ　農機具所有台数と収益性

区　分	単位	全　国	北　海　道	都　府　県
自動車所有台数（10経営体当たり）				
四　輪　自　動　車	台	20.5	33.6	17.5
農機具所有台数（10経営体当たり）				
トラクター耕うん機				
20　馬　力　未　満	〃	1.9	1.4	2.0
20～50馬力未満	〃	9.3	6.4	9.9
50　馬　力　以　上	〃	3.6	14.2	1.2
歩　　行　　型	〃	1.3	3.1	0.9
栽培管理用機具				
た　い　肥　散　布　機	〃	0.6	0.8	0.5
総　合　は　種　機	〃	1.8	6.6	0.7
移　　植　　機	〃	0.3	1.0	0.2
中　耕　除　草　機	〃	1.5	5.9	0.5
肥　料　散　布　機	〃	3.5	10.2	2.0
防除用機具				
動　力　噴　霧　機	〃	3.6	4.4	3.4
動　力　散　粉　機	〃	1.2	-	1.4
収穫調製用機具				
自脱型コンバイン				
3　条　以　下	〃	1.7	-	2.1
4　条　以　上	〃	3.0	4.0	2.7
普通型コンバイン	〃	0.9	2.1	0.6
調査作物収穫機	〃	-	-	-
脱　　穀　　機	〃	0.5	-	0.6
動　力　乾　燥　機	〃	7.6	16.0	5.7
ト　レ　ー　ラ　ー	〃	0.8	4.0	0.1
調査作物主産物数量				
10　a　当　た　り	kg	65	66	64
1　経営体当たり	〃	1,290	4,186	631
収　益　性				
粗　　収　　益				
10　a　当　た　り	円	17,196	15,799	19,198
主　　産　　物	〃	17,196	15,799	19,198
副　　産　　物	〃	-	-	-
45 kg 当　た　り	〃	11,927	10,713	13,764
主　　産　　物	〃	11,927	10,713	13,764
副　　産　　物	〃	-	-	-
所　　　　　　得				
10　a　当　た　り	〃	△ 6,605	△ 9,453	△ 2,535
1　日　当　た　り	〃	-	-	-
家　族　労　働　報　酬				
10　a　当　た　り	〃	△ 12,654	△ 16,625	△ 6,979
1　日　当　た　り	〃	-	-	-
（参考1）経営所得安定対策等受取金（10a当たり）	〃	27,947	33,001	20,720
（参考2）経営所得安定対策等の交付金を加えた場合				
粗　　収　　益				
10　a　当　た　り	〃	45,143	48,800	39,918
45 kg 当　た　り	〃	31,308	33,090	28,617
所　　　　　　得				
10　a　当　た　り	〃	21,342	23,548	18,185
1　日　当　た　り	〃	54,375	87,620	32,115
家　族　労　働　報　酬				
10　a　当　た　り	〃	15,293	16,376	13,741
1　日　当　た　り	〃	38,963	60,934	24,267

5 そば生産費（続き）
(2) 全国・北海道・都府県（続き）
ウ 10a当たり生産費

単位：円

区分	全国	北海道	都府県
物財費	**21,523**	**23,790**	**18,288**
種苗費	2,900	3,119	2,586
購入	2,339	3,083	1,274
自給	561	36	1,312
肥料費	2,410	3,312	1,118
購入	2,394	3,312	1,079
自給	16	0	39
農業薬剤費（購入）	260	343	142
光熱動力費	876	827	947
購入	876	827	947
自給	–	–	–
その他の諸材料費	18	30	0
購入	18	30	0
自給	0	–	0
土地改良及び水利費	1,299	1,757	644
賃借料及び料金	6,562	7,086	5,816
物件税及び公課諸負担	828	1,104	439
建物費	863	804	946
償却費	795	729	889
修繕費及び購入補充費	68	75	57
購入	68	75	57
自給	–	–	–
自動車費	747	533	1,053
償却費	332	106	655
修繕費及び購入補充費	415	427	398
購入	415	427	398
自給	–	–	–
農機具費	4,671	4,762	4,544
償却費	3,276	3,003	3,670
修繕費及び購入補充費	1,395	1,759	874
購入	1,395	1,759	874
自給	–	–	–
生産管理費	89	113	53
償却費	4	3	5
購入・支払	85	110	48
労働費	**4,812**	**3,396**	**6,834**
直接労働費	4,546	3,130	6,567
家族	4,452	3,083	6,407
雇用	94	47	160
間接労働費	266	266	267
家族	266	266	267
雇用	–	–	–
費用合計	**26,335**	**27,186**	**25,122**
購入（支払）	16,633	19,960	11,878
自給	5,295	3,385	8,025
償却	4,407	3,841	5,219
副産物価額	–	–	–
生産費（副産物価額差引）	**26,335**	**27,186**	**25,122**
支払利子	78	101	45
支払地代	2,106	1,314	3,240
支払利子・地代算入生産費	**28,519**	**28,601**	**28,407**
自己資本利子	1,192	1,102	1,321
自作地地代	4,857	6,070	3,123
資本利子・地代全額算入生産費（全算入生産費）	**34,568**	**35,773**	**32,851**

エ　45kg当たり生産費

単位：円

区分	全国	北海道	都府県
物財費	**14,926**	**16,131**	**13,112**
種苗費	2,011	2,115	1,855
購入	1,622	2,090	914
自給	389	25	941
肥料費	1,673	2,247	802
購入	1,662	2,247	774
自給	11	0	28
農業薬剤費（購入）	180	233	102
光熱動力費	606	560	680
購入	606	560	680
自給	–	–	–
その他の諸材料費	12	20	0
購入	12	20	0
自給	0	–	0
土地改良及び水利費	901	1,192	461
賃借料及び料金	4,549	4,803	4,168
物件税及び公課諸負担	576	749	314
建物費	598	546	678
償却費	551	495	637
修繕費及び購入補充費	47	51	41
購入	47	51	41
自給	–	–	–
自動車費	518	361	755
償却費	230	72	469
修繕費及び購入補充費	288	289	286
購入	288	289	286
自給	–	–	–
農機具費	3,240	3,228	3,259
償却費	2,272	2,035	2,632
修繕費及び購入補充費	968	1,193	627
購入	968	1,193	627
自給	–	–	–
生産管理費	62	77	38
償却費	3	2	4
購入・支払	59	75	34
労働費	**3,336**	**2,303**	**4,899**
直接労働費	3,151	2,123	4,708
家族	3,087	2,091	4,594
雇用	64	32	114
間接労働費	185	180	191
家族	185	180	191
雇用	–	–	–
費用合計	**18,262**	**18,434**	**18,011**
購入（支払）	11,534	13,534	8,515
自給	3,672	2,296	5,754
償却	3,056	2,604	3,742
副産物価額	–	–	–
生産費（副産物価額差引）	**18,262**	**18,434**	**18,011**
支払利子	54	68	32
支払地代	1,461	891	2,323
支払利子・地代算入生産費	**19,777**	**19,393**	**20,366**
自己資本利子	827	747	947
自作地地代	3,369	4,116	2,239
資本利子・地代全額算入生産費（全算入生産費）	**23,973**	**24,256**	**23,552**

5 そば生産費（続き）
(2) 全国・北海道・都府県（続き）
オ 投下労働時間

単位：時間

区分	全国	北海道	都府県
投下労働時間（10ａ当たり）	**3.22**	**2.18**	**4.68**
家族	3.14	2.15	4.53
雇用	0.08	0.03	0.15
直接労働時間	3.04	2.01	4.50
家族	2.96	1.98	4.35
男	2.61	1.65	3.94
女	0.35	0.33	0.41
雇用	0.08	0.03	0.15
男	0.08	0.03	0.15
女	0.00	0.00	0.00
間接労働時間	0.18	0.17	0.18
男	0.17	0.16	0.17
女	0.01	0.01	0.01
投下労働時間（45kg当たり）	**2.26**	**1.48**	**3.33**
家族	2.21	1.46	3.24
雇用	0.05	0.02	0.09
直接労働時間	2.13	1.36	3.20
家族	2.08	1.34	3.11
雇用	0.05	0.02	0.09
間接労働時間	0.13	0.12	0.13
作業別直接労働時間（10ａ当たり）			
合計			
育苗	－	－	－
耕起整地	1.00	0.79	1.27
基肥	0.18	0.15	0.22
は種	0.37	0.19	0.61
定植	－	－	－
追肥	0.00	－	0.02
中耕除草	0.11	0.10	0.14
管理	0.84	0.47	1.36
防除	0.01	0.00	0.03
刈取脱穀	0.26	0.14	0.43
乾燥	0.15	0.04	0.31
生産管理	0.12	0.13	0.11
うち家族			
育苗	－	－	－
耕起整地	0.98	0.79	1.23
基肥	0.18	0.15	0.22
は種	0.35	0.17	0.59
定植	－	－	－
追肥	0.00	－	0.01
中耕除草	0.11	0.10	0.14
管理	0.81	0.47	1.30
防除	0.01	0.00	0.03
刈取脱穀	0.25	0.13	0.42
乾燥	0.15	0.04	0.30
生産管理	0.12	0.13	0.11

カ　10ａ当たり主要費目の評価額

単位：円

区分	全国	北海道	都府県
肥料費			
窒素質			
硫安	5	9	–
尿素	–	–	–
石灰窒素	7	–	17
りん酸質			
過りん酸石灰	4	–	9
よう成りん肥	–	–	–
重焼りん肥	–	–	–
カリ質			
塩化カリ	6	–	15
硫酸カリ	36	61	–
けいカル	–	–	–
炭酸カルシウム（石灰を含む。）	130	160	86
けい酸石灰	–	–	–
複合肥料			
高成分化成	252	66	519
低成分化成	72	–	175
配合肥料	1,793	2,969	112
固形肥料	–	–	–
土壌改良資材	17	26	3
たい肥・きゅう肥	62	21	119
その他	10	–	24
自給			
たい肥	16	–	39
きゅう肥	–	–	–
稲・麦わら	–	–	–
農業薬剤費			
殺虫剤	10	16	1
殺菌剤	–	–	–
殺虫殺菌剤	–	–	–
除草剤	244	327	125
その他	6	–	16
自動車負担償却費			
四輪自動車	332	106	655
その他	–	–	–
農機具負担償却費			
トラクター耕うん機			
20馬力未満	21	–	52
20～50馬力未満	557	14	1,334
50馬力以上	571	880	131
歩行型	–	–	–
栽培管理用機具			
たい肥散布機	1	–	4
総合は種機	34	53	6
移植機	–	–	–
中耕除草機	5	8	–
肥料散布機	87	147	–
防除用機具			
動力噴霧機	2	3	0
動力散粉機	–	–	–
収穫調製用機具			
自脱型コンバイン			
3条以下	–	–	–
4条以上	60	102	–
普通型コンバイン	1,216	1,128	1,343
調査作物収穫機	–	–	–
脱穀機	–	–	–
動力乾燥機	90	3	216
トレーラー	12	20	–
その他	620	645	584

【参考】なたね、そばの作付面積10a以上の経営体の生産費

区分	単位	なたね	そば
集 計 経 営 体 数	経営体	55	96
10a当たり			
物　　財　　費	円	31,704	21,508
うち肥　料　費	〃	9,641	2,411
光熱動力費	〃	1,902	876
賃借料及び料金	〃	9,099	6,550
農機具費	〃	5,391	4,675
労　　働　　費	〃	10,660	4,789
うち家族	〃	10,269	4,695
費　用　合　計	〃	42,364	26,297
副　産　物　価　額	〃	-	-
生産費（副産物価額差引）	〃	42,364	26,297
支　払　利　子	〃	112	78
支　払　地　代	〃	2,017	2,108
支払利子・地代算入生産費	〃	44,493	28,483
自　己　資　本　利　子	〃	1,283	1,192
自　作　地　地　代	〃	4,346	4,855
資本利子・地代全額算入生産費	〃	50,122	34,530
（全算入生産費）			
主産物計算単位当たり			
物　　財　　費	〃	7,504	14,929
うち肥　料　費	〃	2,283	1,674
光熱動力費	〃	451	608
賃借料及び料金	〃	2,153	4,546
農機具費	〃	1,275	3,245
労　　働　　費	〃	2,525	3,324
うち家族	〃	2,432	3,259
費　用　合　計	〃	10,029	18,253
副　産　物　価　額	〃	-	-
生産費（副産物価額差引）	〃	10,029	18,253
支　払　利　子	〃	27	54
支　払　地　代	〃	477	1,463
支払利子・地代算入生産費	〃	10,533	19,770
自　己　資　本　利　子	〃	304	827
自　作　地　地　代	〃	1,029	3,369
資本利子・地代全額算入生産費	〃	11,866	23,966
（全算入生産費）			
労働力（1経営体当たり）			
世　帯　員　数	人	3.5	3.8
土地（1経営体当たり）			
経　営　耕　地　面　積	a	1,369	809
うち田	〃	678	587
畑	〃	691	222
投下労働時間（10a当たり）	時間	7.46	3.20
うち家族	〃	7.15	3.12
直　接　労　働　時　間	〃	6.91	3.02
間　接　労　働　時　間	〃	0.55	0.18
主産物数量（10a当たり）	kg	253	65
作付面積（1経営体当たり）	a	182.0	201.4

注：主産物計算単位当たりについて、なたね60kg当たり、そば45kg当たりである。

累年統計表

原料用かんしょ・累年

累年統計

1　原料用かんしょ

区分	単位	昭和46年産	47	48	49	50	51	52
		(1)	(2)	(3)	(4)	(5)	(6)	(7)
10 a 当たり								
物財費 (1)	円	**11,479**	**12,409**	**13,187**	**18,791**	**22,161**	**25,975**	**29,750**
種苗費 (2)	〃	1,419	1,439	1,486	2,976	2,794	3,757	3,828
肥料費 (3)	〃	4,386	4,782	5,265	7,400	8,668	11,389	13,149
農業薬剤費 (4)	〃	424	442	489	746	1,138	910	1,392
光熱動力費 (5)	〃	373	338	455	781	899	1,044	1,094
その他の諸材料費 (6)	〃	516	391	469	1,017	1,289	1,311	1,926
土地改良及び水利費 (7)	〃	32	77	−	−	−	−	−
賃借料及び料金 (8)	〃	137	164	132	270	416	436	426
物件税及び公課諸負担 (9)	〃	…	…	…	…	…	…	…
建物費 (10)	〃	444	494	385	568	605	585	577
自動車費 (11)	〃	…	…	…	…	…	…	…
農機具費 (12)	〃	3,283	4,023	4,396	4,869	6,109	6,399	7,081
生産管理費 (13)	〃	…	…	…	…	…	…	…
労働費 (14)	〃	**14,067**	**15,124**	**16,231**	**23,375**	**27,757**	**36,238**	**39,552**
うち家族 (15)	〃	13,797	14,836	16,030	22,086	26,520	34,886	37,922
費用合計 (16)	〃	**25,546**	**27,533**	**29,418**	**42,166**	**49,918**	**62,213**	**69,302**
購入（支払）(17)	〃	4,658	5,130	5,143	10,033	11,594	12,756	15,050
自給 (18)	〃	17,272	18,055	19,632	27,095	32,285	42,971	47,305
償却 (19)	〃	3,616	4,348	4,643	5,038	6,039	6,486	6,947
生産費（副産物価額差引）(20)	〃	**25,471**	**27,511**	**29,393**	**42,070**	**49,880**	**62,163**	**69,262**
支払利子 (21)	〃	…	…	…	…	…	…	…
支払地代 (22)	〃	…	…	…	…	…	…	…
支払利子・地代算入生産費 (23)	〃	…	…	…	…	…	…	…
自己資本利子 (24)	〃	1,111	1,084	1,164	1,262	1,672	1,962	2,267
自作地地代 (25)	〃	2,744	2,647	2,906	3,444	6,035	6,711	6,811
資本利子・地代全額算入生産費（全算入生産費）(26)	〃	**29,326**	**31,242**	**33,463**	**46,776**	**57,587**	**70,836**	**78,340**
100 kg 当たり								
費用合計 (27)	〃	**1,080**	**1,028**	**1,149**	**1,546**	**1,722**	**2,474**	**2,326**
購入（支払）(28)	〃	197	192	201	368	400	507	505
自給 (29)	〃	730	674	767	993	1,114	1,709	1,588
償却 (30)	〃	153	162	181	185	208	258	233
生産費（副産物価額差引）(31)	〃	**1,077**	**1,027**	**1,148**	**1,543**	**1,721**	**2,472**	**2,325**
支払利子・地代算入生産費 (32)	〃	…	…	…	…	…	…	…
資本利子・地代全額算入生産費（全算入生産費）(33)	〃	**1,240**	**1,166**	**1,306**	**1,715**	**1,987**	**2,817**	**2,629**
粗収益								
10 a 当たり (34)	〃	24,158	28,628	31,029	63,300	69,814	64,668	83,354
主産物 (35)	〃	24,083	28,606	31,004	63,204	69,776	64,618	83,314
副産物 (36)	〃	75	22	25	96	38	50	40
100 kg 当たり (37)	〃	1,021	1,069	1,212	2,321	2,409	2,572	2,797
所得（10 a 当たり）(38)	〃	12,409	15,931	17,641	43,220	46,416	37,341	51,974
〃（1日当たり）(39)	〃	1,161	1,537	1,833	4,479	4,810	3,983	5,478
家族労働報酬（10 a 当たり）(40)	〃	8,554	12,200	13,571	38,514	38,709	28,668	42,896
〃（1日当たり）(41)	〃	800	1,177	1,410	3,991	4,011	3,058	4,521
投下労働時間（10 a 当たり）(42)	時間	**87.4**	**84.9**	**78.0**	**81.3**	**80.8**	**78.7**	**80.2**
うち家族 (43)	〃	85.5	82.9	77.0	77.2	77.2	75.0	75.9
主産物数量（10 a 当たり）(44)	kg	**2,366**	**2,678**	**2,560**	**2,727**	**2,899**	**2,515**	**2,979**
作付実面積（1戸当たり）(45)	a	**43.0**	**35.3**	**36.7**	**34.4**	**38.2**	**34.7**	**39.8**

注：1　収益性の取扱いについては、「3　調査結果の取りまとめと統計表の編成」の(1)エ（12ページ）を参照されたい（以下149ページまで同じ。）。
　　2　家族労働の評価は、昭和50年産まで評価標準として農業臨時雇賃金を採用してきたが、51年産から調査農家の所在するその地方の農村雇用賃金により評価することに改定した。
　　　したがって、昭和50年産以前の生産費及び関係費目に関する数値はそれぞれ接続しないので、利用に当たっては十分留意されたい（以下142ページまで同じ。）。

原料用かんしょ・累年

	53	54	55	56	57	58	59	60	61	
	(8)	(9)	(10)	(11)	(12)	(13)	(14)	(15)	(16)	
	29,366	29,061	30,934	33,571	33,364	34,404	31,692	33,619	36,085	(1)
	3,765	4,149	4,334	4,657	4,524	4,890	3,583	3,540	3,329	(2)
	12,229	11,772	12,482	13,588	12,130	10,749	11,227	10,975	11,267	(3)
	1,971	1,600	1,758	1,997	1,849	2,360	2,054	2,403	4,237	(4)
	1,084	1,245	1,725	1,903	2,096	2,088	2,135	2,147	1,961	(5)
	2,203	1,591	1,345	1,980	2,925	3,043	2,094	3,081	3,866	(6)
	-	-	-	-	-	-	-	-	-	(7)
	360	489	961	616	483	839	560	762	1,003	(8)
	...	...	...	...	...	...	...	...	...	(9)
	616	634	578	611	666	866	599	685	682	(10)
	...	...	...	...	...	...	...	...	...	(11)
	7,017	7,581	7,751	8,219	8,691	9,569	9,440	10,026	9,740	(12)
	...	...	...	...	...	...	...	...	...	(13)
	45,021	45,110	44,884	47,003	49,665	50,472	51,075	51,240	50,807	(14)
	4,333	42,809	42,201	44,818	48,146	48,789	50,194	50,219	48,658	(15)
	74,387	74,171	75,818	80,574	83,029	84,876	82,767	84,859	86,892	(16)
	15,758	15,839	17,849	19,055	18,337	18,843	16,206	18,673	22,652	(17)
	51,620	50,777	50,381	53,337	56,085	56,484	57,105	56,417	54,441	(18)
	7,009	7,555	7,588	8,182	8,607	9,549	9,456	9,769	9,799	(19)
	74,350	74,169	75,818	80,568	82,999	84,759	82,556	84,702	86,730	(20)
	...	...	...	...	...	...	...	...	...	(21)
	...	...	...	...	...	...	...	...	...	(22)
	...	...	...	...	...	...	...	...	...	(23)
	2,359	2,324	2,247	2,401	2,408	2,462	2,338	2,464	2,552	(24)
	7,003	6,863	6,561	7,280	8,401	8,501	7,055	7,615	7,786	(25)
	83,712	83,356	84,626	90,249	93,808	95,722	91,949	94,781	97,068	(26)
	2,756	2,888	3,045	3,000	2,896	3,186	2,985	2,964	2,993	(27)
	583	617	717	710	640	708	584	652	781	(28)
	1,914	1,977	2,023	1,985	1,956	2,120	2,060	1,970	1,874	(29)
	259	294	305	305	300	358	341	342	338	(30)
	2,755	2,888	3,045	3,000	2,895	3,182	2,977	2,959	2,987	(31)
	...	...	...	...	...	...	...	...	...	(32)
	3,102	3,245	3,398	3,360	3,272	3,593	3,316	3,311	3,343	(33)
	77,422	74,924	76,787	84,731	89,801	87,579	92,896	98,252	98,956	(34)
	77,385	74,922	76,787	84,725	89,771	87,462	92,685	98,095	98,794	(35)
	37	2	-	6	30	117	211	157	162	(36)
	2,869	2,917	3,083	3,155	3,132	3,287	3,351	3,431	3,408	(37)
	46,368	43,562	43,170	48,975	54,918	51,492	60,323	63,612	60,722	(38)
	4,756	4,665	5,020	5,711	6,258	5,944	6,693	7,117	7,123	(39)
	37,006	34,375	34,362	39,294	44,109	40,529	50,930	53,533	50,384	(40)
	3,795	3,681	3,996	4,582	5,026	4,679	5,651	5,990	5,910	(41)
	82.6	80.0	74.3	73.0	72.9	72.2	73.7	73.5	72.0	(42)
	78.0	74.7	68.8	68.6	70.2	69.3	72.1	71.5	68.2	(43)
	2,698	2,568	2,491	2,686	2,867	2,664	2,772	2,863	2,904	(44)
	44.2	40.5	42.3	42.6	44.4	44.3	44.3	50.0	50.8	(45)

累年統計（続き）

1　原料用かんしょ（続き）

区分	単位	昭和62年産	63	平成元年産	2	3 (旧)	3 (新)	4
		(17)	(18)	(19)	(20)	(21)	(22)	(23)
10 a 当たり								
物財費 (1)	円	35,732	34,736	32,701	32,377	34,290	29,880	30,675
種苗費 (2)	〃	3,713	3,448	3,294	3,369	3,467	3,467	3,697
肥料費 (3)	〃	11,231	10,466	9,671	10,094	10,468	10,753	11,152
農業薬剤費 (4)	〃	3,467	3,367	3,006	2,416	2,786	2,786	2,622
光熱動力費 (5)	〃	1,852	1,750	1,823	1,996	1,894	1,894	2,178
その他の諸材料費 (6)	〃	3,178	2,925	2,465	1,701	2,335	2,359	2,242
土地改良及び水利費 (7)	〃	-	-	-	-	-	36	35
賃借料及び料金 (8)	〃	880	800	808	724	608	608	800
物件税及び公課諸負担 (9)	〃	…	…	…	…	…	895	986
建物費 (10)	〃	748	778	782	713	519	391	323
自動車費 (11)	〃	…	…	…	…	…	…	…
農機具費 (12)	〃	10,663	11,202	10,852	11,364	12,213	6,665	6,631
生産管理費 (13)	〃	…	…	…	…	…	26	9
労働費 (14)	〃	48,284	48,208	49,147	52,677	53,842	61,941	64,214
うち家族 (15)	〃	45,987	47,208	48,224	51,348	53,430	61,529	63,324
費用合計 (16)	〃	84,016	82,944	81,848	85,054	88,132	91,821	94,889
購入（支払） (17)	〃	21,499	19,396	17,465	16,903	17,927	19,323	21,371
自給 (18)	〃	51,874	52,539	53,695	56,772	58,760	67,173	68,318
償却 (19)	〃	10,643	11,009	10,688	11,379	11,445	5,325	5,200
生産費（副産物価額差引） (20)	〃	83,742	82,595	81,591	84,797	87,877	91,566	94,757
支払利子 (21)	〃	…	…	…	…	…	13	19
支払地代 (22)	〃	…	…	…	…	…	1,074	1,148
支払利子・地代算入生産費 (23)	〃	…	…	…	…	…	92,653	95,924
自己資本利子 (24)	〃	2,694	2,671	2,652	2,766	2,661	2,834	2,852
自作地地代 (25)	〃	8,069	7,479	7,821	7,887	7,653	6,579	5,536
資本利子・地代全額算入生産費 (26) （全算入生産費）	〃	94,505	92,745	92,064	95,450	98,191	102,066	104,312
100 kg 当たり								
費用合計 (27)	〃	3,246	2,909	2,815	2,946	3,367	3,493	3,039
購入（支払） (28)	〃	831	680	602	585	685	724	685
自給 (29)	〃	2,004	1,843	1,846	1,967	2,245	2,566	2,188
償却 (30)	〃	411	386	367	394	437	203	166
生産費（副産物価額差引） (31)	〃	3,235	2,897	2,806	2,937	3,357	3,483	3,305
支払利子・地代算入生産費 (32)	〃	…	…	…	…	…	3,525	3,073
資本利子・地代全額算入生産費 (33) （全算入生産費）	〃	3,651	3,253	3,166	3,306	3,751	3,885	3,342
粗収益								
10 a 当たり (34)	〃	86,511	90,890	93,160	90,342	82,432	82,432	98,412
主産物 (35)	〃	86,237	90,541	92,903	90,085	82,177	82,177	98,280
副産物 (36)	〃	274	349	257	257	255	255	132
100 kg 当たり (37)	〃	3,343	3,188	3,202	3,129	3,149	3,149	3,152
所得（10 a 当たり） (38)	〃	48,482	55,154	59,536	56,636	47,730	51,053	65,680
〃（1日当たり） (39)	〃	5,894	6,665	7,350	6,939	5,957	6,226	7,961
家族労働報酬（10 a 当たり） (40)	〃	37,719	45,004	49,063	45,983	37,416	41,640	57,291
〃（1日当たり） (41)	〃	4,586	5,439	6,057	5,633	4,670	5,078	6,944
投下労働時間（10 a 当たり） (42)	時間	69.9	68.0	66.0	67.9	64.8	66.3	67.2
うち家族 (43)	〃	65.8	66.2	64.8	65.3	64.1	65.6	66.0
主産物数量（10 a 当たり） (44)	kg	2,588	2,851	2,910	2,887	2,618	2,618	3,122
作付実面積（1戸当たり） (45)	a	47.9	47.4	47.5	47.9	50.2	50.2	46.9

注：1　家族労働の評価は、平成３年産から「農業労働評価賃金」による評価に改定した。したがって、昭和50年産以前、51年産～平成２年産、３年産以降の生産費及び関係費目に関する数値はそれぞれ接続しないので、利用に当たっては十分留意されたい（以下144ページまで同じ。）。

2　平成３年産（旧）及び２年産以前の「自己資本利子」には資本利子（自己＋借入）、「自作地地代」には地代（自作地＋借入地）を表章した（以下144ページまで同じ。）。

5	6	7	8	9 (旧)	9 (新)	10	11	12	
(24)	(25)	(26)	(27)	(28)	(29)	(30)	(31)	(32)	
31,360	32,228	30,588	30,258	29,470	29,470	30,129	30,193	30,208	(1)
3,672	3,884	3,871	3,337	3,037	3,037	2,680	2,635	2,649	(2)
10,932	10,681	9,369	9,389	8,912	8,912	8,940	8,744	8,637	(3)
2,683	3,193	3,218	3,411	3,354	3,354	3,544	3,950	3,881	(4)
2,254	2,418	2,363	2,371	2,298	2,298	2,243	2,107	2,293	(5)
3,503	3,328	3,272	2,697	2,660	2,660	2,666	2,698	2,739	(6)
116	102	76	106	125	125	202	174	165	(7)
860	958	767	861	926	926	1,092	967	966	(8)
1,030	959	974	1,039	1,057	1,057	1,067	1,013	1,045	(9)
424	391	437	419	447	447	481	459	458	(10)
…	…	…	…	…	…	…	…	…	(11)
5,871	6,304	6,226	6,593	6,607	6,607	7,157	7,405	7,329	(12)
15	10	15	35	47	47	57	41	46	(13)
64,468	68,264	70,712	74,700	75,566	84,412	83,947	82,644	83,579	(14)
63,707	67,510	69,481	73,204	71,786	80,632	79,220	76,990	77,172	(15)
95,828	100,492	101,300	104,958	105,036	113,882	114,076	112,837	113,787	(16)
22,394	23,398	23,173	23,217	25,195	25,195	27,413	28,381	29,027	(17)
69,103	72,335	73,223	76,536	74,686	83,532	81,382	79,202	79,673	(18)
4,331	4,759	4,904	5,205	5,155	5,155	5,281	5,254	5,087	(19)
95,725	100,453	101,229	104,916	105,004	113,850	114,043	112,800	113,780	(20)
32	30	76	105	72	72	115	76	51	(21)
1,704	1,590	1,546	1,940	2,356	2,356	1,861	2,933	2,647	(22)
97,461	102,073	102,851	106,961	107,432	116,278	116,019	115,809	116,478	(23)
2,911	3,067	3,341	3,656	3,708	3,884	3,464	3,604	3,632	(24)
5,692	6,046	5,242	5,205	5,267	5,267	5,728	4,684	5,783	(25)
106,064	111,186	111,434	115,822	116,407	125,429	125,211	124,097	125,893	(26)
3,940	3,310	3,355	3,793	3,453	3,744	3,401	4,399	3,922	(27)
919	771	768	839	829	829	818	1,107	1,001	(28)
2,843	2,382	2,424	2,766	2,454	2,745	2,425	3,087	2,745	(29)
178	157	163	188	170	170	158	205	176	(30)
3,936	3,309	3,353	3,791	3,452	3,743	3,400	4,398	3,922	(31)
4,007	3,362	3,407	3,865	3,531	3,822	3,458	4,515	4,015	(32)
4,361	3,662	3,692	4,185	3,826	4,123	3,732	4,838	4,339	(33)
77,794	97,080	97,072	88,380	97,388	97,388	106,176	80,909	91,522	(34)
77,691	97,041	97,001	88,338	97,356	97,356	106,143	80,872	91,515	(35)
103	39	71	42	32	32	33	37	7	(36)
3,199	3,196	3,214	3,196	3,200	3,200	3,165	3,153	3,153	(37)
43,937	62,478	63,631	54,581	61,710	61,710	69,344	42,053	52,209	(38)
5,597	7,666	7,733	6,464	7,644	7,644	8,942	5,739	7,259	(39)
35,334	53,365	55,048	45,720	52,735	52,559	60,152	33,765	42,794	(40)
4,501	6,548	6,690	5,415	6,533	6,511	7,757	4,608	5,950	(41)
63.3	66.3	67.13	69.01	68.10	68.10	66.62	64.05	64.37	(42)
62.8	65.2	65.83	67.55	64.58	64.58	62.04	58.62	57.54	(43)
2,432	3,038	3,020	2,766	3,042	3,042	3,355	2,565	2,902	(44)
47.6	45.7	45.2	42.8	50.6	50.6	55.9	53.8	53.5	(45)

3　平成７年産から、労働時間に間接労働時間を含めたため、６年産以前とは接続しないので利用に当たっては十分留意されたい（以下145ページまで同じ。）。
4　平成10年産から、家族労働評価をそれまでの男女別評価から男女同一評価に改正した（以下145ページまで同じ。）。
5　平成９年産（新）は、平成10年産に改正された家族労働評価（男女同一評価）により計算したものを表章した（以下145ページまで同じ。）。

累年統計（続き）

1　原料用かんしょ（続き）

区分		単位	平成13年産	14	15	16	17	18	19 (旧)
			(33)	(34)	(35)	(36)	(37)	(38)	(39)
10 a 当たり									
物財費	(1)	円	30,673	31,296	32,571	34,335	36,307	38,077	39,897
種苗費	(2)	〃	2,699	2,600	2,817	2,897	3,003	3,087	2,592
肥料費	(3)	〃	8,325	8,550	8,567	8,360	8,743	9,386	9,965
農業薬剤費	(4)	〃	4,059	4,202	4,943	5,280	5,905	5,782	6,344
光熱動力費	(5)	〃	2,354	2,424	2,440	2,622	2,973	3,198	3,565
その他の諸材料費	(6)	〃	2,737	2,817	2,463	2,604	2,772	2,512	2,426
土地改良及び水利費	(7)	〃	161	182	175	388	228	237	399
賃借料及び料金	(8)	〃	1,145	1,367	1,857	1,945	1,965	2,035	1,343
物件税及び公課諸負担	(9)	〃	1,184	1,180	1,224	1,167	1,165	1,305	1,175
建物費	(10)	〃	532	595	526	896	823	1,467	1,576
自動車費	(11)	〃	…	…	…	1,566	1,585	1,664	2,254
農機具費	(12)	〃	7,443	7,335	7,354	6,445	6,932	7,116	8,010
生産管理費	(13)	〃	34	44	205	165	213	288	248
労働費	(14)	〃	83,639	80,731	78,205	75,434	73,394	72,453	81,482
うち家族	(15)	〃	78,118	75,279	71,841	68,134	66,419	65,177	69,854
費用合計	(16)	〃	114,312	112,027	110,776	109,769	109,701	110,530	121,379
購入（支払）	(17)	〃	28,578	29,512	31,632	34,169	35,339	36,690	41,237
自給	(18)	〃	80,533	77,720	74,344	69,967	68,154	67,101	72,063
償却	(19)	〃	5,201	4,795	4,800	5,633	6,208	6,739	8,079
生産費（副産物価額差引）	(20)	〃	114,312	112,027	110,776	109,769	109,701	110,530	121,379
支払利子	(21)	〃	50	41	89	256	239	227	257
支払地代	(22)	〃	2,978	2,484	2,800	3,092	2,727	2,860	3,292
支払利子・地代算入生産費	(23)	〃	117,340	114,552	113,665	113,117	112,667	113,617	124,928
自己資本利子	(24)	〃	3,911	4,675	4,733	4,793	5,243	5,029	4,556
自作地地代	(25)	〃	5,260	5,183	5,102	4,597	4,708	4,647	4,285
資本利子・地代全額算入生産費（全算入生産費）	(26)	〃	126,511	124,410	123,500	122,507	122,618	123,293	133,769
100 kg 当たり									
費用合計	(27)	〃	3,519	3,221	3,582	3,398	3,323	3,518	4,292
購入（支払）	(28)	〃	878	848	1,025	1,057	1,071	1,166	1,456
自給	(29)	〃	2,481	2,236	2,402	2,167	2,063	2,136	2,550
償却	(30)	〃	160	137	155	174	189	216	286
生産費（副産物価額差引）	(31)	〃	3,519	3,221	3,582	3,398	3,323	3,518	4,292
支払利子・地代算入生産費	(32)	〃	3,613	3,293	3,675	3,502	3,413	3,616	4,417
資本利子・地代全額算入生産費（全算入生産費）	(33)	〃	3,896	3,576	3,993	3,792	3,715	3,924	4,729
粗収益									
10 a 当たり	(34)	〃	102,372	109,749	97,697	101,936	104,299	99,335	90,191
主産物	(35)	〃	102,372	109,749	97,697	101,936	104,299	99,335	90,191
副産物	(36)	〃	0	-	-	-	-	-	-
100 kg 当たり	(37)	〃	3,153	3,156	3,156	3,156	3,160	3,164	3,190
所得（10 a 当たり）	(38)	〃	63,150	70,476	55,873	56,953	58,051	50,895	35,117
〃（1日当たり）	(39)	〃	8,902	9,954	8,250	8,857	9,155	8,202	5,486
家族労働報酬（10 a 当たり）	(40)	〃	53,979	60,618	46,038	47,563	48,100	41,219	26,276
〃（1日当たり）	(41)	〃	7,609	8,562	6,798	7,397	7,585	6,643	4,105
投下労働時間（10 a 当たり）	(42)	時間	63.21	62.94	61.11	59.40	58.35	57.12	61.88
うち家族	(43)	〃	56.75	56.64	54.18	51.44	50.73	49.64	51.21
主産物数量（10 a 当たり）	(44)	kg	3,245	3,477	3,096	3,230	3,301	3,139	2,827
作付実面積（1戸当たり）	(45)	a	53.3	55.0	52.8	53.3	52.7	53.9	57.4

注：1　平成16年産から、農機具費のうち自動車費を分離した（以下146ページまで同じ。）。
　　2　平成19年産は、平成19年度税制改正における減価償却計算の見直しに伴い、税制改正前（旧）と税制改正後を表章した（以下147ページまで同じ。）。

原料用かんしょ・累年

	19(新)	20	21	22	23	24	25	26	27	28	
	(40)	(41)	(42)	(43)	(44)	(45)	(46)	(47)	(48)	(49)	
	40,070	46,948	49,295	48,940	47,804	48,832	48,067	51,938	50,015	53,198	(1)
	2,592	2,425	2,494	2,550	2,550	2,548	2,572	2,947	3,455	2,742	(2)
	9,965	10,514	11,846	11,835	11,028	11,171	10,607	11,546	10,957	11,816	(3)
	6,344	6,412	6,160	5,245	4,787	4,530	5,395	5,257	6,221	6,832	(4)
	3,565	4,039	3,065	3,445	3,768	3,740	4,005	4,302	3,908	3,807	(5)
	2,426	2,800	3,661	4,363	4,114	4,868	4,982	5,358	5,439	5,635	(6)
	399	384	235	213	223	176	158	166	179	143	(7)
	1,343	1,633	1,156	1,419	1,426	893	979	1,043	845	808	(8)
	1,175	1,605	1,617	1,523	1,485	1,759	1,415	1,977	1,520	1,889	(9)
	1,582	2,017	2,136	2,135	2,172	2,654	1,782	1,889	1,742	2,298	(10)
	2,254	3,122	4,049	4,044	4,249	5,416	4,885	5,696	4,854	4,687	(11)
	8,177	11,496	12,578	11,878	11,811	10,822	11,157	11,535	10,653	12,346	(12)
	248	501	298	290	191	255	130	222	242	195	(13)
	81,482	79,374	77,898	75,960	76,956	74,496	79,103	76,545	74,802	80,854	(14)
	69,854	68,770	68,631	66,864	67,740	64,489	66,953	66,339	64,999	69,110	(15)
	121,552	126,322	127,193	124,900	124,760	123,328	127,170	128,483	124,817	134,052	(16)
	41,237	43,056	42,680	43,843	42,008	44,929	48,483	50,182	48,118	52,910	(17)
	72,063	71,174	71,274	68,890	70,029	66,344	68,769	68,054	66,699	70,844	(18)
	8,252	12,092	13,239	12,167	12,723	12,055	9,918	10,247	10,000	10,298	(19)
	121,552	126,322	127,193	124,900	124,760	123,328	127,170	128,483	124,817	134,052	(20)
	257	168	229	213	202	238	167	111	191	400	(21)
	3,292	2,979	4,021	4,269	4,556	4,049	3,843	4,407	4,861	5,752	(22)
	125,101	129,469	131,443	129,382	129,518	127,615	131,180	133,001	129,869	140,204	(23)
	4,556	5,233	4,250	4,118	4,129	3,443	3,586	3,541	3,725	3,727	(24)
	4,285	4,548	3,855	3,758	3,662	4,354	4,712	4,745	4,497	4,154	(25)
	133,942	139,250	139,548	137,258	137,309	135,412	139,478	141,287	138,091	148,085	(26)
	4,298	4,243	4,003	4,619	4,448	4,725	4,270	4,609	4,795	4,782	(27)
	1,456	1,446	1,343	1,617	1,501	1,723	1,629	1,800	1,850	1,887	(28)
	2,550	2,391	2,245	2,551	2,494	2,540	2,310	2,442	2,563	2,528	(29)
	292	406	415	451	453	462	331	367	382	367	(30)
	4,298	4,243	4,003	4,619	4,448	4,725	4,270	4,609	4,795	4,782	(31)
	4,423	4,349	4,136	4,785	4,618	4,889	4,405	4,771	4,989	5,001	(32)
	4,735	4,678	4,392	5,076	4,896	5,187	4,685	5,068	5,305	5,282	(33)
	90,191	100,837	111,182	96,025	94,239	90,215	107,676	106,020	97,669	104,380	(34)
	90,191	100,837	111,182	96,025	94,239	90,215	107,676	106,020	97,669	104,380	(35)
	-	-	-	-	-	-	-	-	-	-	(36)
	3,190	3,388	3,503	3,555	3,359	3,456	3,620	3,805	3,753	3,723	(37)
	34,944	40,138	48,370	33,507	32,461	27,084	43,449	39,358	32,799	33,286	(38)
	5,459	6,305	7,543	5,265	5,075	4,362	6,621	5,975	5,159	5,293	(39)
	26,103	30,357	40,265	25,631	24,670	19,287	35,151	31,072	24,577	25,405	(40)
	4,078	4,768	6,279	4,028	3,857	3,106	5,356	4,717	3,866	4,040	(41)
	61.88	60.96	60.42	58.69	59.34	58.62	63.18	61.44	59.23	60.89	(42)
	51.21	50.93	51.30	50.91	51.17	49.67	52.50	52.70	50.86	50.31	(43)
	2,827	2,976	3,173	2,703	2,805	2,610	2,974	2,786	2,602	2,803	(44)
	57.4	60.7	66.7	76.1	80.4	81.5	80.4	83.6	91.6	93.0	(45)

3 調査対象は、平成19年産までは「販売農家」、平成20年産からは「世帯による農業経営を行う経営体」である（以下147ページまで同じ。）。

原料用ばれいしょ・累年

累年統計（続き）

2 原料用ばれいしょ

区分		単位	昭和46年産	47	48	49	50	51	52
			(1)	(2)	(3)	(4)	(5)	(6)	(7)
10 a 当たり									
物財費	(1)	円	13,988	14,909	16,637	22,409	33,356	36,310	37,462
種苗費	(2)	〃	2,423	2,734	3,179	4,460	8,178	10,119	9,638
肥料費	(3)	〃	4,485	4,772	5,202	6,709	10,308	11,027	11,828
農業薬剤費	(4)	〃	1,792	1,826	1,700	2,820	4,806	4,299	4,343
光熱動力費	(5)	〃	333	315	431	843	764	848	889
その他の諸材料費	(6)	〃	30	30	16	43	71	120	59
土地改良及び水利費	(7)	〃	−	−	2	5	5	4	4
賃借料及び料金	(8)	〃	1,315	1,425	1,365	1,598	3,283	2,471	2,483
物件税及び公課諸負担	(9)	〃	…	…	…	…	…	…	…
建物費	(10)	〃	462	427	512	449	576	528	596
自動車費	(11)	〃	…	…	…	…	…	…	…
農機具費	(12)	〃	2,523	2,919	3,773	4,951	5,001	6,343	7,385
生産管理費	(13)	〃	…	…	…	…	…	…	…
労働費	(14)	〃	4,195	4,302	4,906	6,652	7,859	10,577	10,404
うち家族	(15)	〃	3,613	2,826	4,336	5,943	6,776	9,420	9,367
費用合計	(16)	〃	18,183	19,211	21,543	29,061	41,215	46,887	47,866
購入（支払）	(17)	〃	9,694	10,265	11,569	16,397	28,389	30,074	30,376
自給	(18)	〃	5,795	5,968	6,280	8,207	8,434	11,271	11,227
償却	(19)	〃	2,694	2,978	3,694	4,457	4,392	5,542	6,263
生産費（副産物価額差引）	(20)	〃	18,183	19,211	21,543	29,061	41,215	46,887	47,866
支払利子	(21)	〃	…	…	…	…	…	…	…
支払地代	(22)	〃	…	…	…	…	…	…	…
支払利子・地代算入生産費	(23)	〃	…	…	…	…	…	…	…
自己資本利子	(24)	〃	723	730	841	1,135	1,374	1,714	1,811
自作地地代	(25)	〃	2,399	2,946	3,340	3,718	4,761	5,519	6,555
資本利子・地代全額算入生産費（全算入生産費）	(26)	〃	21,305	22,887	25,724	33,914	47,350	54,120	56,232
100 kg 当たり									
費用合計	(27)	〃	603	613	707	1,049	1,322	1,164	1,268
購入（支払）	(28)	〃	322	328	380	592	912	746	805
自給	(29)	〃	192	190	206	296	269	280	297
償却	(30)	〃	89	95	121	161	141	138	166
生産費（副産物価額差引）	(31)	〃	603	613	707	1,049	1,322	1,164	1,268
支払利子・地代算入生産費	(32)	〃	…	…	…	…	…	…	…
資本利子・地代全額算入生産費（全算入生産費）	(33)	〃	707	730	845	1,224	1,519	1,343	1,490
粗収益									
10 a 当たり	(34)	〃	23,440	25,835	35,281	45,721	46,826	65,847	63,210
主産物	(35)	〃	23,440	25,835	35,281	45,721	46,826	65,847	63,210
副産物	(36)	〃	−	−	−	−	−	−	−
100 kg 当たり	(37)	〃	777	825	1,159	1,650	1,502	1,634	1,675
所得（10 a 当たり）	(38)	〃	8,870	10,450	18,074	22,603	12,387	28,380	24,711
〃（1日当たり）	(39)	〃	3,715	4,568	8,169	10,763	6,312	15,445	14,430
家族労働報酬（10 a 当たり）	(40)	〃	5,748	6,774	13,893	17,750	6,252	21,147	16,345
〃（1日当たり）	(41)	〃	2,408	2,961	6,279	8,452	3,186	11,509	9,545
投下労働時間（10 a 当たり）	(42)	時間	22.3	20.6	20.0	19.0	18.3	17.2	15.8
うち家族	(43)	〃	19.1	18.3	17.7	16.8	15.7	14.7	13.7
主産物数量（10 a 当たり）	(44)	kg	3,015	3,133	3,045	2,771	3,117	4,030	3,774
作付実面積（1戸（経営体）当たり）	(45)	a	334.0	306.4	292.8	297.3	371.2	386.9	374.5

53	54	55	56	57	58	59	60	61	
(8)	(9)	(10)	(11)	(12)	(13)	(14)	(15)	(16)	
39,823	40,000	42,049	46,941	49,157	49,027	49,405	48,707	49,489	(1)
9,902	10,096	10,551	10,990	12,194	11,310	11,281	11,207	11,303	(2)
11,341	10,700	11,349	13,187	13,281	12,658	11,993	11,611	11,299	(3)
4,889	5,090	4,636	5,569	6,305	6,985	7,016	6,451	6,422	(4)
844	1,061	1,614	1,693	1,972	1,935	1,719	1,734	1,580	(5)
48	144	136	68	99	69	208	65	64	(6)
5	-	-	-	-	-	-	-	-	(7)
2,855	2,927	3,091	3,430	2,218	1,787	1,963	1,965	1,510	(8)
…	…	…	…	…	…	…			(9)
548	639	724	737	945	1,250	1,247	1,209	1,420	(10)
…	…	…	…	…	…	…		…	(11)
9,144	9,212	9,871	11,215	12,105	13,031	13,959	14,435	15,879	(12)
…	…	…	…	…	…	…	…		(13)
11,264	11,100	11,314	11,755	10,987	10,803	10,421	10,889	10,658	(14)
10,148	9,967	10,374	10,807	9,937	10,055	9,734	10,210	9,985	(15)
51,087	51,100	53,363	58,696	60,144	59,830	59,826	59,596	60,147	(16)
31,009	31,687	32,604	36,136	38,065	36,556	36,636	35,603	34,291	(17)
12,188	11,287	11,769	12,208	11,178	10,867	10,237	10,758	10,741	(18)
7,890	8,126	8,990	10,352	10,901	12,407	12,953	13,235	15,115	(19)
51,087	51,100	53,363	58,696	60,144	59,830	59,826	59,596	60,147	(20)
…	…	…	…	…	…	…	…	…	(21)
…	…	…	…	…	…	…	…	…	(22)
…	…	…	…	…	…	…		…	(23)
2,062	2,095	2,266	2,456	2,536	2,847	2,784	2,792	2,907	(24)
8,474	9,142	10,245	11,553	12,582	13,837	13,740	13,655	14,062	(25)
61,623	62,337	65,874	72,705	75,262	76,514	76,350	76,043	77,116	(26)
1,379	1,255	1,285	1,707	1,338	1,495	1,405	1,547	1,441	(27)
836	779	786	1,051	846	914	861	924	823	(28)
330	277	283	355	249	271	240	279	256	(29)
213	199	216	301	243	310	304	344	362	(30)
1,379	1,255	1,285	1,707	1,338	1,495	1,405	1,547	1,441	(31)
…	…	…	…	…	…	…		…	(32)
1,664	1,530	1,587	2,115	1,674	1,912	1,793	1,973	1,848	(33)
59,625	70,578	77,203	63,571	87,996	70,647	81,814	70,037	79,029	(34)
59,625	70,578	77,203	63,571	87,996	70,647	81,814	70,037	79,029	(35)
-	-	-	-	-	-	-	-	-	(36)
1,609	1,733	1,859	1,849	1,957	1,765	1,922	1,817	1,895	(37)
18,686	29,445	34,214	15,682	37,789	20,872	31,722	20,651	28,867	(38)
11,240	19,308	22,809	10,543	28,792	16,211	25,896	16,521	23,808	(39)
8,150	18,208	21,703	1,673	22,671	4,188	15,198	4,204	11,898	(40)
4,902	11,940	14,469	1,125	17,273	3,253	12,407	3,363	9,813	(41)
15.4	14.3	13.7	13.5	12.2	11.4	10.8	10.9	10.7	(42)
13.3	12.2	12.0	11.9	10.5	10.3	9.8	10.0	9.7	(43)
3,706	4,073	4,152	3,438	4,496	4,002	4,256	3,853	4,170	(44)
388.1	376.8	413.5	380.9	419.2	416.8	431.2	448.4	477.9	(45)

原料用ばれいしょ・累年

累年統計（続き）
2　原料用ばれいしょ（続き）

区　　分	単位	昭和62年産	63	平成元年産	2	3 (旧)	3 (新)	4
		(17)	(18)	(19)	(20)	(21)	(22)	(23)
10 a 当たり								
物　財　費　(1)	円	48,292	47,775	45,267	46,241	45,859	39,898	41,299
種　苗　費　(2)	〃	11,802	12,336	11,612	11,357	10,483	10,483	11,021
肥　料　費　(3)	〃	10,142	9,402	8,135	7,966	7,938	7,943	8,614
農 業 薬 剤 費　(4)	〃	6,604	6,038	5,810	6,515	6,876	6,876	7,042
光 熱 動 力 費　(5)	〃	1,351	1,240	1,272	1,478	1,580	1,580	1,583
その他の諸材料費　(6)	〃	150	131	102	163	140	140	163
土地改良及び水利費　(7)	〃	-	-	-	-	-	96	227
賃借料及び料金　(8)	〃	1,040	1,287	1,288	1,474	1,136	1,136	1,173
物件税及び公課諸負担　(9)	〃	…	…	…	…	…	1,494	1,497
建　　物　　費　(10)	〃	1,553	1,404	1,474	1,659	1,698	1,520	1,312
自　動　車　費　(11)	〃	…	…	…	…	…	…	…
農　機　具　費　(12)	〃	15,650	15,937	15,574	15,629	16,008	8,344	8,422
生 産 管 理 費　(13)	〃	…	…	…	…	…	286	245
労　働　費　(14)	〃	10,700	11,114	11,093	11,903	11,445	13,607	13,791
うち家族　(15)	〃	9,976	10,474	10,501	11,520	11,083	13,245	13,428
費　用　合　計　(16)	〃	58,992	58,889	56,360	58,144	57,304	53,505	55,090
購　入（支　払）(17)	〃	33,472	32,381	30,300	31,363	30,792	32,650	34,238
自　　　給　(18)	〃	10,732	11,456	11,463	12,337	12,017	14,205	14,282
償　　　却　(19)	〃	14,788	15,052	14,597	14,444	14,495	6,650	6,570
生産費（副産物価額差引）(20)	〃	58,992	58,889	56,360	58,144	57,304	53,505	55,090
支　払　利　子　(21)	〃	…	…	…	…	…	1,993	1,745
支　払　地　代　(22)	〃	…	…	…	…	…	1,152	1,034
支払利子・地代算入生産費　(23)	〃	…	…	…	…	…	56,650	57,869
自 己 資 本 利 子　(24)	〃	2,867	2,822	2,778	2,762	2,704	1,816	1,898
自 作 地 地 代　(25)	〃	13,864	13,299	13,388	12,821	12,596	11,444	11,583
資本利子・地代全額算入生産費　(26)	円	75,723	75,010	72,526	73,727	72,604	69,910	71,350
（全算入生産費）								
100 kg 当たり								
費　用　合　計　(27)	〃	1,350	1,267	1,344	1,338	1,233	1,152	1,245
購　入（支　払）(28)	〃	766	697	723	722	663	703	773
自　　　給　(29)	〃	246	246	273	284	258	306	323
償　　　却　(30)	〃	338	324	348	332	312	143	149
生産費（副産物価額差引）(31)	〃	1,350	1,267	1,344	1,338	1,233	1,152	1,245
支払利子・地代算入生産費　(32)	〃	…	…	…	…	…	1,220	1,308
資本利子・地代全額算入生産費　(33)	〃	1,733	1,614	1,729	1,696	1,562	1,505	1,613
（全算入生産費）								
粗　収　益								
10　a　当　た　り　(34)	〃	73,687	74,191	72,866	74,304	84,934	84,934	77,332
主　産　物　(35)	〃	73,687	74,191	72,866	74,304	84,934	84,934	77,332
副　産　物　(36)	〃	-	-	-	-	-	-	-
100 kg 当 た り　(37)	〃	1,686	1,597	1,737	1,709	1,826	1,826	1,751
所　得（10 a 当たり）(38)	〃	24,671	25,776	27,007	27,680	38,713	41,529	32,891
〃（1 日当たり）(39)	〃	19,936	20,216	21,606	21,292	31,602	32,572	26,182
家族労働報酬（10 a 当たり）(40)	〃	7,940	9,655	10,841	12,097	23,413	28,269	19,410
〃（1 日当たり）(41)	〃	6,416	7,573	8,673	9,305	19,113	22,172	15,451
投下労働時間（10 a 当たり）(42)	時間	10.8	11.1	10.7	10.9	10.2	10.6	10.6
うち家族　(43)	〃	9.9	10.2	10.0	10.4	9.8	10.2	10.1
主産物数量（10 a 当たり）(44)	kg	4,370	4,647	4,194	4,347	4,650	4,650	4,417
作付実面積（1戸（経営体）当たり）(45)	a	482.7	440.6	437.3	474.3	543.3	543.3	561.4

原料用ばれいしょ・累年

5	6	7	8	9 (旧)	9 (新)	10	11	12	
(24)	(25)	(26)	(27)	(28)	(29)	(30)	(31)	(32)	
38,460	38,065	38,547	39,037	39,475	39,475	39,240	39,995	40,175	(1)
11,008	11,468	11,466	11,331	11,486	11,486	11,157	10,974	11,245	(2)
7,921	7,960	7,818	7,278	7,940	7,940	7,703	8,177	8,145	(3)
5,796	6,315	6,385	6,425	6,296	6,296	6,293	6,270	6,228	(4)
1,576	1,425	1,443	1,562	1,647	1,647	1,604	1,479	1,613	(5)
193	205	170	184	214	214	146	172	180	(6)
35	6	13	20	19	19	40	70	75	(7)
1,144	1,144	1,274	1,372	1,163	1,163	1,289	1,235	1,259	(8)
1,469	1,349	1,433	1,559	1,481	1,481	1,510	1,598	1,622	(9)
1,211	1,159	1,010	1,096	1,075	1,075	939	975	955	(10)
…	…	…	…	…	…	…	…	…	(11)
7,878	6,805	7,205	7,842	7,937	7,937	8,342	8,802	8,611	(12)
229	229	330	368	217	217	217	243	242	(13)
12,918	12,783	13,056	13,370	13,992	15,335	15,323	14,391	13,938	(14)
12,571	12,426	12,584	12,864	13,402	14,745	14,973	13,915	13,389	(15)
51,378	50,848	51,603	52,407	53,467	54,810	54,563	54,386	54,113	(16)
31,989	32,156	32,862	32,708	33,993	33,993	33,378	34,587	35,056	(17)
13,460	13,571	13,315	13,892	14,190	15,533	16,155	14,476	13,910	(18)
5,929	5,121	5,426	5,807	5,284	5,284	5,030	5,323	5,147	(19)
51,378	50,848	51,603	52,407	53,467	54,810	54,563	54,386	54,113	(20)
1,418	1,651	1,648	1,783	1,854	1,854	1,636	1,437	1,350	(21)
1,349	1,662	1,163	1,676	640	640	1,268	1,364	1,574	(22)
54,145	54,161	54,414	55,866	55,961	57,304	57,467	57,187	57,037	(23)
1,722	1,362	1,343	1,285	1,278	1,296	1,110	1,253	1,271	(24)
10,819	9,765	9,981	9,286	10,597	10,597	9,908	9,829	9,353	(25)
66,686	65,288	65,738	66,437	67,836	69,197	68,485	68,269	67,661	(26)
1,219	1,131	1,164	1,311	1,163	1,193	1,319	1,355	1,390	(27)
759	716	742	818	739	739	807	862	901	(28)
319	301	300	347	309	339	390	361	357	(29)
141	114	122	146	115	115	122	132	132	(30)
1,219	1,131	1,164	1,311	1,163	1,193	1,319	1,355	1,390	(31)
1,285	1,205	1,227	1,398	1,217	1,247	1,390	1,425	1,465	(32)
1,583	1,452	1,482	1,663	1,476	1,506	1,657	1,701	1,738	(33)
77,623	69,355	74,417	64,992	75,216	75,216	65,682	63,868	61,814	(34)
77,623	69,355	74,417	64,992	75,216	75,216	65,682	63,868	61,814	(35)
－	－	－	－	－	－	－	－	－	(36)
1,842	1,542	1,679	1,629	1,640	1,640	1,589	1,591	1,590	(37)
36,049	27,620	32,587	21,990	32,657	32,657	23,188	20,596	18,166	(38)
31,484	25,398	29,931	20,527	30,955	30,955	21,008	19,686	18,234	(39)
23,508	16,493	21,263	11,419	20,782	20,764	12,170	9,514	7,542	(40)
20,531	15,166	19,530	10,660	19,699	19,682	11,026	9,093	7,570	(41)
9.7	9.2	9.25	9.18	9.09	9.09	9.20	8.83	8.65	(42)
9.2	8.7	8.71	8.57	8.44	8.44	8.83	8.37	7.97	(43)
4,213	4,498	4,432	3,989	4,585	4,585	4,134	4,016	3,889	(44)
629.0	678.1	669.0	684.5	627.6	627.6	641.0	656.3	630.2	(45)

累年統計（続き）
2　原料用ばれいしょ（続き）

区分	単位	平成13年産	14	15	16	17	18	19 (旧)
		(33)	(34)	(35)	(36)	(37)	(38)	(39)
10 a 当たり								
物財費 (1)	円	41,068	43,544	45,301	45,351	45,097	45,528	45,691
種苗費 (2)	〃	11,197	11,736	11,428	11,836	12,239	12,126	12,431
肥料費 (3)	〃	7,871	7,870	8,454	7,763	8,428	7,934	8,485
農業薬剤費 (4)	〃	6,746	7,222	7,023	7,213	6,784	6,913	6,725
光熱動力費 (5)	〃	1,742	2,048	2,344	2,416	2,541	2,967	3,115
その他の諸材料費 (6)	〃	168	165	146	155	157	296	269
土地改良及び水利費 (7)	〃	37	165	213	165	142	116	161
賃借料及び料金 (8)	〃	1,077	1,080	906	785	785	1,042	901
物件税及び公課諸負担 (9)	〃	1,665	1,735	1,849	1,825	1,699	1,696	1,719
建物費 (10)	〃	1,155	1,292	1,132	1,161	927	977	882
自動車費 (11)	〃	…	…	…	2,272	2,221	1,877	1,881
農機具費 (12)	〃	9,103	9,893	11,518	9,422	8,792	9,202	8,694
生産管理費 (13)	〃	307	338	288	338	382	382	428
労働費 (14)	〃	14,412	14,362	14,140	13,879	13,570	13,212	13,149
うち家族 (15)	〃	13,921	13,991	13,720	13,346	13,228	12,860	12,758
費用合計 (16)	〃	55,480	57,906	59,441	59,230	58,667	58,740	58,840
購入（支払） (17)	〃	35,344	36,857	38,036	38,647	38,348	39,293	39,364
自給 (18)	〃	14,644	14,750	14,663	14,174	14,158	13,446	13,460
償却 (19)	〃	5,492	6,299	6,742	6,409	6,161	6,001	6,016
生産費（副産物価額差引） (20)	〃	55,480	57,906	59,441	59,230	58,667	58,740	58,840
支払利子 (21)	〃	1,371	1,154	833	821	819	800	737
支払地代 (22)	〃	1,887	1,512	1,853	1,616	1,888	1,973	2,354
支払利子・地代算入生産費 (23)	〃	58,738	60,572	62,127	61,667	61,374	61,513	61,931
自己資本利子 (24)	〃	1,425	1,726	2,016	1,786	1,726	1,995	1,955
自作地地代 (25)	〃	8,848	8,618	7,706	7,988	7,673	7,814	7,487
資本利子・地代全額算入生産費 (26) （全算入生産費）	〃	69,011	70,916	71,849	71,441	70,773	71,322	71,373
100 kg 当たり								
費用合計 (27)	〃	1,294	1,269	1,275	1,311	1,343	1,439	1,330
購入（支払） (28)	〃	824	808	817	856	877	964	888
自給 (29)	〃	342	323	314	315	324	329	304
償却 (30)	〃	128	138	144	140	142	146	138
生産費（副産物価額差引） (31)	〃	1,294	1,269	1,275	1,311	1,343	1,439	1,330
支払利子・地代算入生産費 (32)	〃	1,370	1,327	1,333	1,365	1,405	1,507	1,400
資本利子・地代全額算入生産費 (33) （全算入生産費）	〃	1,609	1,554	1,541	1,582	1,621	1,747	1,613
粗収益								
10 a 当たり (34)	〃	69,936	77,698	84,004	80,972	77,584	68,791	58,836
主産物 (35)	〃	69,936	77,698	84,004	80,972	77,584	68,791	58,836
副産物 (36)	〃	–	–	–	–	–	–	–
100 kg 当たり (37)	〃	1,630	1,705	1,803	1,798	1,777	1,681	1,328
所得（10 a 当たり） (38)	〃	25,119	31,117	35,597	32,651	29,438	20,138	9,663
〃（1日当たり） (39)	〃	24,566	28,646	32,922	31,471	28,790	20,341	9,810
家族労働報酬（10 a 当たり） (40)	〃	14,846	20,773	25,875	22,877	20,039	10,329	221
〃（1日当たり） (41)	〃	14,519	19,124	23,931	22,050	19,598	10,433	224
投下労働時間（10 a 当たり） (42)	時間	8.78	9.11	9.16	8.93	8.56	8.34	8.34
うち家族 (43)	〃	8.18	8.69	8.65	8.30	8.18	7.92	7.88
主産物数量（10 a 当たり） (44)	kg	4,290	4,559	4,660	4,504	4,367	4,093	4,429
作付実面積（1戸（経営体）当たり） (45)	a	648.0	613.2	618.7	649.5	650.3	677.6	710.1

注：1　平成19年産から平成22年産の粗収益等については、水田・畑作経営所得安定対策の生産条件不利補正対策に係る毎年の生産量・品質に基づく交付金を、主産物価額に含む（以下141ページまで同じ。）。

原料用ばれいしょ・累年

	19 (新)	20	21	22	23	24	25	26	27	28	
	(40)	(41)	(42)	(43)	(44)	(45)	(46)	(47)	(48)	(49)	
	45,711	51,490	55,664	53,670	54,622	57,419	56,319	57,344	59,188	60,617	(1)
	12,431	12,727	12,752	12,225	12,174	12,767	12,568	12,782	13,789	14,132	(2)
	8,485	9,741	12,992	10,640	10,609	10,718	10,473	10,630	10,946	11,370	(3)
	6,725	7,004	7,781	8,413	8,734	9,616	9,389	9,742	10,135	10,801	(4)
	3,115	3,600	2,636	3,065	3,472	3,494	3,738	3,819	3,027	2,609	(5)
	269	274	186	199	160	205	160	271	253	196	(6)
	161	253	147	179	229	174	210	243	188	174	(7)
	901	512	538	712	663	845	703	775	878	1,218	(8)
	1,719	1,700	1,715	1,717	1,796	1,793	1,890	2,033	2,100	2,169	(9)
	882	1,473	1,378	1,452	1,502	1,517	1,234	1,275	1,521	1,454	(10)
	1,881	2,519	2,746	2,347	2,333	2,382	2,277	2,013	2,114	1,929	(11)
	8,714	11,216	12,391	12,318	12,520	13,509	13,284	13,405	13,839	14,085	(12)
	428	471	402	403	430	399	393	356	398	480	(13)
	13,149	13,125	14,049	13,654	14,125	14,490	14,785	14,889	14,334	14,555	(14)
	12,758	12,749	13,642	13,296	13,767	14,148	14,490	14,560	14,035	14,176	(15)
	58,860	64,615	69,713	67,324	68,747	71,909	71,104	72,233	73,522	75,172	(16)
	39,364	41,789	46,133	44,415	45,201	47,508	47,670	48,811	50,529	51,983	(17)
	13,460	13,444	14,181	13,786	14,107	14,795	15,149	15,071	14,385	14,527	(18)
	6,036	9,382	9,399	9,123	9,439	9,606	8,285	8,351	8,608	8,662	(19)
	58,860	64,615	69,713	67,324	68,747	71,909	71,104	72,233	73,522	75,172	(20)
	737	666	428	410	473	423	395	379	353	329	(21)
	2,354	2,588	2,167	1,295	1,699	1,717	1,818	1,711	1,997	1,914	(22)
	61,951	67,869	72,308	69,029	70,919	74,049	73,317	74,323	75,872	77,415	(23)
	1,955	2,089	2,222	2,078	2,045	2,052	2,068	2,238	2,348	2,163	(24)
	7,487	7,072	7,372	8,178	7,761	7,723	7,459	7,692	7,200	7,284	(25)
	71,393	77,030	81,902	79,285	80,725	83,824	82,844	84,253	85,420	86,862	(26)
	1,330	1,491	1,754	1,822	1,705	1,732	1,743	1,702	1,733	2,070	(27)
	888	962	1,161	1,201	1,122	1,145	1,170	1,150	1,192	1,433	(28)
	304	312	356	374	349	356	371	355	340	400	(29)
	138	217	237	247	234	231	202	197	201	237	(30)
	1,330	1,491	1,754	1,822	1,705	1,732	1,743	1,702	1,733	2,070	(31)
	1,400	1,566	1,819	1,868	1,759	1,783	1,798	1,751	1,788	2,131	(32)
	1,613	1,778	2,061	2,146	2,002	2,018	2,033	1,985	2,012	2,392	(33)
	58,836	58,942	59,318	58,345	65,569	66,205	66,309	68,119	67,272	55,852	(34)
	58,836	58,942	59,318	58,345	65,569	66,205	66,309	68,119	67,272	55,852	(35)
	-	-	-	-	-	-	-	-	-	-	(36)
	1,328	1,362	1,493	1,581	1,625	1,596	1,629	1,605	1,585	1,539	(37)
	9,643	3,822	652	2,612	8,417	6,304	7,482	8,356	5,435	△ 7,387	(38)
	9,790	3,915	642	2,632	8,242	6,054	7,042	7,846	5,335	-	(39)
	201	△ 5,339	△ 8,942	△ 7,644	△ 1,389	△ 3,471	△ 2,045	△ 1,574	△ 4,113	△ 16,834	(40)
	204	-	-	-	-	-	-	-	-	-	(41)
	8.34	8.22	8.59	8.33	8.53	8.70	8.84	8.81	8.45	8.56	(42)
	7.88	7.81	8.13	7.94	8.17	8.33	8.50	8.52	8.15	8.24	(43)
	4,429	4,327	3,974	3,690	4,035	4,147	4,070	4,244	4,243	3,629	(44)
	710.1	681.4	681.9	698.6	683.8	700.2	707.2	718.4	735.7	776.8	(45)

2 平成23年産以降の粗収益等については、以下の交付金を主産物価額に含めていないため、利用に当たっては留意されたい（以下141ページまで同じ。）。
　① 平成23年産及び24年産は、農業者戸別所得補償制度における交付金（畑作物の所得補償交付金及び水田活用の所得補償交付金（戦略作物助成、二毛作助成及び産地資金））
　② 平成25年産から平成28年産は、経営所得安定対策における交付金（畑作物の直接支払交付金及び水田活用の直接支払交付金（戦略作物助成、二毛作助成及び産地資金（平成26年産からは産地交付金）））

累年統計（続き）
3　てんさい

区　分		単位	昭和46年産	47	48	49	50	51	52
			(1)	(2)	(3)	(4)	(5)	(6)	(7)
10 a 当たり									
物財費	(1)	円	**17,505**	**19,764**	**21,938**	**29,447**	**37,924**	**42,814**	**46,105**
種苗費	(2)	〃	925	1,107	1,058	1,444	2,470	2,507	3,090
肥料費	(3)	〃	8,467	9,877	10,803	14,649	20,391	22,972	24,817
農業薬剤費	(4)	〃	1,384	1,650	2,038	2,794	3,534	3,617	3,791
光熱動力費	(5)	〃	274	285	430	793	923	1,111	1,136
その他の諸材料費	(6)	〃	1,316	1,352	1,494	1,866	1,947	1,982	1,890
土地改良及び水利費	(7)	〃	−	−	29	29	3	7	3
賃借料及び料金	(8)	〃	1,411	1,998	1,645	2,115	1,917	1,955	2,383
物件税及び公課諸負担	(9)	〃	…	…	…	…	…	…	…
建物費	(10)	〃	465	618	717	903	896	985	1,168
自動車費	(11)	〃	…	…	…	…	…	…	…
農機具費	(12)	〃	2,495	2,452	3,470	4,559	5,605	7,424	7,661
生産管理費	(13)	〃	…	…	…	…	…	…	…
労働費	(14)	〃	**9,253**	**9,715**	**9,581**	**13,804**	**15,534**	**21,962**	**21,230**
うち家族	(15)	〃	7,429	7,909	7,836	10,683	12,523	18,837	18,506
費用合計	(16)	〃	**26,758**	**29,479**	**31,519**	**43,251**	**53,458**	**64,776**	**67,335**
購入（支払）	(17)	〃	14,904	17,524	18,937	26,302	33,327	35,213	37,332
自給	(18)	〃	9,294	9,329	9,046	12,719	15,005	23,010	23,121
償却	(19)	〃	2,560	2,626	3,536	4,230	5,126	6,553	6,882
生産費（副産物価額差引）	(20)	〃	**26,758**	**29,479**	**31,519**	**43,249**	**53,458**	**64,776**	**67,335**
支払利子	(21)	〃	…	…	…	…	…	…	…
支払地代	(22)	〃	…	…	…	…	…	…	…
支払利子・地代算入生産費	(23)	〃	…	…	…	…	…	…	…
自己資本利子	(24)	〃	862	898	1,074	1,420	1,771	2,152	2,286
自作地地代	(25)	〃	2,908	3,123	3,681	4,002	4,663	5,503	6,485
資本利子・地代全額算入生産費（全算入生産費）	(26)	〃	**30,528**	**33,500**	**36,274**	**48,671**	**59,892**	**72,431**	**76,106**
1 t 当たり									
費用合計	(27)	〃	**6,058**	**5,555**	**6,192**	**10,137**	**13,735**	**12,245**	**13,667**
購入（支払）	(28)	〃	3,374	3,302	3,720	6,165	8,563	6,656	7,577
自給	(29)	〃	2,104	1,758	1,777	2,980	3,855	4,350	4,693
償却	(30)	〃	580	495	695	992	1,317	1,239	1,397
生産費（副産物価額差引）	(31)	〃	**6,058**	**5,555**	**6,192**	**10,137**	**13,735**	**12,245**	**13,667**
支払利子・地代算入生産費	(32)	〃	…	…	…	…	…	…	…
資本利子・地代全額算入生産費（全算入生産費）	(33)	〃	**6,911**	**6,312**	**7,126**	**11,408**	**15,388**	**13,692**	**15,447**
粗収益									
10 a 当たり	(34)	〃	34,649	43,017	42,396	46,092	46,238	67,964	77,838
主産物	(35)	〃	34,649	43,017	42,396	46,090	46,238	67,964	77,838
副産物	(36)	〃	−	−	−	2	−	−	−
1 t 当たり	(37)	〃	7,936	8,079	8,329	10,803	11,880	12,847	15,799
所得（10 a 当たり）	(38)	〃	15,320	21,447	18,713	13,524	5,303	22,025	29,009
〃（1日当たり）	(39)	〃	3,295	4,861	4,845	3,606	1,438	5,953	8,659
家族労働報酬（10 a 当たり）	(40)	〃	11,550	17,426	13,958	8,102	△ 1,131	14,370	20,238
〃（1日当たり）	(41)	〃	2,484	3,949	3,614	2,161	−	3,884	6,041
投下労働時間（10 a 当たり）	(42)	時間	**46.6**	**43.6**	**37.9**	**39.1**	**36.5**	**36.4**	**32.4**
うち家族	(43)	〃	37.2	35.3	30.9	30.0	29.5	29.6	26.8
主産物数量（10 a 当たり）	(44)	kg	**4,416**	**5,307**	**5,090**	**4,266**	**3,892**	**5,290**	**4,927**
作付実面積（1戸当たり）	(45)	a	**212.5**	**253.3**	**314.2**	**282.6**	**286.9**	**274.2**	**299.9**

てんさい・累年

53	54	55	56	57	58	59	60	61	
(8)	(9)	(10)	(11)	(12)	(13)	(14)	(15)	(16)	
47,970	49,766	54,895	61,071	62,709	63,394	63,514	65,216	64,525	(1)
2,962	3,248	3,436	3,582	3,328	3,161	3,169	3,412	3,263	(2)
24,634	23,634	25,872	29,645	28,815	28,748	26,980	26,162	24,824	(3)
4,451	4,593	5,023	5,874	6,136	5,644	6,345	6,679	6,526	(4)
1,127	1,380	2,035	2,126	2,420	2,193	2,013	2,064	1,791	(5)
2,171	2,322	2,652	2,680	3,086	3,074	3,049	3,208	3,547	(6)
6	-	-	-	-	-	-	-	-	(7)
2,693	2,659	2,479	2,472	2,253	1,984	2,149	1,904	2,183	(8)
...	...	...	...	...	...	...	...	...	(9)
1,129	1,306	1,424	1,353	1,609	1,956	2,045	2,220	2,178	(10)
...	...	...	...	...	...	...	...	...	(11)
8,711	10,603	11,954	13,329	15,058	16,634	17,764	19,567	20,213	(12)
...	...	...	...	...	...	...	...	...	(13)
21,982	22,760	23,847	24,178	24,452	25,487	23,050	23,273	23,017	(14)
1,944	19,633	20,583	21,947	22,309	22,953	21,099	21,507	21,213	(15)
69,952	72,526	78,742	85,249	87,161	88,881	86,564	88,489	87,542	(16)
39,061	40,069	44,179	48,561	48,032	47,631	46,766	46,859	45,411	(17)
23,164	23,144	23,496	24,350	24,999	25,420	23,390	23,536	23,125	(18)
7,727	9,313	11,067	12,338	14,130	15,830	16,408	18,094	19,006	(19)
69,952	72,526	78,742	85,236	87,149	88,878	86,564	88,489	87,542	(20)
...	...	...	...	...	...	...	...	...	(21)
...	...	...	...	...	...	...	...	...	(22)
...	...	...	...	...	...	...	...	...	(23)
2,460	2,763	3,141	3,477	3,681	3,850	3,736	3,768	3,678	(24)
8,257	8,934	10,003	11,224	11,997	12,734	12,696	12,523	12,981	(25)
80,669	84,223	91,886	99,937	102,827	105,462	102,996	104,780	104,201	(26)
13,421	12,422	13,836	17,364	14,231	19,082	15,230	15,882	16,145	(27)
7,494	6,862	7,763	9,891	7,842	10,226	8,228	8,410	8,375	(28)
4,444	3,965	4,128	4,960	4,082	5,457	4,115	4,224	4,265	(29)
1,483	1,595	1,945	2,513	2,307	3,399	2,887	3,248	3,505	(30)
13,421	12,422	13,836	17,361	14,229	19,081	15,230	15,882	16,145	(31)
...	...	...	...	...	...	...	...	...	(32)
15,477	14,425	16,146	20,355	16,789	22,641	18,121	18,806	19,217	(33)
89,533	103,949	109,110	96,848	123,525	94,219	114,998	112,778	111,741	(34)
89,533	103,949	109,110	96,835	123,513	94,216	114,998	112,778	111,741	(35)
-	-	-	13	12	3	-	-	-	(36)
17,178	17,804	19,171	19,726	20,167	20,227	20,234	20,244	20,606	(37)
39,025	51,056	50,951	33,546	58,673	28,291	49,533	45,796	45,412	(38)
12,148	16,536	16,984	10,954	20,059	9,550	18,604	17,200	17,551	(39)
28,308	39,359	37,807	18,845	42,995	11,707	33,101	29,505	28,753	(40)
8,812	12,748	12,602	6,153	14,699	3,952	12,432	11,082	11,112	(41)
30.7	30.3	29.3	28.1	26.8	27.2	24.1	23.8	23.3	(42)
25.7	24.7	24.0	24.5	23.4	23.7	21.3	21.3	20.7	(43)
5,212	5,839	5,691	4,910	6,125	4,658	5,683	5,571	5,423	(44)
332.6	347.6	349.9	402.8	407.4	432.5	466.6	452.0	461.2	(45)

累年統計（続き）
3　てんさい（続き）

区分	単位	昭和62年産	63	平成元年産	2	3 (旧)	3 (新)	4
		(17)	(18)	(19)	(20)	(21)	(22)	(23)
10 a 当たり								
物財費 (1)	円	**60,989**	**57,454**	**56,318**	**56,921**	**56,629**	**51,262**	**50,238**
種苗費 (2)	〃	2,845	2,629	2,938	2,571	2,549	2,549	2,627
肥料費 (3)	〃	21,740	20,256	19,831	20,026	19,928	20,094	19,833
農業薬剤費 (4)	〃	6,733	6,488	6,605	7,365	7,783	7,783	8,019
光熱動力費 (5)	〃	1,518	1,319	1,306	1,543	1,645	1,645	1,599
その他の諸材料費 (6)	〃	3,330	3,339	3,193	3,293	3,370	3,378	3,286
土地改良及び水利費 (7)	〃	−	−	−	1	6	116	74
賃借料及び料金 (8)	〃	1,403	1,429	1,201	1,631	1,478	1,478	1,427
物件税及び公課諸負担 (9)	〃	…	…	…	…	…	1,575	1,674
建物費 (10)	〃	2,129	2,008	2,038	1,946	1,927	1,855	1,672
自動車費 (11)	〃	…	…	…	…	…	…	…
農機具費 (12)	〃	21,291	19,986	19,206	18,545	17,943	10,520	9,785
生産管理費 (13)	〃	…	…	…	…	…	269	242
労働費 (14)	〃	**21,618**	**20,196**	**19,646**	**21,496**	**21,741**	**24,786**	**24,759**
うち家族 (15)	〃	19,636	18,762	18,424	20,259	20,399	23,444	23,564
費用合計 (16)	〃	**82,607**	**77,650**	**75,964**	**78,417**	**78,370**	**76,048**	**74,997**
購入（支払）(17)	〃	41,016	38,183	37,806	38,721	39,903	42,063	41,884
自給 (18)	〃	21,753	21,096	20,484	22,721	22,487	25,765	25,567
償却 (19)	〃	19,838	18,371	17,674	16,975	15,980	8,220	7,546
生産費（副産物価額差引）(20)	〃	**82,607**	**77,650**	**75,964**	**78,417**	**78,370**	**76,048**	**74,997**
支払利子 (21)	〃	…	…	…	…	…	1,177	1,079
支払地代 (22)	〃	…	…	…	…	…	881	1,144
支払利子・地代算入生産費 (23)	〃	**…**	**…**	**…**	**…**	**…**	**78,106**	**77,220**
自己資本利子 (24)	〃	3,523	3,292	3,241	3,204	3,012	2,208	2,351
自作地地代 (25)	〃	12,954	12,784	12,790	11,974	11,367	10,486	10,709
資本利子・地代全額算入生産費 (26) （全算入生産費）	〃	**99,084**	**93,726**	**91,995**	**93,595**	**92,749**	**90,800**	**90,280**
1 t 当たり								
費用合計 (27)	〃	**15,056**	**14,196**	**14,975**	**13,626**	**13,637**	**13,235**	**14,691**
購入（支払）(28)	〃	7,475	6,981	7,453	6,726	6,943	7,319	8,203
自給 (29)	〃	3,965	3,857	4,038	3,947	3,913	4,485	5,009
償却 (30)	〃	3,616	3,358	3,484	2,953	2,781	1,431	1,479
生産費（副産物価額差引）(31)	〃	**15,056**	**14,196**	**14,975**	**13,626**	**13,637**	**13,235**	**14,691**
支払利子・地代算入生産費 (32)	〃	**…**	**…**	**…**	**…**	**…**	**13,593**	**15,126**
資本利子・地代全額算入生産費 (33) （全算入生産費）	〃	**18,059**	**17,135**	**18,135**	**16,262**	**16,139**	**15,802**	**17,684**
粗収益								
10 a 当たり (34)	〃	105,545	103,119	94,755	97,721	104,008	104,008	92,596
主産物 (35)	〃	105,545	103,119	94,755	97,721	104,008	104,008	92,596
副産物 (36)	〃	−	−	−	−	−	−	−
1 t 当たり (37)	〃	19,238	18,851	18,682	16,980	18,101	18,101	18,138
所得（10 a 当たり）(38)	〃	42,574	44,231	37,215	39,563	46,037	49,346	38,940
〃（1日当たり）(39)	〃	17,556	19,024	16,726	17,108	20,691	21,572	17,307
家族労働報酬（10 a 当たり）(40)	〃	26,097	28,155	21,184	24,385	31,658	36,652	25,880
〃（1日当たり）(41)	〃	10,762	12,110	9,521	10,545	14,228	16,023	11,502
投下労働時間（10 a 当たり）(42)	時間	**22.0**	**20.5**	**19.5**	**20.1**	**19.5**	**20.0**	**19.7**
うち家族 (43)	〃	19.4	18.6	17.8	18.5	17.8	18.3	18.0
主産物数量（10 a 当たり）(44)	kg	**5,486**	**5,470**	**5,072**	**5,757**	**5,746**	**5,746**	**5,105**
作付実面積（1戸当たり）(45)	a	**463.1**	**480.3**	**487.3**	**458.0**	**478.5**	**478.5**	**499.4**

5	6	7	8	9 (旧)	9 (新)	10	11	12	
(24)	(25)	(26)	(27)	(28)	(29)	(30)	(31)	(32)	
51,738	**50,618**	**50,373**	**50,977**	**51,475**	**51,475**	**52,089**	**52,812**	**53,889**	**(1)**
2,759	2,514	2,457	2,461	2,931	2,931	2,778	2,655	2,636	(2)
19,998	18,267	17,601	17,634	17,800	17,800	18,260	18,006	17,897	(3)
8,018	8,962	8,335	8,700	8,682	8,682	8,030	8,997	9,691	(4)
1,653	1,513	1,593	1,638	1,729	1,729	1,730	1,788	1,929	(5)
3,376	3,772	3,850	3,677	3,823	3,823	3,819	4,005	3,955	(6)
78	27	60	108	110	110	74	137	219	(7)
1,635	1,505	1,593	1,658	1,987	1,987	2,241	2,285	2,337	(8)
1,597	1,525	1,638	1,734	1,662	1,662	1,594	1,504	1,505	(9)
1,828	1,676	1,774	1,639	1,658	1,658	1,864	1,963	1,979	(10)
…	…	…	…	…	…	…	…	…	(11)
10,483	10,616	11,194	11,497	10,816	10,816	11,346	11,141	11,377	(12)
313	241	278	231	227	227	353	331	364	(13)
24,409	**24,943**	**25,673**	**26,775**	**28,372**	**31,599**	**29,536**	**27,898**	**26,665**	**(14)**
23,076	23,769	25,325	25,579	27,113	30,340	28,270	26,345	25,069	(15)
76,147	**75,561**	**77,046**	**77,752**	**79,847**	**83,074**	**81,625**	**80,710**	**80,554**	**(16)**
43,073	41,680	43,298	42,873	44,652	44,652	45,132	46,494	47,574	(17)
25,181	25,631	25,913	26,433	27,469	30,696	28,595	26,503	25,556	(18)
7,893	8,250	7,835	8,446	7,726	7,726	7,898	7,713	7,424	(19)
76,147	**75,561**	**77,046**	**77,752**	**79,847**	**83,074**	**81,625**	**80,710**	**80,554**	**(20)**
1,009	920	1,074	1,315	1,507	1,507	1,590	1,752	1,783	(21)
1,096	1,333	1,265	1,641	1,627	1,627	1,442	1,579	1,903	(22)
78,252	**77,814**	**79,385**	**80,708**	**82,981**	**86,208**	**84,657**	**84,041**	**84,240**	**(23)**
2,541	2,613	2,365	2,191	2,032	2,090	2,069	1,883	1,831	(24)
10,632	10,451	10,027	9,640	9,430	9,430	9,518	8,892	8,568	(25)
91,425	**90,878**	**91,777**	**92,539**	**94,443**	**97,728**	**96,244**	**94,816**	**94,639**	**(26)**
15,843	**12,918**	**13,538**	**15,992**	**14,533**	**15,121**	**13,623**	**14,917**	**15,221**	**(27)**
8,962	7,127	7,608	8,818	8,127	8,127	7,533	8,593	8,989	(28)
5,239	4,381	4,553	5,437	4,999	5,587	4,772	4,898	4,829	(29)
1,642	1,410	1,377	1,737	1,407	1,407	1,318	1,426	1,403	(30)
15,843	**12,918**	**13,538**	**15,992**	**14,533**	**15,121**	**13,623**	**14,917**	**15,221**	**(31)**
16,281	**13,303**	**13,949**	**16,599**	**15,103**	**15,691**	**14,129**	**15,533**	**15,918**	**(32)**
19,022	**15,537**	**16,127**	**19,032**	**17,189**	**17,787**	**16,063**	**17,524**	**17,883**	**(33)**
89,885	91,468	101,773	87,998	98,302	98,302	99,042	90,960	82,657	(34)
89,885	91,468	101,773	87,998	98,302	98,302	99,042	90,960	82,657	(35)
–	–	–	–	–	–	–	–	–	(36)
18,702	15,636	17,880	18,097	17,890	17,890	16,531	16,811	15,620	(37)
34,709	37,423	47,713	32,869	42,434	42,434	42,655	33,264	23,486	(38)
16,334	17,820	21,432	15,069	19,454	19,454	20,300	16,622	12,551	(39)
21,536	24,359	35,321	21,038	30,972	30,914	31,068	22,489	13,087	(40)
10,135	11,600	15,866	9,645	14,199	14,173	14,785	11,237	6,994	(41)
18.6	**18.2**	**19.33**	**18.87**	**18.95**	**18.95**	**18.28**	**17.56**	**16.56**	**(42)**
17.0	16.8	17.81	17.45	17.45	17.45	16.81	16.01	14.97	(43)
4,806	**5,850**	**5,692**	**4,862**	**5,495**	**5,495**	**5,991**	**5,411**	**5,292**	**(44)**
522.9	**545.0**	**553.9**	**573.9**	**582.7**	**582.7**	**602.9**	**605.1**	**608.3**	**(45)**

累年統計（続き）

3　てんさい（続き）

区分	単位	平成13年産	14	15	16	17	18	19 (旧)
		(33)	(34)	(35)	(36)	(37)	(38)	(39)
10 a 当たり								
物財費 (1)	円	54,615	56,739	57,633	57,756	59,432	61,106	60,748
種苗費 (2)	〃	2,739	2,735	2,591	2,537	2,608	2,553	2,630
肥料費 (3)	〃	17,992	18,319	18,423	18,129	18,959	18,648	18,945
農業薬剤費 (4)	〃	9,606	9,709	9,149	8,824	9,390	9,820	9,773
光熱動力費 (5)	〃	2,082	2,300	2,483	2,735	3,186	3,549	3,666
その他の諸材料費 (6)	〃	4,028	4,099	4,029	4,267	4,083	4,444	4,400
土地改良及び水利費 (7)	〃	297	335	339	304	283	374	350
賃借料及び料金 (8)	〃	2,464	2,716	2,852	2,856	2,951	3,426	2,971
物件税及び公課諸負担 (9)	〃	1,525	1,620	1,601	1,683	1,757	1,756	1,696
建物費 (10)	〃	2,025	2,050	2,196	2,098	1,866	1,940	1,861
自動車費 (11)	〃	…	…	…	2,025	2,210	2,144	2,193
農機具費 (12)	〃	11,459	12,483	13,569	11,909	11,714	12,030	11,817
生産管理費 (13)	〃	398	373	401	389	425	422	446
労働費 (14)	〃	27,366	25,718	24,618	24,919	23,895	23,620	23,382
うち家族 (15)	〃	25,811	23,846	22,736	23,080	22,115	21,781	21,786
費用合計 (16)	〃	81,981	82,457	82,251	82,675	83,327	84,726	84,130
購入（支払）(17)	〃	48,344	49,986	50,307	50,734	52,151	53,723	53,426
自給 (18)	〃	26,342	24,287	23,230	23,512	22,640	22,301	22,284
償却 (19)	〃	7,295	8,184	8,714	8,429	8,536	8,702	8,420
生産費（副産物価額差引） (20)	〃	81,981	82,457	82,251	82,675	83,327	84,726	84,130
支払利子 (21)	〃	1,651	1,538	1,005	877	918	959	965
支払地代 (22)	〃	1,898	2,381	2,386	2,031	2,287	2,166	2,033
支払利子・地代算入生産費 (23)	〃	85,530	86,376	85,642	85,583	86,532	87,851	87,128
自己資本利子 (24)	〃	1,855	2,137	2,349	2,294	2,418	2,528	2,554
自作地地代 (25)	〃	8,154	7,311	7,262	7,266	6,863	6,902	6,990
資本利子・地代全額算入生産費 (26) （全算入生産費）	〃	95,539	95,824	95,253	95,143	95,813	97,281	96,672
1 t 当たり								
費用合計 (27)	〃	14,281	13,457	13,549	12,188	13,550	14,539	13,216
購入（支払）(28)	〃	8,423	8,157	8,286	7,477	8,480	9,220	8,392
自給 (29)	〃	4,588	3,964	3,828	3,467	3,681	3,827	3,502
償却 (30)	〃	1,270	1,336	1,435	1,244	1,389	1,492	1,322
生産費（副産物価額差引） (31)	〃	14,281	13,457	13,549	12,188	13,550	14,539	13,216
支払利子・地代算入生産費 (32)	〃	14,900	14,097	14,108	12,616	14,071	15,076	13,687
資本利子・地代全額算入生産費 (33) （全算入生産費）	〃	16,643	15,639	15,691	14,025	15,580	16,694	15,186
粗収益								
10 a 当たり (34)	〃	102,006	110,828	110,962	117,069	101,297	94,397	66,010
主産物 (35)	〃	102,006	110,828	110,962	117,069	101,297	94,397	66,010
副産物 (36)	〃	–	–	–	–	–	–	–
1 t 当たり (37)	〃	17,769	18,086	18,279	17,256	16,472	16,198	10,368
所得（10 a 当たり）(38)	〃	42,287	48,298	48,056	54,566	36,880	28,327	668
〃（1 日当たり）(39)	〃	22,271	26,213	27,112	30,420	21,567	16,886	394
家族労働報酬（10 a 当たり）(40)	〃	32,278	38,850	38,445	45,006	27,599	18,897	△ 8,876
〃（1 日当たり）(41)	〃	17,000	21,085	21,690	25,090	16,140	11,265	–
投下労働時間（10 a 当たり） (42)	時間	16.70	16.43	15.98	16.17	15.50	15.30	15.20
うち家族 (43)	〃	15.19	14.74	14.18	14.35	13.68	13.42	13.55
主産物数量（10 a 当たり） (44)	kg	5,741	6,128	6,070	6,784	6,150	5,828	6,367
作付実面積（1 戸当たり） (45)	a	613.3	626.1	647.5	659.4	669.3	687.1	702.3

てんさい・累年

19(新)	20	21	22	23	24	25	26	27	28	
(40)	(41)	(42)	(43)	(44)	(45)	(46)	(47)	(48)	(49)	
60,819	64,325	71,930	68,049	68,786	71,730	71,059	73,437	74,504	77,977	(1)
2,630	2,652	2,293	2,361	2,367	2,347	2,440	2,793	2,635	2,777	(2)
18,945	21,257	28,582	22,755	22,484	22,697	23,510	23,042	23,959	25,349	(3)
9,773	8,728	9,531	10,989	11,294	11,717	12,412	12,931	13,692	14,443	(4)
3,666	4,108	2,967	3,389	3,874	4,055	4,289	4,564	3,551	3,115	(5)
4,400	4,183	4,042	4,220	4,493	4,717	4,814	4,967	4,873	4,525	(6)
350	398	301	296	236	76	292	280	181	167	(7)
2,971	2,602	3,449	3,361	3,195	3,419	2,905	3,274	3,886	4,026	(8)
1,696	1,586	1,615	1,531	1,564	1,769	1,770	1,889	1,889	2,065	(9)
1,861	2,197	2,121	2,199	2,488	2,554	2,145	2,244	2,370	2,928	(10)
2,196	2,080	2,269	2,065	2,131	2,286	2,067	2,245	2,220	2,190	(11)
11,885	14,176	14,373	14,495	14,270	15,559	13,914	14,766	14,813	15,902	(12)
446	358	387	388	390	534	501	442	435	490	(13)
23,382	23,338	23,342	23,466	24,090	23,720	23,066	23,539	22,869	22,169	(14)
21,786	21,726	22,045	22,051	22,730	22,149	21,434	21,963	21,276	20,453	(15)
84,201	87,663	95,272	91,515	92,876	95,450	94,125	96,976	97,373	100,146	(16)
53,426	54,409	62,340	58,482	58,425	60,951	62,424	64,455	65,964	67,795	(17)
22,284	22,077	22,699	22,573	23,622	23,113	22,470	22,867	22,280	21,509	(18)
8,491	11,177	10,233	10,460	10,829	11,386	9,231	9,654	9,129	10,842	(19)
84,201	87,663	95,272	91,515	92,876	95,450	94,125	96,976	97,373	100,146	(20)
965	757	662	624	588	527	529	581	506	466	(21)
2,033	2,203	1,696	1,957	2,187	1,938	1,749	1,658	2,160	1,765	(22)
87,199	90,623	97,630	94,096	95,651	97,915	96,403	99,215	100,039	102,377	(23)
2,554	2,574	2,598	2,601	2,526	2,572	2,621	2,687	2,748	2,923	(24)
6,990	6,671	7,012	6,703	6,408	6,607	6,717	7,023	6,513	7,103	(25)
96,743	99,868	107,240	103,400	104,585	107,094	105,741	108,925	109,300	112,403	(26)
13,227	13,777	17,306	18,877	16,114	15,356	15,995	15,616	14,561	17,395	(27)
8,392	8,552	11,325	12,064	10,138	9,808	10,609	10,379	9,864	11,776	(28)
3,502	3,469	4,123	4,655	4,098	3,717	3,818	3,681	3,332	3,737	(29)
1,333	1,756	1,858	2,158	1,878	1,831	1,568	1,556	1,365	1,882	(30)
13,227	13,777	17,306	18,877	16,114	15,356	15,995	15,616	14,561	17,395	(31)
13,698	14,242	17,733	19,409	16,595	15,753	16,382	15,976	14,960	17,783	(32)
15,197	15,696	19,479	21,327	18,145	17,231	17,968	17,540	16,345	19,525	(33)
66,010	72,126	71,555	53,667	63,369	61,229	61,141	71,534	72,976	63,402	(34)
66,010	72,126	71,555	53,667	63,369	61,229	61,141	71,534	72,976	63,402	(35)
-	-	-	-	-	-	-	-	-	-	(36)
10,368	11,338	12,996	11,070	10,997	9,851	10,389	11,517	10,914	11,016	(37)
597	3,229	△ 4,030	△ 18,378	△ 9,552	△ 14,537	△ 13,828	△ 5,718	△ 5,787	△ 18,522	(38)
352	1,932	-	-	-	-	-	-	-	-	(39)
△ 8,947	△ 6,016	△ 13,640	△ 27,682	△ 18,486	△ 23,716	△ 23,166	△ 15,428	△ 15,048	△ 28,548	(40)
-	-	-	-	-	-	-	-	-	-	(41)
15.20	15.00	14.70	14.91	15.05	14.82	14.35	14.55	14.13	13.63	(42)
13.55	13.37	13.37	13.41	13.69	13.24	12.78	13.07	12.61	12.07	(43)
6,367	6,361	5,506	4,848	5,763	6,216	5,885	6,211	6,686	5,755	(44)
702.3	715.2	721.6	722.7	723.7	731.1	752.2	766.4	797.2	803.5	(45)

大豆・累年

累年統計（続き）
4　大豆

区分	単位	昭和46年産	47	48	49	50	51	52
		(1)	(2)	(3)	(4)	(5)	(6)	(7)
10 a 当たり								
物財費 (1)	円	5,929	6,245	8,406	11,210	14,281	15,043	15,325
種苗費 (2)	〃	528	541	714	888	1,110	1,269	1,497
肥料費 (3)	〃	2,138	1,981	2,596	3,626	5,087	6,652	5,473
農業薬剤費 (4)	〃	295	338	647	971	1,543	1,868	2,173
光熱動力費 (5)	〃	186	292	322	485	707	775	801
その他の諸材料費 (6)	〃	94	119	114	128	98	180	133
土地改良及び水利費 (7)	〃	-	-	-	-	-	-	-
賃借料及び料金 (8)	〃	193	437	900	461	166	116	102
物件税及び公課諸負担 (9)	〃	…	…	…	…	…	…	…
建物費 (10)	〃	438	309	219	279	321	238	293
自動車費 (11)	〃	…	…	…	…	…	…	…
農機具費 (12)	〃	1,598	1,889	2,582	3,988	5,120	3,901	4,853
生産管理費 (13)	〃	…	…	…	…	…	…	…
労働費 (14)	〃	4,877	5,203	5,584	8,734	10,707	14,168	13,229
うち家族 (15)	〃	3,795	4,105	4,932	8,509	9,881	13,150	12,115
費用合計 (16)	〃	10,806	11,448	13,990	19,944	24,988	29,211	28,554
購入（支払） (17)	〃	4,186	4,282	5,689	6,591	9,267	11,290	11,411
自給 (18)	〃	4,800	5,122	5,729	9,587	11,046	14,502	12,885
償却 (19)	〃	1,820	2,044	2,572	3,766	4,675	3,419	4,258
生産費（副産物価額差引） (20)	〃	10,788	11,391	13,859	19,886	24,891	29,091	28,439
支払利子 (21)	〃	…	…	…	…	…	…	…
支払地代 (22)	〃	…	…	…	…	…	…	…
支払利子・地代算入生産費 (23)	〃	…	…	…	…	…	…	…
自己資本利子 (24)	〃	549	557	647	957	1,224	1,101	1,197
自作地地代 (25)	〃	1,843	2,037	2,864	3,273	3,955	5,633	6,259
資本利子・地代全額算入生産費（全算入生産費） (26)	〃	13,180	13,985	17,370	24,116	30,070	35,825	35,895
60 kg 当たり								
費用合計 (27)	〃	5,580	4,134	4,599	6,998	7,905	8,299	8,793
購入（支払） (28)	〃	2,161	1,544	1,870	2,313	2,932	3,207	3,514
自給 (29)	〃	2,479	1,852	1,884	3,364	3,494	4,121	3,968
償却 (30)	〃	940	738	845	1,321	1,479	971	1,311
生産費（副産物価額差引） (31)	〃	5,570	4,113	4,556	6,977	7,874	8,265	8,758
支払利子・地代算入生産費 (32)	〃	…	…	…	…	…	…	…
資本利子・地代全額算入生産費（全算入生産費） (33)	〃	6,805	5,050	5,711	8,462	9,512	10,179	11,054
粗収益 10 a 当たり (34)	〃	12,063	16,601	23,984	25,274	31,817	36,334	47,267
主産物 (35)	〃	12,045	16,544	23,853	25,216	31,720	36,214	47,152
副産物 (36)	〃	18	57	131	58	97	120	115
60 kg 当たり (37)	〃	6,239	5,995	7,885	8,869	10,066	10,324	14,553
所得（10 a 当たり） (38)	〃	5,052	9,258	14,926	13,839	16,710	20,273	30,828
〃（1 日当たり） (39)	〃	1,829	3,578	6,000	4,162	5,202	6,814	12,149
家族労働報酬（10 a 当たり） (40)	〃	2,660	6,664	11,415	9,609	11,531	13,539	23,372
〃（1 日当たり） (41)	〃	963	2,575	4,589	2,890	3,589	4,551	9,211
投下労働時間（10 a 当たり） (42)	時間	27.4	25.7	22.5	27.3	27.6	26.3	22.7
うち家族 (43)	〃	22.1	20.7	19.9	26.6	25.7	23.8	20.3
主産物数量（10 a 当たり） (44)	kg	116	166	182	171	190	211	195
作付実面積（1 戸当たり） (45)	a	95.2	113.8	146.1	89.5	94.2	122.2	104.9

注：昭和61年産までは主要産地の平均値であるため、利用に当たっては留意されたい。

大豆・累年

53	54	55	56	57	58	59	60	61	
(8)	(9)	(10)	(11)	(12)	(13)	(14)	(15)	(16)	
17,945	18,833	22,682	27,094	32,578	30,319	32,073	33,555	32,604	(1)
1,912	1,818	2,345	2,199	2,747	2,512	2,227	2,661	2,523	(2)
5,776	5,541	5,679	6,998	7,837	7,857	7,226	7,418	7,252	(3)
2,626	2,117	2,509	2,511	3,535	3,286	3,893	4,036	4,087	(4)
871	984	1,597	1,595	1,938	1,804	1,821	1,661	1,600	(5)
291	241	207	188	142	375	531	397	84	(6)
-	-	-	-	-	-	-	-	-	(7)
85	514	608	600	625	371	848	866	786	(8)
...	...	...	...	...	...	...	...	...	(9)
491	473	444	545	1,163	1,822	1,605	1,743	1,203	(10)
...	...	...	...	...	...	...	...	...	(11)
5,893	7,145	9,293	12,458	14,591	12,292	13,922	14,773	15,069	(12)
...	...	...	...	...	...	...	...	...	(13)
13,373	13,864	14,206	16,511	18,534	14,495	15,593	16,312	17,217	(14)
12,657	12,755	13,277	15,075	17,529	14,104	14,967	15,668	16,456	(15)
31,318	32,697	36,888	43,605	51,112	44,814	47,666	49,867	49,821	(16)
12,536	12,675	15,147	16,195	18,990	17,249	18,861	19,661	18,615	(17)
13,515	13,540	13,678	15,997	18,673	15,283	15,847	16,345	17,228	(18)
5,267	6,482	8,063	11,413	13,449	12,282	12,958	13,861	13,978	(19)
31,303	32,669	36,841	43,478	51,021	44,628	47,554	49,737	49,567	(20)
...	...	...	...	...	...	...	...	...	(21)
...	...	...	...	...	...	...	...	...	(22)
...	...	...	...	...	...	...	...	...	(23)
1,324	1,581	1,832	2,183	2,621	2,509	2,524	2,350	2,149	(24)
8,687	9,030	10,153	10,290	10,631	11,134	10,980	11,361	10,822	(25)
41,314	43,280	48,826	55,951	64,273	58,271	61,058	63,448	62,538	(26)
6,171	8,272	11,946	17,549	14,433	24,639	10,765	11,167	15,589	(27)
2,470	3,208	4,906	6,518	5,362	9,484	4,260	4,403	5,826	(28)
2,663	3,425	4,429	6,438	5,273	8,402	3,579	3,660	5,389	(29)
1,038	1,639	2,611	4,593	3,798	6,753	2,926	3,104	4,374	(30)
6,168	8,265	11,931	17,498	14,407	24,536	10,740	11,138	15,509	(31)
...	...	...	...	...	...	...	...	...	(32)
8,141	10,949	15,813	22,518	18,149	32,038	13,790	14,207	19,567	(33)
79,687	63,839	47,193	42,571	60,552	31,637	78,629	82,067	55,419	(34)
79,672	63,811	47,146	42,444	60,461	31,451	78,517	81,937	55,165	(35)
15	28	47	127	91	186	112	130	254	(36)
15,700	16,151	15,286	17,137	17,098	17,396	17,756	18,373	17,342	(37)
61,026	43,897	23,582	14,041	26,969	927	45,930	47,868	22,054	(38)
28,220	21,155	11,865	6,240	10,628	469	23,109	23,785	10,198	(39)
51,015	33,286	11,597	1,568	13,717	△12,716	32,426	34,157	9,083	(40)
23,591	16,041	5,835	697	5,406	-	16,315	16,972	4,200	(41)
18.8	18.7	17.6	20.7	22.0	16.5	16.8	17.0	18.5	(42)
17.3	16.6	15.9	18.0	20.3	15.8	15.9	16.1	17.3	(43)
305	237	185	149	212	109	266	268	192	(44)
136.5	159.3	136.2	115.7	88.0	100.9	110.1	117.7	105.3	(45)

累年統計（続き）
4　大豆（続き）

区　　分		単位	昭和62年産	63	平成元年産	2	3 (旧)	3 (新)	4
			(17)	(18)	(19)	(20)	(21)	(22)	(23)
10 a 当たり									
物財費	(1)	円	30,733	30,299	31,041	31,393	32,888	31,832	28,478
種苗費	(2)	〃	2,016	2,108	2,225	2,198	2,308	2,308	2,132
肥料費	(3)	〃	5,010	4,338	4,671	4,664	4,801	4,854	4,449
農業薬剤費	(4)	〃	3,454	3,761	3,842	4,289	4,198	4,198	3,907
光熱動力費	(5)	〃	2,012	1,630	1,707	1,754	1,805	1,805	1,763
その他の諸材料費	(6)	〃	409	319	251	363	384	374	160
土地改良及び水利費	(7)	〃	27	54	66	100	20	2,779	2,153
賃借料及び料金	(8)	〃	3,186	3,541	3,734	3,521	3,585	3,585	3,653
物件税及び公課諸負担	(9)	〃	…	…	…	…	…	1,179	903
建物費	(10)	〃	1,612	1,514	1,582	1,502	1,638	1,387	1,134
自動車費	(11)	〃	…	…	…	…	…	…	…
農機具費	(12)	〃	13,007	13,034	12,963	13,002	14,149	9,174	8,147
生産管理費	(13)	〃	…	…	…	…	…	189	77
労働費	(14)	〃	33,657	33,556	31,718	31,352	31,468	33,690	33,954
うち家族	(15)	〃	32,845	32,484	30,761	30,715	30,895	33,117	33,155
費用合計	(16)	〃	64,390	63,855	62,759	62,745	64,356	65,522	62,432
購入（支払）	(17)	〃	16,572	16,975	17,513	17,605	18,167	22,775	20,884
自給	(18)	〃	34,473	33,604	32,074	32,092	32,145	34,419	34,022
償却	(19)	〃	13,345	13,276	13,172	13,048	14,044	8,328	7,526
生産費（副産物価額差引）	(20)	〃	64,241	63,772	62,646	62,476	64,235	65,401	62,371
支払利子	(21)	〃	…	…	…	…	…	398	566
支払地代	(22)	〃	…	…	…	…	…	3,061	4,985
支払利子・地代算入生産費	(23)	〃	…	…	…	…	…	68,860	67,922
自己資本利子	(24)	〃	2,884	3,074	3,038	2,910	3,015	2,881	2,743
自作地地代	(25)	〃	18,643	18,466	16,664	16,545	16,510	12,034	10,246
資本利子・地代全額算入生産費（全算入生産費）	(26)	〃	85,768	85,312	82,348	81,931	83,760	83,775	80,911
60 kg 当たり									
費用合計	(27)	〃	17,724	17,940	16,951	18,172	19,930	20,267	18,051
購入（支払）	(28)	〃	4,563	4,769	4,730	5,099	5,626	7,029	6,038
自給	(29)	〃	9,488	9,441	8,663	9,294	9,955	10,659	9,838
償却	(30)	〃	3,673	3,730	3,558	3,779	4,349	2,579	2,175
生産費（副産物価額差引）	(31)	〃	17,683	17,917	16,920	18,094	19,892	20,229	18,033
支払利子・地代算入生産費	(32)	〃	…	…	…	…	…	21,300	19,639
資本利子・地代全額算入生産費（全算入生産費）	(33)	〃	23,608	23,970	22,242	23,729	25,940	25,919	23,395
粗収益									
10 a 当たり	(34)	〃	57,071	50,877	54,756	47,951	44,742	44,742	47,774
主産物	(35)	〃	56,922	50,794	54,643	47,682	44,621	44,621	47,713
副産物	(36)	〃	149	83	113	269	121	121	61
60 kg 当たり	(37)	〃	15,708	14,295	14,791	13,889	13,857	13,857	13,814
所得（10 a 当たり）	(38)	〃	25,526	19,506	22,758	15,921	11,281	8,878	12,946
〃（1日当たり）	(39)	〃	5,954	4,986	6,300	4,533	3,654	2,690	4,077
家族労働報酬（10 a 当たり）	(40)	〃	3,999	△ 2,034	3,056	△ 3,534	△ 8,244	△ 6,037	△ 43
〃（1日当たり）	(41)	〃	933	-	846	-	-	-	-
投下労働時間（10 a 当たり）	(42)	時間	35.4	32.7	30.2	29.0	25.5	27.2	26.2
うち家族	(43)	〃	34.3	31.3	28.9	28.1	24.7	26.4	25.4
主産物数量（10 a 当たり）	(44)	kg	218	214	222	207	194	194	208
作付実面積（1戸当たり）	(45)	a	31.4	39.2	40.8	41.5	49.0	49.0	59.4

大豆・累年

5	6	7	8	9 (旧)	9 (新)	10	11	12	
(24)	(25)	(26)	(27)	(28)	(29)	(30)	(31)	(32)	
29,631	28,330	27,925	28,073	29,168	29,168	29,200	31,698	32,403	(1)
2,459	2,686	2,494	2,427	2,681	2,681	2,207	2,301	2,243	(2)
4,472	5,282	4,813	4,308	4,209	4,209	3,860	3,919	4,053	(3)
3,906	3,932	4,153	3,965	4,168	4,168	4,562	3,973	3,795	(4)
1,885	1,691	1,537	1,387	1,422	1,422	1,292	1,200	1,330	(5)
228	251	141	97	111	111	149	125	168	(6)
2,539	2,016	1,968	1,950	1,980	1,980	2,119	2,106	2,089	(7)
4,286	2,743	3,182	3,822	4,580	4,580	5,845	8,822	9,735	(8)
952	871	957	1,050	968	968	824	849	842	(9)
1,185	1,169	1,120	1,113	1,136	1,136	852	914	869	(10)
…	…	…	…	…	…	…	…	…	(11)
7,655	7,619	7,444	7,857	7,782	7,782	7,367	7,367	7,135	(12)
64	70	116	97	131	131	123	122	144	(13)
33,906	32,207	31,775	30,891	28,008	28,923	27,889	24,177	23,605	(14)
33,029	31,524	30,975	29,878	27,351	28,266	26,836	23,582	22,992	(15)
63,537	60,537	59,700	58,964	57,176	58,091	57,089	55,875	56,008	(16)
22,513	20,210	21,072	21,458	22,123	22,123	23,098	25,566	26,477	(17)
33,989	32,914	31,421	30,398	27,973	28,888	27,639	24,076	23,553	(18)
7,035	7,413	7,207	7,108	7,080	7,080	6,352	6,233	5,978	(19)
63,430	60,328	59,627	58,876	57,100	58,015	56,934	55,729	55,876	(20)
144	209	328	386	458	458	404	327	210	(21)
5,095	2,862	2,679	4,345	4,113	4,113	3,916	5,065	4,837	(22)
68,669	63,480	62,634	63,607	61,671	62,586	61,254	61,121	60,923	(23)
3,122	2,944	2,854	2,517	2,444	2,460	2,310	2,310	2,450	(24)
9,276	8,717	8,742	8,569	8,470	8,470	8,986	7,244	7,822	(25)
81,067	75,141	74,230	74,693	72,585	73,516	72,550	70,675	71,195	(26)
24,639	15,636	14,689	14,430	15,011	15,251	17,979	16,007	14,637	(27)
8,731	5,220	5,184	5,251	5,808	5,808	7,273	7,323	6,919	(28)
13,180	8,501	7,731	7,440	7,344	7,584	8,705	6,897	6,156	(29)
2,728	1,915	1,774	1,739	1,859	1,859	2,001	1,787	1,562	(30)
24,598	15,582	14,671	14,409	14,991	15,231	17,930	15,965	14,603	(31)
26,630	16,396	15,411	15,566	16,191	16,431	19,290	17,510	15,922	(32)
31,438	19,407	18,264	18,279	19,057	19,301	22,847	20,247	18,606	(33)
41,587	61,149	61,503	62,361	57,801	57,801	44,012	50,251	51,425	(34)
41,480	60,940	61,430	62,273	57,725	57,725	43,857	50,105	51,293	(35)
107	209	73	88	76	76	155	146	132	(36)
16,126	15,793	15,131	15,262	15,175	15,175	13,862	14,397	13,439	(37)
5,840	28,984	29,771	28,544	23,405	23,405	9,439	12,566	13,362	(38)
1,923	9,994	10,566	11,107	10,454	10,454	4,444	6,675	7,194	(39)
△ 6,558	17,323	18,175	17,458	12,491	12,475	△ 1,857	3,012	3,090	(40)
-	5,973	6,451	6,793	5,579	5,572	-	1,600	1,664	(41)
25.1	24.2	23.24	21.54	18.58	18.58	17.97	15.59	15.49	(42)
24.3	23.2	22.54	20.56	17.91	17.91	16.99	15.06	14.86	(43)
155	232	244	246	230	230	190	206	230	(44)
53.5	63.0	66.3	68.3	71.8	71.8	89.0	94.4	94.3	(45)

大豆・累年

累年統計（続き）
4　大豆（続き）

区　分	単位	平成13年産	14	15	16	17	18	19（旧）
		(33)	(34)	(35)	(36)	(37)	(38)	(39)
10 a 当たり								
物財費 (1)	円	32,714	32,969	32,374	32,359	33,246	32,048	34,039
種苗費 (2)	〃	2,264	2,054	2,142	2,343	2,526	2,420	2,578
肥料費 (3)	〃	4,111	3,913	3,870	3,543	3,667	3,685	4,870
農業薬剤費 (4)	〃	3,896	3,816	3,754	3,509	3,487	3,456	3,807
光熱動力費 (5)	〃	1,291	1,250	1,257	1,305	1,507	1,566	1,745
その他の諸材料費 (6)	〃	133	97	101	174	103	136	135
土地改良及び水利費 (7)	〃	2,047	1,994	1,919	1,875	1,981	1,936	2,269
賃借料及び料金 (8)	〃	9,908	10,694	10,224	10,325	10,700	10,138	9,153
物件税及び公課諸負担 (9)	〃	849	836	860	942	1,015	953	1,014
建物費 (10)	〃	851	854	905	1,012	975	895	858
自動車費 (11)	〃	…	…	…	1,084	1,223	1,030	964
農機具費 (12)	〃	7,207	7,293	7,211	6,042	5,900	5,656	6,426
生産管理費 (13)	〃	157	168	131	205	162	177	220
労働費 (14)	〃	22,669	21,526	19,803	18,330	17,110	14,782	13,233
うち家族 (15)	〃	22,078	20,855	19,043	17,561	16,293	13,700	12,000
費用合計 (16)	〃	55,383	54,495	52,177	50,689	50,356	46,830	47,272
購入（支払） (17)	〃	26,943	27,522	27,102	27,185	28,222	27,703	29,440
自給 (18)	〃	22,614	21,448	19,526	17,976	16,687	14,087	12,452
償却 (19)	〃	5,826	5,525	5,549	5,528	5,447	5,040	5,380
生産費（副産物価額差引） (20)	〃	55,276	54,358	52,004	50,482	50,208	46,612	47,082
支払利子 (21)	〃	212	206	212	319	278	309	395
支払地代 (22)	〃	5,061	4,748	4,721	5,513	5,936	5,661	5,734
支払利子・地代算入生産費 (23)	〃	60,549	59,312	56,937	56,314	56,422	52,582	53,211
自己資本利子 (24)	〃	2,314	2,300	2,353	2,048	2,040	1,956	1,810
自作地地代 (25)	〃	7,341	7,507	7,513	6,869	6,451	5,890	6,104
資本利子・地代全額算入生産費 (26)	〃	70,204	69,119	66,803	65,231	64,913	60,428	61,125
（全算入生産費）								
60 kg 当たり								
費用合計 (27)	〃	14,970	15,490	18,207	21,887	16,976	16,506	15,059
購入（支払） (28)	〃	7,284	7,823	9,458	11,739	9,515	9,764	9,379
自給 (29)	〃	6,112	6,097	6,813	7,761	5,625	4,966	3,966
償却 (30)	〃	1,574	1,570	1,936	2,387	1,836	1,776	1,714
生産費（副産物価額差引） (31)	〃	14,941	15,451	18,146	21,798	16,926	16,429	14,998
支払利子・地代算入生産費 (32)	〃	16,366	16,859	19,867	24,316	19,021	18,533	16,951
資本利子・地代全額算入生産費 (33)	〃	18,975	19,647	23,309	28,166	21,884	21,299	19,473
（全算入生産費）								
粗収益								
10 a 当たり (34)	〃	44,056	40,913	48,572	45,518	42,152	39,828	29,801
主産物 (35)	〃	43,949	40,776	48,399	45,311	42,004	39,610	29,611
副産物 (36)	〃	107	137	173	207	148	218	190
60 kg 当たり (37)	〃	11,909	11,628	16,949	19,653	14,212	14,042	9,495
所得（10 a 当たり） (38)	〃	5,478	2,319	10,505	6,558	1,875	728	△ 11,600
〃 （1日当たり） (39)	〃	3,048	1,341	6,480	4,435	1,385	644	-
家族労働報酬（10 a 当たり） (40)	〃	△ 4,177	△ 7,488	639	△ 2,359	△ 6,616	△ 7,118	△ 19,514
〃 （1日当たり） (41)	〃	-	-	394	-	-	-	-
投下労働時間（10 a 当たり） (42)	時間	14.91	14.41	13.73	12.51	11.55	10.06	9.01
うち家族 (43)	〃	14.38	13.83	12.97	11.83	10.83	9.05	7.84
主産物数量（10 a 当たり） (44)	kg	223	211	172	139	177	171	188
作付実面積（1戸当たり） (45)	a	100.9	103.2	105.9	106.8	119.7	138.8	280.2

大豆・累年

	19(新)	20	21	22	23	24	25	26	27	28	
	(40)	(41)	(42)	(43)	(44)	(45)	(46)	(47)	(48)	(49)	
	34,103	38,189	37,879	37,646	37,049	38,719	38,078	39,445	39,538	39,302	(1)
	2,578	2,622	2,770	2,758	2,645	2,807	3,037	3,121	3,411	3,378	(2)
	4,870	5,589	6,474	4,948	4,888	4,933	5,033	5,405	5,397	5,501	(3)
	3,807	4,264	4,179	4,659	4,475	4,597	5,152	5,170	5,395	5,270	(4)
	1,745	2,101	1,595	1,729	1,859	2,041	2,162	2,345	1,986	1,755	(5)
	135	123	125	135	132	134	83	94	104	139	(6)
	2,269	2,189	2,123	2,003	1,896	1,979	1,729	1,714	1,617	1,595	(7)
	9,153	9,672	8,774	9,179	8,849	9,364	8,168	8,760	8,353	7,861	(8)
	1,014	984	993	921	971	961	1,005	1,082	1,121	1,140	(9)
	861	1,368	1,269	1,231	1,241	1,243	1,196	1,045	1,108	1,236	(10)
	965	1,170	1,247	1,339	1,231	1,325	1,177	1,167	1,171	1,206	(11)
	6,486	7,927	8,098	8,554	8,643	9,121	9,089	9,264	9,620	9,892	(12)
	220	180	232	190	219	214	247	278	255	329	(13)
	13,233	13,031	12,206	11,913	11,801	12,203	11,820	11,754	11,419	11,287	(14)
	12,000	11,983	11,148	10,774	10,813	10,931	10,429	10,439	10,189	10,061	(15)
	47,336	51,220	50,085	49,559	48,850	50,922	49,898	51,199	50,957	50,589	(16)
	29,440	31,111	30,604	30,216	29,735	31,616	31,751	32,790	32,797	32,245	(17)
	12,452	12,642	11,775	11,251	11,188	11,304	10,837	10,982	10,632	10,447	(18)
	5,444	7,467	7,706	8,092	7,927	8,002	7,310	7,427	7,528	7,897	(19)
	47,146	50,901	49,828	49,329	48,680	50,688	49,700	50,983	50,751	50,318	(20)
	395	346	324	237	205	250	283	290	227	220	(21)
	5,734	5,210	5,523	5,277	5,083	5,265	5,528	5,445	5,126	4,899	(22)
	53,275	56,457	55,675	54,843	53,968	56,203	55,511	56,718	56,104	55,437	(23)
	1,810	2,101	1,918	1,853	1,822	1,769	1,708	1,713	1,769	1,759	(24)
	6,104	6,444	6,248	6,034	6,307	6,111	5,545	5,427	5,068	5,572	(25)
	61,189	65,002	63,841	62,730	62,097	64,083	62,764	63,858	62,941	62,768	(26)
	15,078	15,606	17,292	16,242	16,416	15,353	16,971	15,283	15,465	16,561	(27)
	9,379	9,482	10,565	9,903	9,993	9,529	10,797	9,787	9,954	10,559	(28)
	3,966	3,851	4,066	3,686	3,759	3,410	3,687	3,280	3,226	3,420	(29)
	1,733	2,273	2,661	2,653	2,664	2,414	2,487	2,216	2,285	2,582	(30)
	15,017	15,509	17,204	16,167	16,359	15,283	16,904	15,218	15,402	16,472	(31)
	16,970	17,201	19,223	17,974	18,136	16,946	18,880	16,929	17,027	18,147	(32)
	19,492	19,803	22,042	20,559	20,867	19,323	21,347	19,060	19,102	20,548	(33)
	29,801	28,917	22,954	21,500	15,677	20,868	26,081	35,793	30,399	24,965	(34)
	29,611	28,598	22,697	21,270	15,507	20,634	25,883	35,577	30,193	24,694	(35)
	190	319	257	230	170	234	198	216	206	271	(36)
	9,495	8,807	7,923	7,045	5,267	6,292	8,870	10,685	9,228	8,173	(37)
	△11,664	△15,876	△21,830	△22,799	△27,648	△24,638	△19,199	△10,702	△15,722	△20,682	(38)
	-	-	-	-	-	-	-	-	-	-	(39)
	△19,578	△24,421	△29,996	△30,686	△35,777	△32,518	△26,452	△17,842	△22,559	△28,013	(40)
	-	-	-	-	-	-	-	-	-	-	(41)
	9.01	8.82	8.31	8.09	7.96	8.22	7.92	7.68	7.41	7.14	(42)
	7.84	7.77	7.28	7.00	6.99	7.07	6.74	6.59	6.39	6.18	(43)
	188	197	174	182	178	198	175	201	197	183	(44)
	280.2	296.4	297.9	300.2	291.7	287.6	296.7	320.6	339.6	349.2	(45)

さとうきび・累年

累年統計（続き）
5 さとうきび

区分	単位	昭和46年産	47	48	49	50	51	52
		(1)	(2)	(3)	(4)	(5)	(6)	(7)
10a当たり								
物財費 (1)	円	11,795	11,751	12,788	16,185	22,801	26,930	27,992
種苗費 (2)	〃	1,327	1,394	1,102	1,359	2,558	2,948	2,770
肥料費 (3)	〃	5,720	5,739	6,063	8,134	11,416	12,360	13,400
農業薬剤費 (4)	〃	199	548	726	607	1,106	1,300	1,500
光熱動力費 (5)	〃	197	89	161	273	386	420	541
その他の諸材料費 (6)	〃	804	843	1,460	1,698	1,686	1,609	1,703
土地改良及び水利費 (7)	〃	-	-	3	-	-	-	-
賃借料及び料金 (8)	〃	323	1,321	1,204	1,355	2,156	4,270	3,701
物件税及び公課諸負担 (9)	〃	…	…	…	…	…	…	…
建物費 (10)	〃	438	277	247	415	489	476	643
自動車費 (11)	〃	…	…	…	…	…	…	…
農機具費 (12)	〃	2,505	1,245	1,586	2,104	2,832	3,266	3,532
生産管理費 (13)	〃	…	…	…	…	…	…	…
労働費 (14)	〃	27,251	39,963	53,583	61,121	73,289	94,535	103,285
うち家族 (15)	〃	20,865	35,703	46,294	53,080	62,718	85,323	91,980
費用合計 (16)	〃	39,046	51,714	66,371	77,306	96,090	121,465	131,277
購入（支払） (17)	〃	13,853	12,739	16,717	20,001	27,701	29,706	32,719
自給 (18)	〃	22,353	37,549	48,012	55,175	65,568	88,646	95,169
償却 (19)	〃	2,840	1,426	1,642	2,130	2,821	3,113	3,389
生産費（副産物価額差引） (20)	〃	38,925	51,714	66,371	77,306	96,090	121,465	131,277
支払利子 (21)	〃	…	…	…	…	…	…	…
支払地代 (22)	〃	…	…	…	…	…	…	…
支払利子・地代算入生産費 (23)	〃	…	…	…	…	…	…	…
自己資本利子 (24)	〃	1,529	1,567	1,962	2,265	2,828	3,462	3,620
自作地地代 (25)	〃	6,677	6,677	6,667	8,009	8,682	9,291	9,127
資本利子・地代全額算入生産費 (26)（全算入生産費）	〃	47,131	59,958	75,000	87,580	107,600	134,218	144,024
1t当たり								
費用合計 (27)	〃	6,082	7,765	9,407	11,778	13,592	17,981	17,421
購入（支払） (28)	〃	2,168	1,912	2,369	3,060	3,918	4,398	4,342
自給 (29)	〃	3,491	5,638	6,805	8,398	9,275	13,122	12,629
償却 (30)	〃	423	215	233	320	399	461	450
生産費（副産物価額差引） (31)	〃	6,057	7,765	9,407	11,778	13,592	17,981	17,421
支払利子・地代算入生産費 (32)	〃	…	…	…	…	…	…	…
資本利子・地代全額算入生産費 (33)（全算入生産費）	〃	7,326	9,003	10,630	13,337	15,220	19,869	19,112
粗収益								
10a当たり (34)	〃	42,355	46,120	61,086	72,688	86,472	89,011	121,495
主産物 (35)	〃	42,234	46,120	61,086	72,688	86,472	89,011	121,495
副産物 (36)	〃	121	-	-	-	-	-	-
1t当たり (37)	〃	6,582	6,925	8,658	11,093	12,232	13,177	16,122
所得（10a当たり） (38)	〃	24,174	30,109	41,009	48,462	53,100	52,869	82,198
〃（1日当たり） (39)	〃	1,782	1,658	2,315	2,989	3,069	2,927	4,461
家族労働報酬（10a当たり） (40)	〃	15,968	21,865	32,380	38,188	41,590	40,116	69,451
〃（1日当たり） (41)	〃	1,177	1,204	1,828	2,355	2,404	2,221	3,769
投下労働時間（10a当たり） (42)	時間	142.9	162.9	164.1	151.0	164.1	163.9	170.5
うち家族 (43)	〃	108.5	145.3	141.7	129.7	138.4	144.5	147.4
主産物数量（10a当たり） (44)	kg	6,435	6,660	7,056	6,553	7,069	6,755	7,536
作付実面積（1戸当たり） (45)	a	35.2	38.3	38.8	38.4	38.9	40.9	41.2

さとうきび・累年

53	54	55	56	57	58	59	60	61	
(8)	(9)	(10)	(11)	(12)	(13)	(14)	(15)	(16)	
29,399	30,285	35,088	39,576	41,977	44,854	45,351	47,400	45,755	(1)
2,646	2,911	2,920	3,168	3,353	3,805	4,039	4,135	4,145	(2)
13,159	13,042	15,872	17,477	18,086	18,315	17,575	17,498	17,765	(3)
1,509	1,681	1,943	2,210	2,299	2,690	2,697	3,231	3,799	(4)
591	778	1,034	1,131	1,375	1,369	1,791	1,803	1,457	(5)
1,594	1,762	1,908	1,884	1,985	1,815	1,966	1,847	1,717	(6)
-	-	4	3	4	90	312	384	239	(7)
4,789	4,647	4,604	5,986	6,788	7,709	6,473	7,203	6,572	(8)
...	...	...	...	...	...	...	...	...	(9)
579	556	570	557	641	646	655	700	697	(10)
...	...	...	...	...	...	...	...	...	(11)
4,362	4,771	6,101	6,975	7,399	8,264	9,777	10,527	9,224	(12)
...	...	...	...	...	...	...	...	...	(13)
108,435	110,675	115,008	115,360	122,419	122,403	130,116	131,050	124,532	(14)
97,069	100,339	104,117	104,840	112,401	112,282	117,137	119,297	110,073	(15)
137,834	140,960	150,096	154,936	164,396	167,257	175,467	178,450	170,287	(16)
33,536	32,820	36,728	39,627	40,735	42,374	44,511	44,778	46,458	(17)
100,200	103,659	107,684	108,750	116,698	117,156	121,785	123,978	115,169	(18)
4,098	4,481	5,684	6,559	6,963	7,727	9,171	9,694	8,660	(19)
137,834	140,960	150,096	154,936	164,396	167,257	175,467	178,450	170,287	(20)
...	...	...	...	...	...	...	...	...	(21)
...	...	...	...	...	...	...	...	...	(22)
...	...	...	...	...	...	...	...	...	(23)
3,959	3,895	4,329	4,560	4,929	5,036	5,407	5,499	5,172	(24)
9,439	10,137	10,569	11,279	12,459	13,123	12,907	13,692	14,148	(25)
151,232	154,992	164,994	170,775	181,784	185,416	193,781	197,641	189,607	(26)
17,221	19,778	21,794	22,098	21,720	21,350	22,364	22,290	22,648	(27)
4,190	4,605	5,333	5,651	5,383	5,408	5,674	5,593	6,179	(28)
12,519	14,544	15,636	15,512	15,417	14,955	15,522	15,486	15,317	(29)
512	629	825	935	920	987	1,168	1,211	1,152	(30)
17,221	19,778	21,794	22,098	21,720	21,350	22,364	22,290	22,648	(31)
...	...	...	...	...	...	...	...	...	(32)
18,895	21,747	23,958	24,357	24,017	23,668	24,698	24,687	25,218	(33)
140,136	128,862	134,604	141,089	154,423	160,456	161,607	165,718	154,621	(34)
140,136	128,862	134,604	141,089	154,423	160,456	161,607	165,718	154,621	(35)
-	-	-	-	-	-	-	-	-	(36)
17,508	18,081	19,545	20,124	20,402	20,482	20,597	20,699	20,567	(37)
99,371	88,241	88,625	90,993	102,428	105,481	103,277	106,565	94,407	(38)
5,328	4,835	4,979	5,380	5,849	6,168	5,965	6,259	5,952	(39)
85,973	74,209	73,727	75,154	85,040	87,322	84,963	87,374	75,087	(40)
4,610	4,066	4,142	4,444	4,856	5,107	4,908	5,132	4,734	(41)
170.8	165.8	160.4	153.4	156.6	154.2	159.8	156.4	149.8	(42)
149.2	146.0	142.4	135.3	140.1	136.8	138.5	136.2	126.9	(43)
8,004	7,127	6,887	7,011	7,569	7,834	7,846	8,006	7,518	(44)
44.6	46.0	40.8	43.2	45.8	50.1	47.8	46.9	49.1	(45)

累年統計（続き）

5　さとうきび（続き）

区分	単位	昭和62年産	63	平成元年産	2	3 (旧)	3 (新)	4
		(17)	(18)	(19)	(20)	(21)	(22)	(23)
10 a 当たり								
物財費 (1)	**円**	**45,655**	**45,141**	**45,606**	**45,199**	**46,024**	**43,804**	**45,481**
種苗費 (2)	〃	4,305	4,397	4,716	4,489	4,398	4,398	4,674
肥料費 (3)	〃	16,160	15,764	14,631	14,590	14,769	14,814	14,792
農業薬剤費 (4)	〃	4,068	3,693	4,150	3,823	3,787	3,787	3,813
光熱動力費 (5)	〃	1,456	1,565	1,657	1,747	1,829	1,829	1,871
その他の諸材料費 (6)	〃	1,740	1,637	1,668	1,600	1,624	1,628	1,681
土地改良及び水利費 (7)	〃	592	583	578	597	611	1,326	1,321
賃借料及び料金 (8)	〃	7,476	7,013	8,593	7,593	7,509	7,509	8,542
物件税及び公課諸負担 (9)	〃	…	…	…	…	…	1,058	1,116
建物費 (10)	〃	1,183	1,211	770	907	866	743	895
自動車費 (11)	〃	…	…	…	…	…	…	…
農機具費 (12)	〃	8,563	9,273	8,804	9,851	10,631	6,654	6,741
生産管理費 (13)	〃	…	…	…	…	…	58	35
労働費 (14)	**〃**	**126,160**	**124,357**	**126,759**	**131,892**	**133,574**	**137,129**	**136,278**
うち家族 (15)	〃	112,717	113,701	114,140	122,802	125,718	129,273	130,482
費用合計 (16)	**〃**	**171,815**	**169,498**	**172,365**	**177,091**	**179,598**	**180,933**	**181,759**
購入（支払）(17)	〃	45,834	41,699	44,745	40,320	39,302	41,383	41,195
自給 (18)	〃	117,432	118,577	119,295	127,801	130,784	134,389	135,208
償却 (19)	〃	8,549	9,222	8,325	8,970	9,512	5,161	5,356
生産費（副産物価額差引）(20)	**〃**	**171,815**	**169,498**	**172,365**	**177,066**	**179,317**	**180,652**	**181,595**
支払利子 (21)	〃	…	…	…	…	…	367	580
支払地代 (22)	〃	…	…	…	…	…	2,224	2,134
支払利子・地代算入生産費 (23)	**〃**	**…**	**…**	**…**	**…**	**…**	**183,243**	**184,309**
自己資本利子 (24)	〃	5,246	5,441	5,313	5,432	5,556	5,475	6,144
自作地地代 (25)	〃	14,789	14,734	15,581	15,665	15,424	13,183	12,717
資本利子・地代全額算入生産費（全算入生産費）(26)	**〃**	**191,850**	**189,673**	**193,259**	**198,163**	**200,297**	**201,901**	**203,170**
1 t 当たり								
費用合計 (27)	**〃**	**22,174**	**23,247**	**20,613**	**26,476**	**25,927**	**26,049**	**24,915**
購入（支払）(28)	〃	5,915	5,718	5,351	6,207	5,673	5,904	5,646
自給 (29)	〃	15,156	16,264	14,267	19,108	18,881	19,400	18,535
償却 (30)	〃	1,103	1,265	995	1,341	1,373	745	734
生産費（副産物価額差引）(31)	**〃**	**22,174**	**23,247**	**20,613**	**26,472**	**25,886**	**26,008**	**24,893**
支払利子・地代算入生産費 (32)	**〃**	**…**	**…**	**…**	**…**	**…**	**26,382**	**25,264**
資本利子・地代全額算入生産費（全算入生産費）(33)	**〃**	**24,760**	**26,014**	**23,111**	**29,627**	**28,915**	**29,075**	**27,849**
粗収益								
10 a 当たり (34)	〃	156,405	145,748	167,219	133,092	138,485	138,485	146,809
主産物 (35)	〃	156,405	145,748	167,219	133,067	138,204	138,204	146,645
副産物 (36)	〃	－	－	－	25	281	281	164
1 t 当たり (37)	〃	20,187	19,990	19,997	19,898	19,993	19,993	20,125
所得（10 a 当たり）(38)	〃	97,307	89,951	108,994	78,803	84,605	84,234	92,818
〃（1 日当たり）(39)	〃	6,039	5,565	7,015	4,988	5,467	5,216	5,912
家族労働報酬（10 a 当たり）(40)	〃	77,272	69,776	88,100	57,706	63,625	65,576	73,957
〃（1 日当たり）(41)	〃	4,796	4,317	5,670	3,652	4,111	4,060	4,711
投下労働時間（10 a 当たり）(42)	**時間**	**150.5**	**145.8**	**143.6**	**141.0**	**134.9**	**140.3**	**134.6**
うち家族 (43)	〃	128.9	129.3	124.3	126.4	123.8	129.2	125.6
主産物数量（10 a 当たり）(44)	**kg**	**7,748**	**7,291**	**8,362**	**6,689**	**6,927**	**6,927**	**7,295**
作付実面積（1 戸当たり）(45)	**a**	**45.2**	**46.6**	**46.5**	**44.6**	**39.8**	**39.8**	**42.4**

さとうきび・累年

5	6	7	8	9 (旧)	9 (新)	10	11	12	
(24)	(25)	(26)	(27)	(28)	(29)	(30)	(31)	(32)	
48,227	50,547	50,840	47,905	49,519	49,519	51,788	52,274	51,356	(1)
5,159	5,214	5,437	5,537	5,580	5,580	5,410	5,814	5,508	(2)
15,479	15,227	14,971	13,497	13,473	13,473	13,734	14,108	13,735	(3)
3,752	3,859	3,729	3,728	3,833	3,833	3,685	3,839	3,547	(4)
1,954	2,076	2,054	2,361	2,367	2,367	2,334	2,458	2,523	(5)
1,338	1,307	1,046	886	867	867	631	665	591	(6)
1,315	1,232	1,212	1,054	1,064	1,064	1,173	1,096	1,027	(7)
9,778	12,476	13,256	11,322	12,835	12,835	15,139	14,332	14,360	(8)
1,136	1,154	1,201	1,166	1,141	1,141	1,045	1,149	1,110	(9)
963	783	779	822	848	848	961	1,017	1,016	(10)
…	…	…	…	…	…	…	…	…	(11)
7,334	7,201	7,129	7,525	7,504	7,504	7,664	7,781	7,918	(12)
19	18	26	7	7	7	12	15	21	(13)
127,229	123,507	114,965	111,597	116,826	125,241	122,709	121,160	119,238	(14)
121,551	118,710	108,047	102,441	106,300	114,715	108,616	108,938	108,797	(15)
175,456	174,054	165,805	159,502	166,345	174,760	174,497	173,434	170,594	(16)
43,043	44,137	47,292	46,627	50,158	50,158	56,244	53,914	5,292	(17)
126,550	124,069	113,009	107,719	111,256	119,671	113,056	114,022	113,812	(18)
5,863	5,848	5,504	5,156	4,931	4,931	5,197	5,498	5,490	(19)
174,642	173,239	165,030	159,190	166,018	174,433	174,151	173,141	170,380	(20)
370	350	276	290	354	354	433	419	401	(21)
2,305	1,605	2,039	3,497	3,509	3,509	4,025	4,318	4,789	(22)
177,317	175,194	167,345	162,977	169,881	178,296	178,609	177,878	175,570	(23)
6,579	6,298	5,829	5,663	5,580	5,781	5,786	6,073	5,740	(24)
11,774	12,090	11,134	9,302	8,975	8,975	8,869	8,830	7,926	(25)
195,670	193,582	184,308	177,942	184,436	193,052	193,264	192,781	189,236	(26)
24,878	23,517	22,160	26,804	23,694	24,893	21,654	23,453	26,265	(27)
6,104	5,965	6,321	7,835	7,145	7,145	6,979	7,291	7,897	(28)
17,943	16,762	15,103	18,103	15,847	17,046	14,031	15,419	17,523	(29)
831	790	736	866	702	702	644	743	845	(30)
24,763	23,407	22,057	26,751	23,647	24,846	21,611	23,413	26,232	(31)
25,141	23,671	22,367	27,388	24,197	25,396	22,165	24,054	27,031	(32)
27,743	26,155	24,634	29,903	26,271	27,499	23,984	26,069	29,135	(33)
141,889	149,136	154,312	119,991	143,949	143,949	160,171	154,361	133,452	(34)
141,075	148,321	153,537	119,679	143,622	143,622	159,825	154,068	133,238	(35)
814	815	775	312	327	327	346	293	214	(36)
20,117	20,148	20,622	20,167	20,506	20,506	19,878	20,873	20,548	(37)
85,309	91,837	94,239	59,143	80,041	80,041	89,832	85,128	66,465	(38)
5,863	6,589	7,673	5,195	6,833	6,833	8,253	7,730	6,057	(39)
66,956	73,449	77,276	44,178	65,486	65,285	75,177	70,225	52,799	(40)
4,602	5,270	6,292	3,880	5,591	5,573	6,906	6,377	4,811	(41)
125.0	118.0	106.01	100.73	104.27	104.27	100.73	99.62	97.83	(42)
116.4	111.5	98.25	91.08	93.71	93.71	87.08	88.10	87.79	(43)
7,503	7,402	7,483	5,951	7,020	7,020	8,058	7,395	6,495	(44)
42.7	44.0	90.3	90.0	88.2	88.2	89.8	92.5	94.6	(45)

累年統計（続き）
5　さとうきび（続き）

区分	単位	平成13年産	14	15	16	17	18	19 (旧)
		(33)	(34)	(35)	(36)	(37)	(38)	(39)
10 a 当たり								
物財費 (1)	円	53,003	51,521	52,135	50,729	53,445	57,305	64,380
種苗費 (2)	〃	5,664	5,870	5,799	5,780	5,949	6,359	5,883
肥料費 (3)	〃	12,973	12,708	12,055	11,682	11,140	11,565	12,517
農業薬剤費 (4)	〃	3,644	3,949	3,809	3,911	4,076	4,536	4,233
光熱動力費 (5)	〃	2,437	2,472	2,386	2,482	3,095	3,433	3,989
その他の諸材料費 (6)	〃	677	610	432	392	364	400	445
土地改良及び水利費 (7)	〃	1,132	1,088	880	871	610	636	750
賃借料及び料金 (8)	〃	16,138	14,234	16,039	14,872	16,981	18,458	22,792
物件税及び公課諸負担 (9)	〃	1,109	1,197	1,229	1,207	1,272	1,428	1,825
建物費 (10)	〃	1,069	1,098	1,190	1,394	1,530	1,606	2,033
自動車費 (11)	〃	…	…	…	2,008	1,949	1,927	1,881
農機具費 (12)	〃	8,128	8,274	8,287	6,070	6,363	6,847	7,937
生産管理費 (13)	〃	32	21	29	60	116	110	95
労働費 (14)	〃	116,978	110,678	104,476	99,678	98,617	96,283	95,351
うち家族 (15)	〃	106,793	101,300	93,802	90,926	90,012	86,583	87,026
費用合計 (16)	〃	169,981	162,199	156,611	150,407	152,062	153,588	159,731
購入（支払） (17)	〃	52,804	50,294	51,481	48,449	50,098	54,121	59,360
自給 (18)	〃	111,632	106,241	99,255	96,155	95,432	92,379	92,488
償却 (19)	〃	5,545	5,664	5,875	5,803	6,532	7,088	7,883
生産費（副産物価額差引） (20)	〃	169,797	162,058	156,376	150,265	151,824	153,365	159,553
支払利子 (21)	〃	399	356	503	442	345	323	265
支払地代 (22)	〃	4,492	4,798	4,667	5,461	5,278	5,393	5,614
支払利子・地代算入生産費 (23)	〃	174,688	167,212	161,546	156,168	157,447	159,081	165,432
自己資本利子 (24)	〃	5,770	6,079	5,578	5,810	5,880	6,146	6,571
自作地地代 (25)	〃	8,164	8,571	8,225	7,434	7,234	7,257	7,271
資本利子・地代全額算入生産費（全算入生産費） (26)	〃	188,622	181,862	175,349	169,412	170,561	172,484	179,274
1 t 当たり								
費用合計 (27)	〃	24,414	27,631	26,073	27,922	25,278	24,125	22,298
購入（支払） (28)	〃	7,583	8,569	8,569	8,994	8,326	8,503	8,284
自給 (29)	〃	16,035	18,098	16,526	17,851	15,865	14,510	12,914
償却 (30)	〃	796	964	978	1,077	1,087	1,112	1,100
生産費（副産物価額差引） (31)	〃	24,388	27,607	26,034	27,896	25,239	24,090	22,273
支払利子・地代算入生産費 (32)	〃	25,090	28,485	26,895	28,992	26,173	24,988	23,094
資本利子・地代全額算入生産費（全算入生産費） (33)	〃	27,092	30,980	29,193	31,452	28,352	27,093	25,027
粗収益								
10 a 当たり (34)	〃	146,371	121,773	125,775	107,431	124,956	134,597	153,554
主産物 (35)	〃	146,187	121,632	125,540	107,289	124,718	134,374	153,376
副産物 (36)	〃	184	141	235	142	238	223	178
1 t 当たり (37)	〃	21,026	20,744	20,941	19,945	20,770	21,139	21,444
所得（10 a 当たり） (38)	〃	78,292	55,720	57,796	42,047	57,283	61,876	74,970
〃（1日当たり） (39)	〃	7,273	5,395	5,978	4,365	5,904	6,440	7,827
家族労働報酬（10 a 当たり） (40)	〃	64,358	41,070	43,993	28,803	44,169	48,473	61,128
〃（1日当たり） (41)	〃	5,978	3,977	4,550	2,990	4,552	5,045	6,382
投下労働時間（10 a 当たり） (42)	時間	95.66	91.40	87.43	86.71	86.24	85.33	84.52
うち家族 (43)	〃	86.12	82.62	77.35	77.06	77.62	76.87	76.63
主産物数量（10 a 当たり） (44)	kg	6,962	5,870	6,007	5,386	6,015	6,367	7,161
作付実面積（1戸当たり） (45)	a	94.8	98.9	100.4	97.8	92.4	95.6	100.3

さとうきび・累年

	19(新)	20	21	22	23	24	25	26	27	28	
	(40)	(41)	(42)	(43)	(44)	(45)	(46)	(47)	(48)	(49)	
	67,403	74,084	73,725	76,464	71,384	69,161	72,218	74,182	75,502	82,480	(1)
	5,883	5,599	5,735	5,688	5,653	5,610	4,995	5,936	5,184	5,147	(2)
	12,517	13,332	15,780	15,257	15,105	15,251	14,568	16,039	16,416	15,792	(3)
	4,233	4,961	4,804	5,154	5,627	6,887	7,293	7,549	7,499	7,246	(4)
	3,989	4,775	4,067	4,528	4,506	4,463	4,668	4,828	4,116	3,479	(5)
	445	516	405	477	588	515	472	480	447	447	(6)
	750	655	526	758	825	843	1,225	1,079	1,191	1,174	(7)
	22,792	25,825	22,166	24,650	18,543	18,737	23,034	23,196	26,117	32,952	(8)
	1,825	1,912	1,741	1,676	1,573	1,808	1,642	1,537	1,584	1,663	(9)
	2,581	2,626	2,773	2,515	2,279	2,248	2,254	2,248	2,036	2,262	(10)
	2,298	3,390	4,199	4,162	4,401	3,977	3,320	2,760	2,778	3,257	(11)
	9,993	10,099	11,477	11,490	12,179	8,645	8,671	8,462	8,054	8,961	(12)
	97	394	52	109	105	177	76	68	80	100	(13)
	95,351	94,435	83,764	76,601	71,029	67,739	66,784	61,708	61,248	56,165	(14)
	87,026	87,142	76,711	70,041	63,533	62,179	58,354	55,210	54,312	50,616	(15)
	162,754	168,519	157,489	153,065	142,413	136,900	139,002	135,890	136,750	138,645	(16)
	59,360	64,003	61,943	64,534	60,669	61,140	67,613	67,288	69,800	75,811	(17)
	92,488	91,954	81,936	75,326	68,629	67,321	62,903	60,349	58,815	54,412	(18)
	10,906	12,562	13,610	13,205	13,115	8,439	8,486	8,253	8,135	8,422	(19)
	162,576	168,446	157,340	152,879	142,362	136,864	138,965	135,853	136,687	138,586	(20)
	265	192	274	246	338	240	247	179	265	196	(21)
	5,614	4,467	5,722	5,616	5,569	5,814	6,090	6,613	7,927	6,684	(22)
	168,455	173,105	163,336	158,741	148,269	142,918	145,302	142,645	144,879	145,466	(23)
	6,571	6,796	6,523	5,933	5,045	4,706	4,659	4,652	4,213	4,787	(24)
	7,271	7,793	6,594	6,567	6,848	6,492	6,272	5,849	4,765	6,649	(25)
	182,297	187,694	176,453	171,241	160,162	154,116	156,233	153,146	153,857	156,902	(26)
	22,722	22,310	23,068	23,237	30,368	26,864	23,535	24,981	23,460	19,457	(27)
	8,284	8,473	9,072	9,797	12,938	11,996	11,445	12,370	11,976	10,642	(28)
	12,914	12,174	12,001	11,436	14,634	13,212	10,653	11,093	10,088	7,634	(29)
	1,524	1,663	1,995	2,004	2,796	1,656	1,437	1,518	1,396	1,181	(30)
	22,697	22,301	23,046	23,209	30,357	26,857	23,529	24,974	23,449	19,449	(31)
	23,518	22,917	23,924	24,099	31,616	28,046	24,603	26,223	24,854	20,414	(32)
	25,451	24,849	25,844	25,997	34,152	30,244	26,454	28,154	26,394	22,019	(33)
	153,554	165,624	151,597	145,905	100,411	109,231	129,660	116,818	126,326	161,733	(34)
	153,376	165,551	151,448	145,719	100,360	109,195	129,623	116,781	126,263	161,674	(35)
	178	73	149	186	51	36	37	37	63	59	(36)
	21,444	21,927	22,203	22,152	21,411	21,439	21,959	21,473	21,672	22,696	(37)
	71,947	79,588	64,823	57,019	15,624	28,456	42,675	29,346	35,696	66,824	(38)
	7,511	7,978	7,480	7,171	2,187	4,126	6,616	4,815	5,979	12,128	(39)
	58,105	64,999	51,706	44,519	3,731	17,258	31,744	18,845	26,718	55,388	(40)
	6,066	6,515	5,966	5,599	522	2,502	4,922	3,092	4,475	10,052	(41)
	84.52	86.68	75.33	69.77	63.66	60.14	58.95	54.78	52.53	48.88	(42)
	76.63	79.81	69.33	63.61	57.14	55.18	51.60	48.76	47.76	44.08	(43)
	7,161	7,553	6,827	6,587	4,690	5,095	5,905	5,440	5,829	7,126	(44)
	100.3	100.4	105.9	110.5	107.6	110.4	114.6	118.9	120.9	121.9	(45)

累年統計（続き）
6 なたね

区分	単位	平成21年産	22	23	24	25	26	27	28
10a当たり									
物財費	円	32,892	29,253	30,343	31,005	28,901	31,263	33,762	31,787
種苗費	〃	412	444	473	588	629	438	379	378
肥料費	〃	9,620	8,898	9,291	9,514	10,220	10,245	10,119	9,669
農業薬剤費	〃	483	338	294	365	269	280	411	379
光熱動力費	〃	1,819	1,673	1,858	1,906	2,065	2,237	2,251	1,909
その他の諸材料費	〃	443	377	542	1,004	664	513	989	850
土地改良及び水利費	〃	1,011	1,017	824	635	641	802	1,439	1,476
賃借料及び料金	〃	6,912	5,895	6,607	6,929	6,704	7,822	9,856	9,078
物件税及び公課諸負担	〃	609	589	632	669	656	674	819	789
建物費	〃	1,425	1,330	1,502	1,734	884	785	823	795
自動車費	〃	1,316	1,230	1,291	1,287	885	1,048	983	896
農機具費	〃	8,730	7,330	6,850	6,229	5,175	6,301	5,564	5,423
生産管理費	〃	112	132	179	145	109	118	129	145
労働費	〃	11,036	10,550	9,822	10,427	9,801	10,066	10,185	10,948
うち家族	〃	10,383	10,013	9,436	10,067	9,512	9,817	9,963	10,487
費用合計	〃	43,928	39,803	40,165	41,432	38,702	41,329	43,947	42,735
購入（支払）	〃	24,589	21,812	22,997	24,441	24,646	26,350	29,041	27,327
自給	〃	10,441	10,086	9,688	10,147	9,896	9,927	9,986	10,530
償却	〃	8,898	7,905	7,480	6,844	4,160	5,052	4,920	4,878
生産費（副産物価額差引）	〃	43,928	39,803	40,165	41,432	38,702	41,329	43,947	42,735
支払利子	〃	133	65	96	211	178	92	73	112
支払地代	〃	2,883	3,010	2,916	3,836	3,711	3,511	3,195	2,033
支払利子・地代算入生産費	〃	46,944	42,878	43,177	45,479	42,591	44,932	47,215	44,880
自己資本利子	〃	2,060	2,023	1,766	1,662	1,435	1,584	1,460	1,298
自作地地代	〃	3,112	2,979	3,414	2,489	2,434	2,348	3,275	4,338
資本利子・地代全額算入生産費（全算入生産費）	〃	52,116	47,880	48,357	49,630	46,460	48,864	51,950	50,516
60kg当たり									
費用合計	〃	11,573	17,893	14,886	14,689	14,666	13,743	9,501	10,129
購入（支払）	〃	6,478	9,804	8,523	8,664	9,340	8,762	6,279	6,476
自給	〃	2,751	4,535	3,591	3,597	3,749	3,301	2,159	2,495
償却	〃	2,344	3,554	2,772	2,428	1,577	1,680	1,063	1,158
生産費（副産物価額差引）	〃	11,573	17,893	14,886	14,689	14,666	13,743	9,501	10,129
支払利子・地代算入生産費	〃	12,367	19,275	16,003	16,124	16,139	14,942	10,208	10,638
資本利子・地代全額算入生産費（全算入生産費）	〃	13,730	21,523	17,923	17,595	17,605	16,250	11,232	11,974
粗収益									
10a当たり	〃	36,344	20,266	16,777	17,781	15,783	15,795	21,122	19,527
主産物	〃	36,344	20,266	16,777	17,781	15,783	15,795	21,122	19,527
副産物	〃	-	-	-	-	-	-	-	-
60kg当たり	〃	9,575	9,109	6,219	6,305	5,980	5,253	4,568	4,627
所得（10a当たり）	〃	△ 217	△ 12,599	△ 16,964	△ 17,631	△ 17,296	△ 19,320	△ 16,130	△ 14,866
〃（1日当たり）	〃	-	-	-	-	-	-	-	-
家族労働報酬（10a当たり）	〃	△ 5,389	△ 17,601	△ 22,144	△ 21,782	△ 21,165	△ 23,252	△ 20,865	△ 20,502
〃（1日当たり）	〃	-	-	-	-	-	-	-	-
投下労働時間（10a当たり）	時間	8.18	7.76	6.94	7.62	7.22	7.23	7.18	7.71
うち家族	〃	7.43	7.28	6.58	7.24	6.94	7.02	6.98	7.34
主産物数量（10a当たり）	kg	227	133	161	169	158	180	277	253
作付実面積（1経営体当たり）	a	111.3	111.4	122.6	124.2	118.9	136.1	154.7	169.2

そば・累年

7 そば

区分	単位	平成21年産	22	23	24	25	26	27	28
10a当たり									
物財費	円	24,442	23,580	21,549	23,166	20,653	20,779	22,468	21,523
種苗費	〃	2,122	2,377	2,385	2,554	2,086	2,005	2,565	2,900
肥料費	〃	2,687	2,415	2,333	2,576	2,533	2,703	2,629	2,410
農業薬剤費	〃	212	248	229	230	307	352	275	260
光熱動力費	〃	1,056	1,186	1,116	1,257	1,246	1,336	1,075	876
その他の諸材料費	〃	52	40	4	23	37	38	14	18
土地改良及び水利費	〃	1,640	1,404	1,075	1,075	1,050	1,178	1,461	1,299
賃借料及び料金	〃	7,438	6,965	6,598	7,603	6,823	6,485	7,158	6,562
物件税及び公課諸負担	〃	777	691	634	654	770	731	747	828
建物費	〃	1,256	1,289	936	1,100	908	728	787	863
自動車費	〃	1,095	922	848	891	815	735	809	747
農機具費	〃	6,060	6,001	5,348	5,125	3,982	4,370	4,759	4,671
生産管理費	〃	47	42	43	78	96	118	189	89
労働費	〃	7,038	7,234	5,444	5,890	5,460	4,984	5,228	4,812
うち家族	〃	6,986	7,212	5,404	5,667	5,377	4,910	5,155	4,718
費用合計	〃	31,480	30,814	26,993	29,056	26,113	25,763	27,696	26,335
購入（支払）	〃	17,147	16,646	15,566	17,585	16,318	16,481	17,755	16,633
自給	〃	7,777	8,078	6,120	6,284	5,991	5,539	5,787	5,295
償却	〃	6,556	6,090	5,307	5,187	3,804	3,743	4,154	4,407
生産費（副産物価額差引）	〃	31,480	30,814	26,993	29,056	26,111	25,763	27,696	26,335
支払利子	〃	73	96	124	41	57	45	69	78
支払地代	〃	2,869	2,401	2,953	3,050	3,104	2,822	2,290	2,106
支払利子・地代算入生産費	〃	34,422	33,311	30,070	32,147	29,272	28,630	30,055	28,519
自己資本利子	〃	1,599	1,491	1,173	1,277	1,161	1,252	1,083	1,192
自作地地代	〃	6,701	6,856	5,414	5,590	5,223	5,308	5,048	4,857
資本利子・地代全額算入生産費（全算入生産費）	〃	42,722	41,658	36,657	39,014	35,656	35,190	36,186	34,568
45kg当たり									
費用合計	〃	24,249	18,300	17,447	14,236	15,510	16,408	14,723	18,262
購入（支払）	〃	13,208	9,886	10,062	8,615	9,692	10,496	9,440	11,534
自給	〃	5,991	4,797	3,954	3,079	3,558	3,527	3,076	3,672
償却	〃	5,050	3,617	3,431	2,542	2,260	2,385	2,207	3,056
生産費（副産物価額差引）	〃	24,249	18,300	17,447	14,236	15,509	16,408	14,723	18,262
支払利子・地代算入生産費	〃	26,515	19,783	19,436	15,750	17,387	18,234	15,978	19,777
資本利子・地代全額算入生産費（全算入生産費）	〃	32,910	24,742	23,693	19,114	21,179	22,413	19,237	23,973
粗収益									
10a当たり	〃	17,629	24,721	14,427	9,511	8,516	12,031	22,960	17,196
主産物	〃	17,629	24,721	14,427	9,511	8,514	12,031	22,960	17,196
副産物	〃	-	-	-	-	2	-	-	-
45kg当たり	〃	13,580	14,682	9,327	4,658	5,058	7,663	12,205	11,927
所得（10a当たり）	〃	△9,807	△1,378	△10,239	△16,969	△15,381	△11,689	△1,940	△6,605
〃（1日当たり）	〃	-	-	-	-	-	-	-	-
家族労働報酬（10a当たり）	〃	△18,107	△9,725	△16,826	△23,836	△21,765	△18,249	△8,071	△12,654
〃（1日当たり）	〃	-	-	-	-	-	-	-	-
投下労働時間（10a当たり）	時間	5.00	5.18	3.89	4.25	3.85	3.40	3.58	3.22
うち家族	〃	4.95	5.17	3.85	4.09	3.81	3.36	3.48	3.14
主産物数量（10a当たり）	kg	58	76	70	91	75	71	85	65
作付実面積（1経営体当たり）	a	102.5	113.5	168.1	161.7	167.4	181.3	183.1	198.6

（付表）　個別結果表（様式）

調査票様式は、農林水産省ホームページの以下のアドレスで御覧になれます。
【http://www.maff.go.jp/j/tokei/kouhyou/noukei/seisanhi_nousan/index.html】

	1	2	3	4	5	6	7
	調査年	都道府県	管理番号	調査対象経営体	生産費区分	田畑等区分	集計区分
A							

	9	10	11	12	13	14	15
	作成対象区分	作付規模階層	販売数量階層	市町村番号	農業地域類型区分	認定農業者区分	主副業別区分
A							

1 生産費総括（円）

		B	C	D	E	F	G
		総額				1 0 a	
1		購入	自給	償却	計	購入	自給
2	物財費						
3	種苗費						
4	肥料費						
5	農業薬剤費						
6	光熱動力費						
7	その他諸材料費						
8	土地改良及び水利費						
9	賃借料及び料金						
10	物件税及び公課諸負担						
11	建物費						
12	自動車費						
13	農機具費						
14	生産管理費						
15	労働費						
16	直接労働費						
17	間接労働費						
18	費用合計						
19	副産物価額						
20	生産費						
21	支払利子						
22	支払地代						
23	利子・地代算入生産費						
24	自己資本利子						
25	自作地地代						
26	全算入生産費						

27 **2 投下労働時間**（時間）

			家族			雇用		
28			男	女	小計	男	女	小計
29	直接労働時間	種子予措						
30		育苗						
31		耕起整地						
32		基肥						
33		は種						
34		定植						
35		株分け						
36		追肥						
37		中耕除草						
38		麦踏み						
39		管理						
40		防除						
41		はく葉						
42		刈取脱穀						
43		乾燥						
44		生産管理						
45		計						
46	間接労働時間							
47	労働時間合計							
48		10a当たり						
49	経営管理							
50								

51 **3 年齢階層別家族労働時間及び労働評価**（時間、円）

		調査作物負担家族労働時間			労賃単価		調査作
		男	女	計	男	女	男
52	65歳未満						
53	65～70						
54	70～75						
55	75歳以上						
56	計						
57							

平成　　　年産　農業経営統計調査　　個別結果表

（麦類・大豆・そば・なたね・畑作物生産費統計）No.1

8

集計倍率

A

16	17	18	19	20	21	22	23
前年調査対象経営体	経営所得安定対策区分	旧北海道番号	前年管理番号				

A

H　　I　　J　　K　　L　　M　　N

当たり		
償却	計	単位数量当たり

4　作柄（kg、%）

10a当たり平年収量	10a当たり収量	平年作比	主な被害の種類

5　経営土地（a）

			所有地	借入地	計
耕地	田				
	畑	普通畑			
		樹園地			
		計			
	牧草地				
	計				
耕地以外					
合計					

6　地代（円、a）

		総額 自作地	総額 借入地	総額 計
作付地	作付実面積			
	土地台帳面積			
	地代総額			
	負担地代			
作付地以外	使用面積			
	賃借料総額			
	負担地代			

	10a当たり 自作地	10a当たり 借入地	10a当たり 計
実勢地代			
作付地負担地代			
作付地以外地代			

計	10a当たり

7　資本額及び資本利子（円）

		資本額 調査作物負担分	資本額 10a当たり	利子額 調査作物負担分	利子額 10a当たり
資本額	計				
	借入資本				
	自己資本				
資産別内訳	流動資本				
	労賃資本				
	固定資本				
	建物・構築物				
	土地改良設備				
	自動車				
	農機具				

8　調査作物収入（円、kg）

		総数 数量	総数 価額	10a当たり 数量	10a当たり 価額
主産物	販売				
	自家				
	計				
副産物					
粗収益					
（参考）奨励金					

物家族労働評価額

女	計

9　家族員数及び農業就業者等（人）

	男	女	計
世帯員			
家族			
農業就業者			
農業専従者			
農業年雇			

	24	25	26	27	28
	調査年	都道府県	管理番号	調査対象経営体	生産費区分
A					

		B	C	D	E	F	G

１０　調査作物の作付面積（a）

		面積
58	田	
59	畑	
60	計	

11　作付実面積のうち生産調整に係る面積（a）

	面積
自作地	
小作地	
計	

１６　農業生産組織への参加（該当の有無）

	調査作物	その他作物
栽培協定		
共同利用		
受託		
その他		

61

62 **１２　調査作物の品種別作付面積（a）**

		名称コード	作付面積
63		名称コード	作付面積
64	計		
65	品種 1		
66	品種 2		
67	品種 3		
68	品種 4		
69	品種 5		

70

71 **１３　麦類・大豆・そば・なたね作作業の受委託状況別面積（a）**

		委託面積		
72–73		個人	団体	計
74	耕うん・整地			
75	は種			
76	防除			
77	刈取・脱穀			
78	乾燥・調製			
79	ライス・ビーンセンター			
80	カントリーエレベーター			

		受託面積		
81		個人	組織	計
82	全作業受託			
83	部分作業受託　耕うん・整地			
84	部分作業受託　は種			
85	部分作業受託　防除			
86	部分作業受託　刈取・脱穀			
87	部分作業受託　乾燥・調製			

１８　取引糖度（てんさい、さとうきび）

出荷量（kg）	糖度換算出荷量（kg）	取引糖度（%）

２０　収益性（円）

	総額	１０a当たり
粗収益		
生産費総額		
利潤		
所得		
１日当たり		
家族労働報酬		
１日当たり		

88

89 **１４　調査対象栽培型を含む調査作物の収穫面積等（a、kg、円）**

90 原料用かんしょ、原料用ばれいしょ、さとうきび（未収穫面積）

		原料／未収（自作地）	生食加工／未収（借入地）	その他向け	計
91		原料／未収（自作地）	生食加工／未収（借入地）	その他向け	計
92	収穫面積				
93	主産物　数量				
94	主産物　価額				

95 さとうきび（上段）、てんさい（下段）

		株出し／直播	春植え／移植	夏植え／―	計
96–97		株出し／直播	春植え／移植	夏植え／―	計
98	収穫面積				
99	主産物数量				
100	１０a当たり数量				

２１　農業共済金、各種助成措置

	調査作物 拠出金
農業共済金	
営農継続支払	
水田活用の直接支払交付金	
戦略作物助成	
二毛作助成	
産地交付金	
数量払	
その他の制度受取金等	

101

102 **１５　労働時間及び労働費（時間、円）**

		労働時間	労働費	労賃単価
103		労働時間	労働費	労賃単価
104	調査作物負担分　家族			
105	男			
106	女			
107	雇用			
108	男			
109	女			
110	合計			
111	男			
112	女			

113

２２　借入金の資金種類別内訳

	調査 調始未償還残高
借入金　短期	
借入金　長期	
買掛未払金	
計	

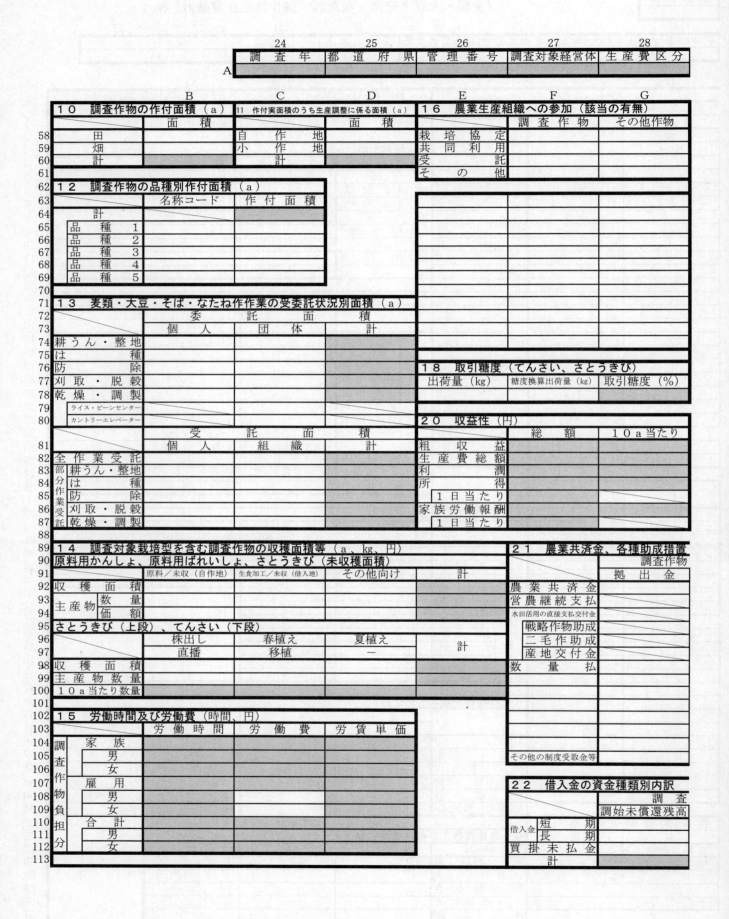

平成　　　年産　農業経営統計調査　個別結果表

（麦類・大豆・そば・なたね・畑作物生産費統計）No.2

	29
田畑等区分	A

19 物件税及び公課諸負担（円）

		調査作物負担分	10a当たり	
物件税	固定資産税			
	建物			
	建物以外			
	自動車重量			
	自動車税			
	不動産取得税			
	自動車取得			
	軽自動車税			
	水利地益税			
	都市計画税			
	共同施設税			
	小計			
公課諸負担	集落協議会			
	農業協同組合費			
	農事実行組合費			
	農業共済組合賦課金			
	自賠責保険			
	小計			
合計				

〔参考〕各種助成措置を加えた場合（円）

	総額	10a当たり
粗収益		
生産費総額		
利潤		
所得		
1日当たり		
家族労働報酬		
1日当たり		

の状況（円）

負担分		10a当たり	
受取金	拠出金	受取金	

23 生産物の処分内訳（kg、円）

小麦・二条大麦 六条大麦・はだか麦		総数		
		数量	価額	単価
主産物	販売用 1等			
	2等			
	規格外A			
	その他			
	小計			
	自給用 食用			
	種子用			
	その他			
	小計			
	合計			
副産物	販売用 規格外B			
	規格外C			
	くず麦			
	麦わら			
	小計			
	自給用 規格外B			
	規格外C			
	くず麦			
	麦わら			
	無評価			
	小計			
	合計			

大豆・そば				
主産物	販売用 普通大豆 1等			
	2等			
	3等			
	特定加工用・規格外			
	その他			
	小計			
	自給用 食用			
	種子用			
	その他			
	小計			
	合計			
副産物	販売用			
	自給用			
	合計			

畑作物・なたね				
主産物	販売用			
	自給用 食用			
	種子用			
	その他			
	小計			
	合計			
副産物	販売用			
	自給用			
	合計			

（円）

作物負担分		10a当たり		
調末未償還残高	支払利子	調始未償還残高	調末未償還残高	支払利子

	30	31	32	33	34
	調査年	都道府県	管理番号	調査対象経営体	生産費区分
A					

２４　原単位

	B			C	D	E	F	G
				調査作物負担分			１０ａ当たり	
				数量	価額	単価	数量	価額
114	種苗費	種子	購入					
115			自給					
116		苗（苗木含）	購入					
117			自給					
118		計						
119	肥料費	窒素質	硫安					
120			尿素					
121			石灰窒素					
122		りん酸質	過りん酸石灰					
123			よう成リン肥					
124			重焼リン肥					
125		カリ質	塩化カリ					
126			硫酸カリ					
127		けいカル						
128		炭酸カルシウム（石灰含む）						
129		けい酸石灰						
130		複合	高成分化成					
131			低成分化成					
132			配合肥料					
133			固形肥料					
134		土壌改良資材						
135		たい肥・きゅう肥						
136		その他						
137		自給	たい肥					
138			きゅう肥					
139			稲・麦わら					
140			その他					
141		計						
142	農業薬剤費	殺虫剤						
143		殺菌剤						
144		殺虫殺菌剤						
145		除草剤						
146		その他						
147		計						
148	光熱動力費	動力燃料	重油					
149			軽油					
150			灯油					
151			ガソリン					
152			潤滑油					
153			混合油					
154		電力料						
155		その他						
156		自給						
157		計						
158	その他の諸材料費	ビニール・シート						
159		ポリエチレン						
160		なわ						
161		育苗用土						
162		ペーパーポット						
163		融雪剤						
164		その他						
165		自給						
166		計						
167	土地改良及び水利費	土地改良区費	維持負担金					
168			償還金					
169		その他						
170		計						

35		
田畑等区分		
A		

平成　　年産　農業経営統計調査　個別結果表

（麦類・大豆・そば・なたね・畑作物生産費統計）No.3

			調査作物負担分			10 a 当たり		
			数　量	価　額	単　価	数　量	価　額	
賃借料及び料金	共同負担金	薬剤散布						114
		共同施設						115
		共同育苗						116
	農機具借料							117
	航空防除賃							118
	賃耕料							119
	は種・定植							120
	収穫請負わせ賃							121
	貯蔵							122
	ライス・ビーンセンター費							123
	カントリーエレベーター費							124
	その他							125
	計							126
								127

25　減価償却費（円）					(参考)二条大麦のうち、ビール麦		128
			調査作物負担分	10 a 当たり	の販売内訳（kg、円）		129
						総　数	130
建物・構築物	住家				1　等	数量	131
	納屋・倉庫					価額	132
	用水路					単価	133
	暗きょ排水施設				2　等	数量	134
	コンクリートけい畔					価額	135
	客土					単価	136
	たい肥盤				等外上	数量	137
	その他					価額	138
	合計					単価	139
	処分差損失						
		所有台数（台）	調査作物負担分	10 a 当たり	任意項目		140
自動車	四輪自動車						141
	その他						142
	合計						143
	処分差損失						144
		所有台数（台）	調査作物負担分	10 a 当たり			145
農機具	乗用トラクター	20馬力未満					146
		20〜50馬力未満					147
		50馬力以上					148
	歩行用トラクター						149
	たい肥等散布機						150
	総合は種機						151
	移植機						152
	中耕除草機						153
	肥料散布機						154
	動力噴霧機						155
	動力散粉機						156
	自脱型コンバイン	3条以下					157
		4条以上					158
	普通型コンバイン						159
	調査作物収穫機						160
	脱穀機						161
	きび脱葉機						162
	乾燥機						163
	トレーラー						164
	その他						165
	合計						166
	処分差損失						167
			調査作物負担分	10 a 当たり			168
生産管理機器							169
処分差損失							170